Paulsen, Waschke

Sobotta

Atlas der Anatomie des Menschen

Obere Extremität

Prof. Dr. Friedrich Paulsen

Präparierkurse für Studenten

In der Lehre legt Friedrich Paulsen größten Wert darauf, dass die Studierenden im Präparierkurs tatsächlich an Körperspendern arbeiten können. „Das eigene Präparieren ist nicht nur außerordentlich wichtig für das dreidimensionale Verständnis der Anatomie und bildet die Basis für praktisch jedes medizinische Fach, im Präparierkurs setzt man sich in den meisten Fällen auch zum ersten Mal intensiv mit dem Thema Tod und Sterben auseinander und lernt im Team nicht nur Anatomie, sondern auch den Umgang mit einer besonderen Situation. So einen engen Kontakt hat man später nie wieder zu seinen Kommilitonen und zu seinen Lehrern."

Professor Friedrich Paulsen (geb. 1965) wurde in Kiel geboren und absolvierte nach dem Abitur in Braunschweig zunächst eine Ausbildung als Krankenpfleger. Nach dem Studium der Humanmedizin in Kiel war er als wissenschaftlicher Angestellter am Anatomischen Institut der Klinik für Mund-, Kiefer- und Gesichtschirurgie und der Klinik für Hals-Nasen-Ohrenheilkunde, Kopf- und Halschirurgie der Christian-Albrechts-Universität Kiel tätig. 2002 wurde er mit seinen Kollegen mit dem Lehrpreis für herausragenden Unterricht im Fach Anatomie von der Medizinischen Fakultät der Universität Kiel ausgezeichnet. Auslandserfahrung sammelte er bei mehrmonatigen Aufenthalten in der wissenschaftlichen Abteilung der Augenklinik der Universität Bristol, England. Von 2004 bis 2010 leitete er als Universitätsprofessor am Institut für Anatomie und Zellbiologie der Martin-Luther-Universität Halle die Makroskopie und Prosektur. Zum April 2010 hat Professor Paulsen den Lehrstuhl II am Institut für Anatomie der Friedrich-Alexander-Universität Erlangen übernommen. Professor Paulsen ist seit 2006 Vorstandsmitglied der Anatomischen Gesellschaft und seit 2009 Generalsekretär der International Federation of Associations of Anatomy (IFAA).

Sein Hauptarbeitsgebiet ist das angeborene Immunsystem. Dabei geht es um antimikrobielle Peptide, Kleeblattpeptide, Surfactantproteine, Muzine, korneale Wundheilung sowie Tränendrüsenstammzellen und Erkrankungen wie Augeninfektionen, trockenes Auge oder Arthrose.

Prof. Dr. Jens Waschke

Mehr Klinisches in der Lehre

Sein Lehrstuhl für Anatomie und Zellbiologie ist neu gegründet worden. „Mit dieser Neugründung sollte betont werden, dass es wichtig ist, die Lehre in der Anatomie stärker klinisch auszurichten", sagt Jens Waschke, Professor am Institut für Anatomie und Zellbiologie in Würzburg.
„Die klinischen Aspekte im Atlas führen den Studenten in den ersten Semestern zur Anatomie hin und zeigen gleichzeitig wie wichtig dieses Fach für den späteren klinischen Alltag ist, dass Sie die menschliche Anatomie verstehen können, statt nur Strukturen auswendig zu lernen."

Professor Jens Waschke (geb. 1974) hat sich – nach Medizinstudium und Promotion an der Universität Würzburg – 2007 habilitiert. Zwischen 2003 und 2004 verbrachte er einen neunmonatigen Forschungsaufenthalt an der University of California in Davis bei Professor Fitz-Roy Curry. Seit Juni 2008 ist er Inhaber des Lehrstuhls III an der Universität Würzburg. Professor Waschke wurde 2005 zusammen mit seinen Kollegen mit dem Albert-Koelliker-Lehrpreis der Würzburger Medizinischen Fakultät ausgezeichnet. 2006 erhielt er den Wolfgang-Bargmann-Preis der Anatomischen Gesellschaft.

In seiner Forschung untersucht er vor allem zellbiologische Mechanismen, die die Haftung zwischen Zellen und die Schrankenfunktionen an den äußeren und inneren Barrieren des menschlichen Körpers kontrollieren. Hier stehen zum einen die Regulation der Endothelbarriere bei der Entzündung und daneben die Mechanismen, die bei der Autoimmunerkrankung Pemphigus zur Bildung der z.T. tödlichen Hautblasen führen, im Zentrum des Interesses. Ziel ist es, die Zellhaftung besser zu verstehen und neue Therapieansätze zu entdecken.

Sobotta

Atlas der Anatomie des Menschen

Obere Extremität

23. Auflage herausgegeben von
F. Paulsen und J. Waschke

174 farbige Tafelbilder
mit 216 Einzelabbildungen

ELSEVIER
URBAN & FISCHER

URBAN & FISCHER
München

Zuschriften und Kritik an:
Elsevier GmbH, Urban & Fischer Verlag, Hackerbrücke 6, 80335 München, E-Mail: medizinstudium@elsevier.de

Anschriften der Herausgeber:
Professor Dr. med. Friedrich Paulsen
Institut für Anatomie II (Vorstand)
Universität Erlangen-Nürnberg
Universitätsstraße 19
91054 Erlangen

Professor Dr. med. Jens Waschke
Institut für Anatomie
Ludwig-Maximilians-Universität
Pettenkoferstraße 11
80333 München

Bibliografische Information der Deutschen Nationalbibliothek
Die Deutsche Nationalbibliothek verzeichnet diese Publikation in der Deutschen Nationalbibliografie; detaillierte bibliografische Daten sind im Internet über http://dnb.d-nb.de abrufbar.

23. Auflage 2013

Der Urban & Fischer Verlag ist ein Imprint der Elsevier GmbH.

13 14 15 16 17 5 4 3 2 1

Diese Ausgabe ist inhaltlich identisch mit dem entsprechenden Kapitel der 23. Auflage in 3 Bänden.

Um den Textfluss nicht zu stören, wurde bei Patienten und Berufsbezeichnungen die grammatikalisch maskuline Form gewählt. Selbstverständlich sind in diesen Fällen immer Frauen und Männer gemeint.

Planung: Alexandra Frntic; Dr. Katja Weimann
Lektorat: Dr. Andrea Beilmann; Susanne Szczepanek
Redaktion: Julia Baier, München; Amelie Gutsmiedl, München; Martin Kortenhaus, Illertissen; Ulrike Kriegel, buchundmehr, München; Renate Putz, München; Susanne Szczepanek; Janin Schroth, München
Herstellung: Sibylle Hartl; Renate Hausdorf, buchundmehr, Gräfelfing
Layout: Nicola Neubauer, Puchheim
Satz: Mitterweger & Partner, Plankstadt; Nicola Neubauer, Puchheim; Michael Wiedorn, München; abavo GmbH, Buchloe
Bildbearbeitung: Claudia Adam, Darmstadt; Nicola Neubauer, Puchheim; Michael Wiedorn, München
Gesamtherstellung: Firmengruppe appl, Wemding
Zeichnungen: Dr. Katja Dalkowski, Buckenhof; Sonja Klebe, Aying-Großhelfendorf; Jörg Mair, München; Stephan Winkler, München
Umschlaggestaltung: Michael Keller und Jan Riemer, München; SpieszDesign, Neu-Ulm

ISBN Print 978-3-437-44112-7

Der Begründer dieses Atlaswerkes, Professor Dr. med. Johannes Sobotta †, war zuletzt o. ö. Professor der Anatomie und Direktor des Anatomischen Instituts der Universität Bonn.

Deutsche Ausgaben mit Erscheinungsjahr:
1. Auflage: 1904–1907 J. F. Lehmanns Verlag, München
2.–11. Auflage: 1913–1944 J. F. Lehmanns Verlag, München
12. Auflage: 1948 und folgende Auflagen Urban & Schwarzenberg, München
13. Auflage: 1953, Hrsg. H. Becher
14. Auflage: 1956, Hrsg. H. Becher
15. Auflage: 1957, Hrsg. H. Becher
16. Auflage: 1967, Hrsg. H. Becher
17. Auflage: 1972, Hrsg. H. Ferner und J. Staubesand
18. Auflage: 1982, Hrsg. H. Ferner und J. Staubesand
19. Auflage: 1988, Hrsg. J. Staubesand
20. Auflage: 1993, Hrsg. R. Putz und R. Pabst Urban & Schwarzenberg, München
21. Auflage: 2000, Hrsg. R. Putz und R. Pabst Urban & Fischer, München
22. Auflage: 2006, Hrsg. R. Putz und R. Pabst Urban & Fischer, München

Hinweise zur Benutzung

Einstiegsseiten:

- Einstiegsseiten bieten zu jedem Kapitel alle relevanten anatomischen Informationen zu diesem Thema auf einen Blick. Leicht verständlich sind hier wichtige Details und Zusammenhänge aufbereitet.
- IMPP-Checklisten beinhalten alle Stichwörter zu möglichen Fragen in Testaten und im Physikum.

Atlasseiten:

- Die Menüleiste auf jeder Doppelseite gibt die Themenbereiche des jeweiligen Kapitels an, der Fettdruck zeigt den aktuellen Themenbereich.
- Wichtige Strukturen sind in den Abbildungen fett hervorgehoben.
- Orientierungsskizzen sorgen bei komplexen Ansichten für eine bessere Vorstellung.
- Ausführliche Bildlegenden erklären Zusammenhänge der anatomischen Strukturen.
- Aufzählungen im Text sowie Tabellen erleichtern den Überblick und strukturieren komplexe Inhalte.
- Abbildungen, Tabellen und Textkästen sind durch Querverweise vernetzt.
- Verweise zum separaten Tabellenheft mit Tabellen zu Muskeln, Gelenken und Nerven verbinden Abbildung mit prüfungsrelevanten Wissen zu diesen anatomischen Strukturen.
- Klinikkästen stellen klinische Bezüge zu den auf der Seite dargestellten anatomischen Strukturen her.

Weiteres:

Ein → Abkürzungsverzeichnis und die → Richtungs- und Lagebezeichnungen finden Sie zu Beginn des Buchs sowie ein → Glossar am Ende des Buchs.

Perfekt zurechtfinden – das neue Navigationssystem

Das Thema dieser Seite

Orientierungsskizzen geben bei komplexen Ansichten die Blickrichtung und die Schnittebenen an.

Bildlegenden erläutern anatomische Zusammenhänge zu den dargestellten Strukturen.

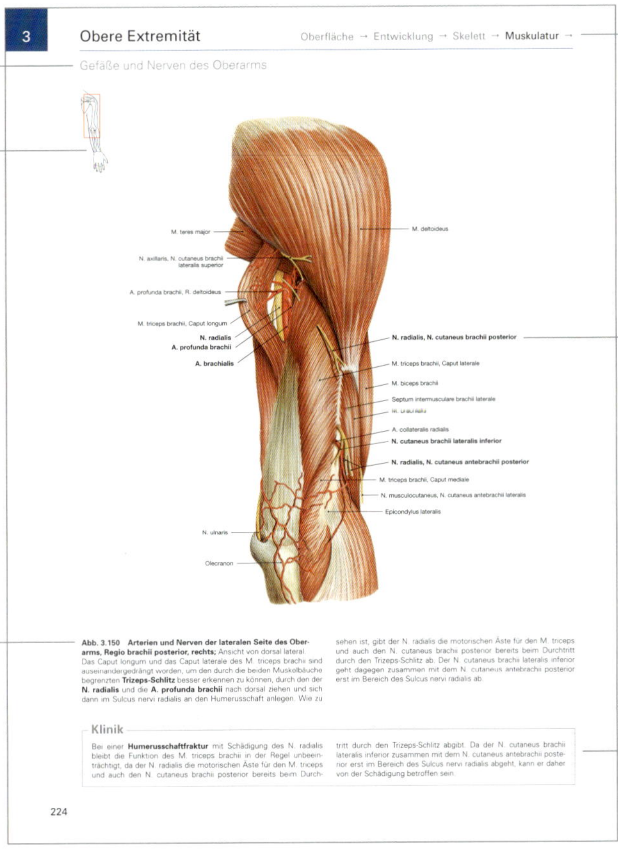

Die Menüleiste mit entsprechendem Fettdruck zeigt den aktuellen Themenbereich.

Wichtige Strukturen sind fett hervorgehoben.

In Klinikkästen werden Krankheitsbilder beschrieben, die mit den anatomischen Strukturen der Buchseite in Bezug stehen. Diese klinischen Aspekte haben meist auch hohe Prüfungsrelevanz.

Abkürzungsverzeichnis

Singular:
A. = Arteria
Lig. = Ligamentum
M. = Musculus
N. = Nervus
Proc. = Processus
R. = Ramus
V. = Vena
Var. = Variation

Plural:
Aa. = Arteriae
Ligg. = Ligamenta
Mm. = Musculi
Nn. = Nervi
Procc. = Processus
Rr. = Rami
Vv. = Venae

♀ = weiblich
♂ = männlich

Prozentangaben:
Angesichts der großen Streubreite individueller Körpermaße sind die prozentualen Größenangaben nur als grobe Richtwerte aufzufassen.

Allgemeine Richtungs- und Lagebezeichnungen des Körpers

Die folgenden Termini bezeichnen die gegenseitige Lage von Organen und Teilen des Körpers zueinander, z.T. ohne Rücksicht auf die Stellung des Körpers im Raum, sowie Lage und Richtung an den Extremitäten. Diese Begriffe werden nicht nur der menschlichen Anatomie, sondern auch der praktischen Medizin und der vergleichenden Anatomie gerecht.

Allgemeine Bezeichnungen
anterior – posterior = vorne – hinten (z.B. Arteriae tibiales anterior et posterior)
ventralis – dorsalis = bauchwärts – rückenwärts gelegen
superior – inferior = oben – unten (z.B. Conchae nasales superior et inferior)
cranialis – caudalis = kopfwärts – schwanzwärts gelegen
dexter – sinister = rechts – links (z.B. Arteriae iliacae communes dextra et sinistra)
internus – externus = innen liegend – außen liegend
superficialis – profundus = oberflächlich gelegen – tief gelegen (z.B. Musculi flexores digitorum superficialis et profundus)
medius, intermedius = in der Mitte zwischen zwei anderen Gebilden liegend (Die Concha nasalis media z.B. liegt in der Mitte zwischen Concha nasalis superior und inferior)
medianus = in der Mittellinie gelegen (Fissura mediana anterior des Rückenmarks). Durch einen „medianen Sagittalschnitt" wird der Körper in zwei spiegelbildlich gleiche Teile zerlegt.
medialis – lateralis = gegen die Mitte des Körpers gelegen, gegen die Seite zu gelegen (z.B. Fossae inguinales medialis et lateralis)
frontalis = in der Stirnebene (Frontalebene) liegend, auch zur Stirn ziehend (z.B. Processus frontalis der Maxilla)
longitudinalis = längs verlaufend (z.B. Musculus longitudinalis superior der Zunge)
sagittalis = in einer Sagittalebene liegend
transversalis = in einer Transversalebene liegend
transversus = quer verlaufend (z.B. Processus transversus des Brustwirbels)

Richtungs- und Lagebezeichnungen für die Extremitäten
proximalis – distalis = gegen die Extremitätenwurzel zu gelegen – gegen das Extremitätenende zu gelegen (z.B. Articulationes radioulnares proximalis et distalis)

für die Brustgliedmaße:
radialis – ulnaris = auf der Radialseite – auf der Ulnarseite gelegen (z.B. Arteriae radialis et ulnaris)

für die Hand:
palmaris – dorsalis = hohlhandwärts – handrückenwärts gelegen (z.B. Aponeurosis palmaris, Musculus interosseus dorsalis)

für die Beckengliedmaße:
tibialis – fibularis = auf der Tibial-, auf der Fibularseite gelegen (z.B. Arteria tibialis anterior)

für den Fuß:
plantaris – dorsalis = fußsohlenwärts – fußrückenwärts gelegen (z.B. Arteriae plantares lateralis et medialis, Arteria dorsalis pedis)

Verwendung von Klammern

[ ]: In eckige Klammern gesetzte lateinische Namen sind Alternativbegriffe, wie sie in der Terminologia Anatomica (1998) angegeben sind, z.B.: Ren [Nephros]. Um aber die Bildlegenden nicht zu sehr zu überladen, sind im Wesentlichen nur solche Alternativbegriffe aufgenommen, die Abweichungen in den Wortstämmen beinhalten und auch international zum Verständnis notwendig erscheinen. Ihre Verwendung wurde weitgehend auf die Abbildungen beschränkt, in denen sie Hauptinhalte bezeichnen.

( ): Runde Klammern wurden mit unterschiedlicher Zielsetzung verwendet:
- Für Fachbegriffe, die auch in der Terminologia Anatomica in runden Klammern aufgeführt sind, z.B.: (M. psoas minor).
- Für Fachbegriffe, die zwar nicht in der offiziell gültigen Auflistung der Nomenklatur enthalten sind, die von den Herausgebern aber als praktisch notwendige und hilfreiche lateinische Begriffe betrachtet werden, z.B.: (Crista zygomatico-alveolaris).
- Für Angaben zur näheren Beschreibung des übergeordneten Bezugs, z.B.: R. spinalis (A. vertebralis).

Vorwort

Im Vorwort zur 1. Auflage seines Atlas schreibt Johannes Sobotta im Mai 1904: „Langjährige Erfahrungen bei den anatomischen Präparierübungen haben den Verfasser veranlasst, bei der Darstellung des peripherischen Nervensystems und der Blutgefäße so zu verfahren, dass der Student auf den Abbildungen des Buches die betreffenden Teile derart vorgeführt erhält, wie er sie am Präparate zu sehen gewohnt ist, d. h. Gefäße und Nerven derselben Region gleichzeitig. Außerdem enthält der Atlas abwechselnd Text und Tafelblätter. Letztere enthalten die hauptsächlichen Figuren des Atlas, erstere außer Hilfs- und schematischen Zeichnungen und den Tafelerklärungen einen kurzen, in knapper Darstellung gehaltenen Text zur schnellen Orientierung beim Gebrauche des Buches im Präpariersaal."

Wie die Mode, so ändern sich auch die Lese- und Lerngewohnheiten der Studenten regelmäßig. Die multimediale Präsenz und die Verfügbarkeit von Informationen und Reizen sind sicherlich die Hauptgründe dafür, warum dies in einem viel schnelleren Ausmaß als jemals zuvor geschieht. Diesen Entwicklungen und damit auch den z.T. veränderten Anforderungen von Studierenden an Lehrbücher und Atlanten, die sie verwenden möchten, sowie die digitale Verfügbarkeit deren Inhalte, ist von Seiten der Herausgeber und Verlage Rechnung zu tragen. Außer Gesprächen und systematischen Befragungen von Studenten ist auch der Lehrbuchmarkt bisweilen ein Indikator, um die Erwartungen der Studenten einschätzen zu können. Detaillierte Lehrbücher mit dem absoluten Anspruch auf Vollständigkeit werden zu Gunsten von Lernbüchern, die auf die didaktischen Bedürfnisse der Studierenden und die Inhalte des Studiums der Human-, Zahn- und Biomedizin, sowie deren Prüfungen abgestimmt sind, zunehmend verlassen. Ebenso werden Abbildungen in Atlanten wie dem Sobotta, dessen exakte naturalistische Darstellung echter Präparate viele Generationen von Ärzten und medizinassoziierten Berufen auf der gesamten Welt fasziniert hat, von den Studenten als teilweise zu kompliziert und detailliert empfunden. Diese Einsicht verlangt nach der Überlegung, wie die Stärken eines Atlas, der in seiner über hundertjährigen Tradition mit 22 Auflagen zu einer Referenz an Exaktheit und Qualität gereift ist, an moderne didaktische Konzepte angepasst werden kann, ohne dass das Gesamtwerk dabei sein Alleinstellungsmerkmal und seine Originalität verliert. Der Elsevier-Verlag und die Herausgeber Professor Reinhard Putz und Professor Reinhard Pabst, die den Atlas bis zur 22. Auflage betreut haben, sind nach reiflichen Überlegungen zu dem Schluss gekommen, dass durch ein neues Herausgeberteam, das sich wie die Kollegen Putz und Pabst durch eine große Begeisterung für Anatomie und den Anatomieunterricht auszeichnet, den neuen Anforderungen am besten begegnet werden könnte. Daher freuen wir uns außerordentlich, dass uns diese Aufgabe, die 23. Auflage des Sobotta zusammen mit dem Elsevier-Verlag zu gestalten, übertragen wurde.

Bei der Neugestaltung wurde besonders einer übersichtlichen Gliederung der Inhalte und einer didaktischen Heranführung an die Abbildungen Rechnung getragen. Nun ist nicht jede Mode etwas ganz Neues. Unter didaktischen Gesichtspunkten haben wir das alte Konzept eines dreibändigen Atlas, wie Sobotta es schon in der ersten Auflage verwendet hat, wieder aufgegriffen mit den Bänden Bewegungsapparat (1), Eingeweide (2) sowie Kopf, Hals und Nervensystem (3). Auch das eingangs im Vorwort zur ersten Auflage erwähnte Konzept der Verknüpfung von Atlasbild mit einem erklärenden Text ist eine alte Mode, die aktuell wieder im Trend liegt, und die wir in modifizierter Weise aufgegriffen haben. So ist jedes Bild mit einem kurzen erklärenden Text versehen, der dazu dient, den Studenten an die Abbildung heranzuführen und zu erläutern, warum die jeweilige Präparation und Darstellung einer Region gewählt wurde. Die einzelnen Kapitel wurden systematisch im Hinblick auf den derzeitigen Gegenstandskatalog und die aktuellen Lerngewohnheiten gegliedert, fehlende Abbildungen – besonders zur Systematik der Leitungsbahnen – oder verbesserungswürdige Abbildungen ergänzt und ersetzt. Ein Großteil dieser neuen Abbildungen ist so konzipiert, dass das Lernen besonders relevanter Versorgungs- und Innervationswege unter didaktischen Gesichtspunkten erleichtert wird. Ferner haben wir zahlreiche bestehende Abbildungen überarbeitet, die Beschriftungen reduziert und durch Fettungen gewichtet, um den Zugang zu den anatomischen Inhalten zu vereinfachen. Zahlreiche Hinweise zur Klinik sollen aus der manchmal „trockenen Anatomie" eine klinische und lebendige Anatomie machen, die dem Anfänger die Relevanz der Anatomie für die spätere berufliche Tätigkeit vor Augen führt und einen Vorgeschmack auf die Klinik gibt. Konzeptionell neu sind Einstiegsseiten zu den einzelnen Kapiteln, die in aller Kürze einen Überblick über den Inhalt, die zugehörige Klinik und die für die besprochene Region relevanten Präparationsschritte geben und eine Checkliste umfassen, die sich an den Vorgaben des Instituts für Medizinische und Pharmazeutische Prüfungsfragen (IMPP) sowie am mündlichen Physikum orientiert. Neu sind auch kurze Einführungen in die Embryologie zu jedem Thema.

Zwei Dinge möchten wir aber ganz klar herausstellen:

1. Der „neue" Sobotta in der 23. Auflage ist kein Lernatlas, der mit dem Anspruch an Vollständigkeit des gesamten Wissens die Intention vermitteln könnte, ein begleitendes Lehrbuch ersetzen zu wollen oder zu können.
2. Egal, wie gut ein didaktisches Konzept ist, es kann dem Studenten das Lernen nicht abnehmen, es aber zumindest anschaulicher machen. Anatomie zu lernen ist nicht schwer, benötigt jedoch viel Zeit. Zeit, die zu opfern sich lohnt, denn sowohl Arzt als auch Patienten werden später davon profitieren. Die 23. Auflage des Sobotta hat nicht nur zum Ziel, das Lernen zu erleichtern, sondern auch, diese Zeit des Lernens spannend und interessant zu gestalten, so dass man den Atlas während des Studiums, aber auch im Laufe der beruflichen Tätigkeit immer wieder gerne in die Hand nimmt.

Erlangen und Würzburg im Sommer 2010, genau 106 Jahre nach Erscheinen der ersten Auflage

Friedrich Paulsen und Jens Waschke

Danksagung

Als Erstes möchten wir gerne zum Ausdruck bringen, dass uns die Arbeit am Sobotta sehr viel Spaß gemacht hat und eine echte Herausforderung war. In den Momenten, in denen man mit ein wenig Abstand den Fortschritt der einzelnen Kapitel und die neu entwickelten Abbildungen beobachten konnte, hat man viel Genugtuung und auch Stolz empfunden und sich immer mehr mit dem Sobotta identifiziert.

Die Neugestaltung des Sobotta ist natürlich nicht das alleinige Werk zweier unerfahrener Herausgeber, sondern erfordert heute mehr denn je ein eingespieltes Team unter der Koordination des Verlags. Ohne die langjährigen Erfahrungen von Frau Dr. Andrea Beilmann, die schon mehrere Auflagen des Sobotta betreut hat und die den ruhenden Pol des Sobotta-Teams bildete, wäre Vieles nicht möglich gewesen. Für all ihre Hilfe und Unterstützung danken wir ihr sehr. Für Frau Alexandra Frntic, ebenfalls Teil des vierköpfigen Sobotta-Teams, war es das erste Großprojekt ihrer Karriere, das sie mit Herzblut angepackt und mit Enthusiasmus vorangetrieben hat. Ihre Lebhaftigkeit und Ihre Art, Motivation zu verbreiten, haben die Herausgeber immer wieder aufgeheitert und angetrieben. Dafür danken wir Ihr ganz herzlich. Wir denken gerne an die Sobotta-Einstiegswoche in Parsberg und die wöchentlichen Telefonkonferenzen zurück, in denen uns Frau Dr. Beilmann und Frau Frntic bei der Gestaltung zur Seite standen und es auf bemerkenswerte Weise verstanden haben, zwei von ihrer Persönlichkeit verschiedene Köpfe zu einem einheitlichen Arbeitsstil zu erziehen. Ohne die Durchsetzungskraft, die Durchhalteparolen und die schützende Hand von Frau Dr. Dorothea Hennessen, die die Oberleitung des Projektes „23. Auflage Sobotta" inne hatte und immer fest an ihr Sobotta-Team und den engen Zeitplan geglaubt hat, wäre diese Auflage nicht erschienen. Die gute Reproduktion des Atlas lag wie viele Produktionen zuvor in den Händen des Routiniers Renate Hausdorf. Weitere Personen, die an der Bearbeitung und dem Gelingen der 23. Auflage des Sobotta beteiligt waren und denen wir ganz herzlich danken sind Frau Susanne Szczepanek (Manuskriptbearbeitung), Frau Julia Baier, Herrn Martin Kortenhaus und Frau Ulrike Kriegel (redaktionelle Bearbeitung), Frau Amelie Gutsmiedl (formale Textbearbeitung), Frau Sibylle Hartl (interne Herstellung), Frau Claudia Adam und Herrn Michael Wiedorn (formale Bildbearbeitung und Satz), Frau Nicola Neubauer (Layoutentwicklung und Verfeinern der Satzdaten) sowie den Studierenden Doris Bindl, Derkje Hockertz, Lisa Link, Sophia Poppe, Cornelia Rippl und Katharina und Florian Stumpfe. Für die Erstellung des Registers danken wir Frau Dr. Ursula Osterkamp-Baust vielmals.

Besonderer Dank gilt unseren Zeichnern Frau Dr. Katja Dalkowski, Frau Sonja Klebe, Herrn Jörg Mair und Herrn Stephan Winkler, die außer der Überarbeitung bestehender Abbildungen mit uns auch eine Vielzahl ausgezeichneter Abbildungen neu entwickelt haben.

Herr Priv.-Doz. Dr. rer. nat. Helmut Wicht, Dr. Senkenbergische Anatomie, Goethe-Universität Frankfurt am Main, hat die von den beiden Herausgebern verfassten Texte der Kapiteleinstiegsseiten vereinheitlicht und durch seinen, ihm ganz eigenen Schreibstil zum Leben erweckt. Hierfür danken wir ihm ganz herzlich.

Eine große Hilfe war für uns das Beratungsgremium, in dem uns außer den früheren Herausgebern Prof. Dr. med. Dr. h. c. Reinhard Putz, Ludwig-Maximilians-Universität München, und Prof. Dr. med. Reinhard Pabst, Medizinische Hochschule Hannover, auch die Kollegen Prof. Dr. med. Peter Kugler, Julius-Maximilians-Universität Würzburg, und Prof. Dr. rer. nat. Gottfried Bogusch, Charité Berlin, mit Ratschlägen und kritischen Anregungen intensiv unterstützt haben. Ganz besonders hervorheben möchten wir den Einsatz von Frau Renate Putz, die das Manuskript äußerst sorgfältig korrigiert hat und deren Anmerkungen für die Konsistenz des Werks in sich und mit den früheren Auflagen von entscheidender Bedeutung war.

Für die Hilfe bei Korrekturen und Überarbeitungen möchten wir Frau Stephanie Beilicke, Herrn Dr. rer. nat. Lars Bräuer, Frau Anett Diker, Herrn Fabian Garreis, Frau Elisabeth George, Frau Patrizia Maake, Frau Susann Möschter, Herrn Jörg Pekarsky und Herrn Martin Schicht danken.

Für die Hilfe bei der Erstellung klinischer Bilder sei herzlich Herrn Priv.-Doz. Dr. med. Hannes Kutta, Klinik und Poliklinik für Hals-Nasen-Ohrenheilkunde, Universitätsklinikum Hamburg-Eppendorf, Herrn Prof. Dr. med. Norbert Kleinsasser, Universitätsklinik für Hals-Nasen-Ohrenkrankheiten, Julius-Maximilians-Universität Würzburg, Herrn Prof. Dr. med. Andreas Dietz, Direktor der Klinik und Poliklinik für Hals-Nasen-Ohrenheilkunde, Universität Leipzig, Herrn Dr. med. Dietrich Stövesandt, Klinik für Diagnostische Radiologie, Martin-Luther-Universität Halle-Wittenberg, Herrn Prof. Dr. med. Stephan Zierz, Direktor der Universitätsklinik und Poliklinik für Neurologie, Martin-Luther-Universität Halle-Wittenberg, Frau Dr. med. Berit Jordan, Universitätsklinik und Poliklinik für Neurologie, Martin-Luther-Universität Halle-Wittenberg, Herrn Dr. med. Saadettin Sel, Universitätsaugenklinik, Martin-Luther-Universität Halle-Wittenberg, Herrn cand. med. Christian Schröder, Eckernförde und Herrn Denis Hiller, Bad Lauchstädt, gedankt.

Herzlich danken möchten wir auch unseren Anatomischen Mentoren Prof. Dr. med. Bernhard Tillmann, Christian-Albrechts-Universität Kiel, und Prof. Dr. med. Detlev Drenckhahn, Julius-Maximilians-Universität Würzburg, denen wir nicht nur unsere Anatomieausbildung, die Motivation für das Fach und das Sendungsbewusstsein verdanken, sondern die uns auch im Hinblick auf die Gestaltung von Lehrbüchern und Atlanten sowie eine ausgezeichnete Lehre immer ein großes Vorbild waren und sind.

Unser tiefster Dank gilt unseren Eltern Dr. med. Ursula Paulsen und Prof. Dr. med. Karsten Paulsen sowie Annelies Waschke und Dr. med. Dieter Waschke, die das Projekt Sobotta intensiv begleitet und unterstützt haben. Karsten Paulsen hat als Medizinstudent aus der 4. Auflage des Sobotta Anatomie gelernt, er ist im Mai 2010 gestorben. Dieter Waschke hat die 16. Auflage des Sobotta verwendet und bildet sich auch im Ruhestand mit medizinischer Fachliteratur fort. Unseren Vätern ist die 23. Auflage gewidmet.

Nicht zuletzt danken wir unseren Frauen Dr. med. Dana Paulsen und Susanne Waschke, die uns im letzten Jahr nicht nur mit dem Sobotta teilen mussten, sondern uns auch bei vielen Fragen mit Ratschlägen zur Seite standen und uns intensiv unterstützt haben.

Bildernachweis

Den nachstehend benannten klinischen Kollegen sind die Herausgeber für die Bereitstellung von Ultraschall-, Computertomographie- und Magnetresonanztomographiebildern sowie von endoskopischen Aufnahmen und Farbfotos von Operationssiten und Patienten zu sehr großem Dank verpflichtet.

Prof. Altaras, Zentrum Radiologie, Universität Gießen (Abb. 2.18; 2.39; 2.40)
Prof. Brückmann und Dr. Linn, Neuroradiologie, Institut für radiologische Diagnostik, Universität München (Abb. 4.148)
Prof. Daniel, Abteilung Kardiologie, Universität Erlangen (Abb. 10.39)
Prof. Galanski und Dr. Schäfer, Abteilung Diagnostische Radiologie, Med. Hochschule Hannover (Abb. 2.97; 5.3; 5.103; 6.31; 6.129)
Prof. Gebel, Abteilung Gastroenterologie und Hepatologie, Med. Hochschule Hannover (Abb. 6.73; 6.75; 6.76; 6.94; 6.95; 7.25)
Dr. Greeven, St.-Elisabeth-Krankenhaus, Neuwied (Abb. 4.96; 8.96)
Prof. Hoffmann und Dr. Bektas, Klinik für Viszeral- und Transplantationschirurgie, Med. Hochschule Hannover (Abb. 4.41)
Prof. Hohlfeld, Klinik für Pneumologie, Med. Hochschule Hannover (Abb. 5.71)
Prof. Jonas, Urologie, Med. Hochschule Hannover (Abb. 7.33)
Prof. Kampik und Prof. Müller, Augenklinik, Universität München (Abb. 9.66)
Dr. Kirchhoff und Dr. Weidemann, Abteilung Diagnostische Radiologie, Med. Hochschule Hannover (Abb. 6.131; 6.133; 7.26)
Prof. Kleinsasser, Klinik und Poliklinik für Hals-, Nasen- und Ohrenkrankheiten, plastische und ästhetische Operationen, Universitätsklinikum Würzburg (Abb. 11.41; 11.42; 11.43)
PD Dr. Kutta, Klinik und Poliklinik für Hals-, Nasen- und Ohrenheilkunde, Universitätsklinikum Hamburg-Eppendorf (Abb. 8.101; 10.16; 11.16)
Dr. Meyer, Abteilung Gastroenterologie und Hepatologie, Med. Hochschule Hannover (Abb. 6.22; 6.32; 7.104)
Prof. Pfeifer, Radiologie Innenstadt, Institut für radiologische Diagnostik, Universität München (Abb. 2.63–2.65; 2.67–2.70; 3.52; 3.54; 3.55; 4.97; 4.99; 4.100; 4.105; 4.106)
Prof. Possinger und Prof. Bick, Medizinische Klinik und Poliklinik II mit Schwerpunkt Onkologie und Hämatologie, Charité Campus Mitte, Berlin (Abb. 2.141)
Prof. Ravelli †, ehem. Institut für Anatomie, Universität Innsbruck (Abb. 2.62)
Prof. Reich, Klinik für Mund-Kiefer-Gesichtschirurgie, Universität Bonn (Abb. 8.60; 8.61)
Prof. Reiser und Dr. Wagner, Institut für radiologische Diagnostik, Universität München (Abb. 2.71; 12.105; 12.106; 12.110; 12.111)
Dr. Scheibe, Chirurgische Abteilung, Rosman-Krankenhaus Breisach (Abb. 4.79)
Prof. Scheumann, Klinik für Viszeral- und Transplantationschirurgie, Med. Hochschule Hannover (Abb. 11.58)
Prof. Schillinger, Frauenklinik, Universität Freiburg (Abb. 1.49)
Prof. Schliephake, Mund-Kiefer-Gesichtschirurgie, Universität Göttingen (Abb. 8.156; 8.157)
Prof. Schlösser, Zentrum Frauenheilkunde, Med. Hochschule Hannover (Abb. 7.79)
cand. med. Carsten Schröder, Kronshagen (Abb. 9.27)
Prof. Schumacher, Neuroradiologie, Abteilung Radiologie, Universität Freiburg (Abb. 12.5)
Dr. Sel, Universitätsklinik und Poliklinik für Augenheilkunde, Universitätsklinikum Halle (Saale) (Abb. 9.64)
Dr. Sommer und PD Dr. Bauer, Ärzte für Radiologie, München (Abb. 4.101; 4.102)
PD Dr. Vogl, Radiologische Poliklinik, Universität München (Abb. 9.69; 9.70)
Prof. Witt, Klinik für Neurochirurgie, Universität München (Abb. 3.116)
Prof. Zierz und Dr. Jordan, Universitätsklinik und Poliklinik für Neurologie, Universitätsklinikum Halle (Saale) (Abb. 8.82, 12.151)

Weitere Bilder wurden aus folgenden Büchern übernommen:

1 Benninghoff-Drenckhahn: Anatomie, Band 1 (Drenckhahn D., Hrsg.), 17. Aufl., Urban & Fischer 2008
2 Benninghoff-Drenckhahn: Anatomie, Band 2 (Drenckhahn D., Hrsg.), 16. Aufl., Urban & Fischer 2004
3 Benninghoff-Drenckhahn: Taschenbuch Anatomie (Drenckhahn D., Waschke, J., Hrsg.), Urban & Fischer 2007
4 Berchtold, R., Bruch, H.-P., Trentz, O. (Hrsg.): Chirurgie, 6. Aufl., Urban & Fischer 2008
5 Böcker, W., Denk, H., Heitz, P. U., Moch, H. (Hrsg.): Pathologie, 4. Aufl., Urban & Fischer 2008
6 Classen, M., Diehl, V., Kochsiek, K., Berdel, W.E., Böhm, M., Schmiegel, W. (Hrsg.): Innere Medizin, 5. Aufl., Urban & Fischer 2003
7 Classen, M., Diehl, V., Kochsiek, K., Hallek, M., Böhm, M. (Hrsg.): Innere Medizin, 6. Aufl., Urban & Fischer 2009
8 Drake, R. L., Vogl, A. W., Mitchell, A., Paulsen, F. (Hrsg.): Gray's Anatomie für Studenten, 1. Aufl., Urban & Fischer 2007
9 Drake, R. L., Vogl, A. W., Mitchell, A.: Gray's Anatomy for Students, 2nd ed., Churchill Livingstone 2010
10 Drake, R. L., Vogl, A. W., Mitchell, A.: Gray's Atlas der Anatomie, Urban & Fischer 2009
11 Fleckenstein, P., Tranum-Jensen, J.: Röntgenanatomie, Urban & Fischer 2004
12 Forbes, A. Misiewicz, J., Compton, C., Quraishy, M., Rubesin, S., Thuluvath, P.: Atlas of Clinical Gastroenterology, 3rd ed., Mosby 2004
13 Franzen, A.: Kurzlehrbuch Hals-Nasen-Ohren-Heilkunde, 3. Aufl., Urban & Fischer 2007
14 Garzorz, N.: BASICS Neuroanatomie, Urban & Fischer 2008
15 Kanski, J. J.: Klinische Ophthalmologie, 5. Aufl., Urban & Fischer 2003
16 Kanski, J. J.: Klinische Ophthalmologie, 6. Aufl., Urban & Fischer 2008
17 Kauffmann, G. W., Moser, E., Sauer, R. (Hrsg.): Radiologie, 3. Aufl., Urban & Fischer 2006
18 Lippert, H.: Lehrbuch Anatomie, 7. Aufl., Urban & Fischer 2006
19 Mettler, F. A. (Hrsg.): Klinische Radiologie, Urban & Fischer 2005
20 Moore, K., Persaud, T.V. N., Viebahn, C. (Hrsg.): Embryologie, 5. Aufl., Urban & Fischer 2007
21 Schulze, S.: Kurzlehrbuch Embryologie, Urban & Fischer 2006
22 Speckmann, E.-J., Hescheler, J., Köhling, R. (Hrsg.): Physiologie, 5. Aufl., Urban & Fischer 2008
23 Trepel, M.: Neuroanatomie, 4. Aufl., Urban & Fischer 2008
24 Welsch, U.: Sobotta Lehrbuch Histologie, 2. Aufl., Urban & Fischer 2005
25 Welsch, U., Deller, T.: Sobotta Lehrbuch Histologie, 3. Aufl., Urban & Fischer 2010
26 Welsch, U.: Atlas Histologie, 7. Aufl., Urban & Fischer 2005
27 Wicke, L.: Atlas der Röntgenanatomie, 7. Aufl., Urban & Fischer 2005
28 Rengier, F.: BASICS Leitungsbahnen, Urban & Fischer 2009

Nachstehende Zeichner sind verantwortlich für die neu entwickelten Zeichnungen:

Dr. Katja Dalkowski: Abb. 1.22, 1.25, 1.26, 1.30, 1.31, 1.35, 2.94, 2.95, 2.134, 3.10, 3.33, 3.39, 3.48, 3.51, 3.57, 3.58, 3.59, 3.100, 4.4, 4.55, 4.68, 4.70, 4.90, 4.91, 4.107

Jörg Mair: Abb. 1.38, 1.39, 1.40, 1.41, 2.111, 2.112, 2.135, 2.136, 2.137, 2.151, 3.40, 3.108, 3.109, 3.110, 3.111, 3.112, 3.113, 3.132, 3.134, 4.114, 4.115, 4.116, 4.117, 4.122, 4.123, 4.124, 4.131, 4.132, 4.133, 4.158, 4.160, 4.164, 4.165, 4.166, 4.170, 4.173, 4.174

Stephan Winkler: Abb. 1.15, 1.16, 2.10, 2.11, 2.104, 2.105, 2.106, 2.107, 3.66, 3.67, 4.57, 4.58

Obere Extremität

3

Der Arm – zum (Be-)Greifen gemacht

Die obere Extremität (Membrum superius) besteht aus dem Schultergürtel (Cingulum membri superioris oder pectorale) und dem Arm (Pars libera membri superioris). Die beiden Teile gehen in der Schultergegend (gr.: „omos", Regio deltoidea) bzw. in der Gegend der Achselhöhle (Fossa axillaris) ineinander über.

Schultergürtel

Der Schultergürtel ist – anders als der Beckengürtel – kein starrer knöcherner Ring, sondern in sich und gegenüber dem Rumpf sehr beweglich. Sein Skelett besteht ventral aus dem Schlüsselbein (Clavicula) und dorsal aus dem Schulterblatt (Scapula). Das proximale Ende der **Clavicula** ist gelenkig mit dem Brustbein (Articulatio sternoclavicularis) verbunden. Man kann dieses innere Ende der Clavicula, das zugleich die seitliche Begrenzung der Fossa jugularis bildet, an sich selbst sehen und ganz leicht tasten. Verfolgt man die Clavicula weiter tastend nach lateral, gelangt man zum Schultereckgelenk (Articulatio acromioclavicularis), in dem die Clavicula mit dem Acromion (wörtlich: die „Hochschulter"), einem nach vorne gerichteten Fortsatz der **Scapula,** artikuliert. Bei ausholenden Bewegungen mit dem Arm spürt man hier besonders deutlich die Bewegungen des Schultergürtels gegenüber dem Rumpf. Die Scapula, die dem Brustkorb (Thorax) dorsal anliegt, hat keine weitere „eigene" gelenkige Verbindung mit dem Rumpf, vielmehr wird sie in diversen Muskelschlingen geführt, die vom Thorax, vom Hals und vom Kopf (M. trapezius) zur Scapula ziehen.

Die Scapula trägt die Gelenkpfanne des eigentlichen Schultergelenks (Articulatio humeri). Das **Schultergelenk** – ein Kugelgelenk – ist dank einer schlaffen Kapsel sehr beweglich, aber gerade deshalb auch empfindlich gegenüber Ausrenkungen (Luxationen). Normalerweise wird es durch eine Vielzahl von Muskeln, darunter vor allem die der „Rotatorenmanschette", in Position gehalten. Die **„Schulter"** der Alltagssprache, also die Übergangsgegend zwischen der Pars libera und dem Cingulum, wird als Regio deltoidea bezeichnet, also nach dem M. deltoideus, der wie eine Kappe über der Schultergegend liegt. Unter dem Schultergelenk befindet sich die tiefe Grube der **Achselhöhle** (Fossa axillaris). Sie ist nach kaudal offen. Ihre fleischige Vorderwand (vordere Achselfalte) wird vom M. pectoralis gebildet, die ebenso fleischige hintere Achselfalte vom M. latissimus dorsi und vom M. teres minor. Das behaarte Dach der Grube bedeckt die in Fettgewebe eingebettete große axilläre Gefäß- und Nervenstraße, die aus der oberen Thoraxapertur und vom Hals her zum freien Teil der Extremität zieht.

Arm

Die Pars libera membri superioris besteht aus dem Oberarm (Brachium), der Gegend des Ellenbogens (Regio cubitalis), dem Unterarm (Antebrachium), der Handgelenkgegend (Regio carpalis) und der Hand (Manus).

Auf der Innenseite des **Oberarms** sieht man, vor allem, wenn man den M. biceps anspannt, eine längs gestellte Rinne, den Sulcus bicipitalis medialis. In ihm kann man den Puls der A. brachialis tasten, und, wenn man noch ein wenig fester drückt, auch den Schaft des Oberarmknochens, des Humerus. Allerdings kann das druckvolle Tasten auch unangenehme Empfindungen auslösen, denn parallel zur A. brachialis verlaufen dort der N. ulnaris und der N. medianus.
Der Name der **Ellenbogengegend,** Regio cubitalis, leitet sich vom lateinischen Verb „cubitare" („liegen") ab. Denn liegt man zu Tische, wie die Alten es taten, stützt man sich dabei auf dem Ellenbogen ab, genauer: auf dem Olecranon der Elle, dem Knochenfortsatz also, den man auf der Dorsalseite des Ellenbogengelenks (Articulatio cubiti) spürt. Die beiden Knochenhöcker (Epicondylus medialis und lateralis), die man innen und außen in der Regio cubitalis tasten kann, gehören zum Humerus. Diese Epicondylen dienen den kräftigen Streckern (lateral) und den Beugern (medial) der Handgelenke als Ursprung. Hinter dem medialen Epicondylus verläuft der N. ulnaris in einer Rinne. Er löst schmerzhafte Empfindungen aus, wenn man ihn sich von dorsal her anstößt. Im Ellenbogengelenk artikuliert der Humerus mit den beiden Unterarmknochen, die dort auch zwischen sich ein Gelenk bilden.

Am **Unterarm,** Antebrachium, kann man entlang seiner gesamten kleinfingerseitigen Länge die Ulna tasten. Die Speiche (Radius) ist proximal von Muskelbäuchen bedeckt, distal hingegen, zum Daumen hin, ist auch sein Schaft tastbar. Bei den Wendebewegungen des Unterarms und der Hand (Pro- und Supination), an denen auch das Ellenbogengelenk beteiligt ist, dreht sich die Speiche (Radius) um die dabei feststehende Elle (Ulna). Beide Knochen sind über die Membrana interossea syndesmotisch verbunden, proximal (im Ellenbogengelenk) und distal jedoch bilden sie Gelenke zwischen sich aus.

Die **Handgelenkgegend,** die Regio carpalis, hat ihren Namen von den acht Handwurzelknochen, den Ossa carpi, die in zwei Reihen, einer proximalen und einer distalen, an der Basis der Hand liegen. Diese Knochen bilden untereinander ein kompliziertes, verzahntes, dreidimensionales Gelenkpuzzle, das ein wenig an einen Zypressenzapfen („Carpus") erinnert. Als die Handgelenke – es gibt zwei – bezeichnet man zum einen die Gelenkflächen der Ossa carpi untereinander und zum anderen das Gelenk, das ihre proximale Reihe mit dem Radius des Unterarms bildet. Letzteres, die Articulatio radiocarpalis, hat den größten Bewegungsumfang der Handgelenke, der Gelenkspalt liegt in der „Taille" der Regio carpalis. Die Ossa carpi selbst liegen größtenteils schon in der Handfläche. Das zusammengesetzte Gelenk zwischen ihrer proximalen und distalen Reihe wird als Articulatio mediocarpalis bezeichnet, es trägt zur Beugung und Streckung der Hand bei.

Die **Hand** (Manus) besteht aus der Handfläche und den Fingern, die an den sog. Fingergrundgelenken (Articulationes metacarpophalangeales) aus der Fläche herausragen. Auf der Innenseite der Handfläche (Palma oder Vola manus) erheben sich unter dem Daumen und dem kleinen Finger je ein Muskelberg, das Thenar und das Hypothenar, deren Muskeln auf eben jene Finger wirken. Im proximalen Teil der Palma, also unter den Basen dieser Muskelberge, liegen die Ossa carpi. Der restliche, größere Teil der Handfläche wird von fünf Röhrenknochen, den Mittelhandknochen (Ossa metacarpi) gestützt. Auf der Handflächenrückseite (Dorsum manus) finden sich keine Muskeln. Dort sind die Ossa metacarpi unter den Sehnen der langen Fingerstrecker und unter dem oft auffälligen Venennetz (Rete venosum dorsale manus) leicht tastbar. Die Finger (Digiti) werden von kurzen Röhrenknochen, den Phalangen, gestützt. Der Daumen (Pollex) besitzt nur zwei solcher Phalangen, alle anderen Finger (Index, Medius, Anularius und Minimus) hingegen drei. Die besondere Beweglichkeit des Daumens, insbesondere die Fähigkeit, seine Spitze der aller anderen Finger gegenüberzustellen („Pinzettengriff", „Opposition des Daumens") ist eine Besonderheit der menschlichen Hand. Der Daumen gewinnt diese Beweglichkeit vor allem dadurch, dass sein Mittelhandknochen, das Os metacarpi pollicis – anders als die anderen Ossa metacarpi – gegenüber der Handwurzel sehr beweglich ist.

Klinik

Das Schultergelenk ist häufiger von einer **Verrenkung** (Luxation) betroffen als irgendein anderes Gelenk des Körpers. Auch die **Abnutzung** der Sehnen der **Rotatorenmanschettenmuskeln** durch das Anheben des Arms und damit die Einklemmung der Ansatzsehnen unter dem Schulterdach ist nahezu eine Volkskrankheit, die je nach Lebensstil früher oder später zu Beeinträchtigungen führt. Viele **Verletzungen der Hand** erfordern eine operative Rekonstitution, um die Funktion wiederherzustellen. Die Bedeutung der Hand ist nicht zuletzt daran erkennbar, dass es eine eigene Spezialisierung zum Handchirurgen gibt, die der hochkomplizierten Anatomie der Hand Rechnung trägt. Oft sind sogar die detailliertesten anatomischen Abhandlungen zu diesem Thema in der Literatur von und für Handchirurgen zu finden.
Aufgrund der herausragenden Bedeutung der Greiffunktion der Hand ist verständlich, warum besonders die Nervenläsionen von N. medianus, N. ulnaris und N. radialis für den Arzt wichtig sind. Die häufigste Schädigung betrifft den N. ulnaris am Ellenbogen („Musikantenknochen"), die zur einer typischen „Krallenhand"-Stellung der Finger führt. Beim N. medianus überwiegt aktuell die distale Läsion im Bereich der Handgelenke (Karpaltunnelsyndrom), die durch ausstrahlende Schmerzen und Taubheit in den radialen Fingern gekennzeichnet ist. Noch in der ersten Hälfte des letzten Jahrhunderts war dagegen die proximale Schädigung am medialen Oberarm (Bajonett-Verletzung) häufiger, die mit einer charakteristischen „Schwurhand"-Stellung einhergeht. Der N. radialis ist besonders in seinem Verlauf um den Oberarmknochen bei Frakturen gefährdet. In diesem Fall kommt es durch Ausfall der Streckmuskeln am Unterarm zur sog. Fallhand, die Streckung im Ellenbogen dagegen ist unbeeinträchtigt.

→ präplink
Wie auch sonst beim Bewegungsapparat wird **schichtweise** (stratigraphisch) von oberflächlichen zu tiefen Strukturen hin präpariert. Im Gegensatz zum Bein kann der Arm meist von beiden Seiten (ventral und dorsal) präpariert werden, ohne den Körper zu wenden. Zunächst werden die epifaszialen Venen und Hautnerven im subkutanen Fettgewebe freigelegt. So werden etwa die V. cephalica und die V. basilica von den Handgelenken bis zum Oberarm verfolgt. Diese werden im Bereich der Ellenbeuge von Hautnerven des Unterarms begleitet. Die Hautnerven an Ober- und Unterarm müssen dargestellt werden, bevor die Faszie eröffnet und die einzelnen Muskeln freigelegt werden. Die Präparation der Achselhöhle mit den Nerven des Plexus brachialis und den Ästen der A. axillaris erfordert Geschick und ist aufwändig. Lymphknoten werden in dieser Region nur exemplarisch belassen. Der Verlauf der einzelnen Nerven und Blutgefäße sowie die Abgänge der einzelnen Äste werden systematisch freigelegt und verfolgt, um eine vollständige Präparation zu erreichen, welche die Vorstellung der Topographie und der Funktion der Leitungsbahnen erleichtert. Die Hand sollte frühzeitig in die Präparation einbezogen werden, da die Darstellung der vielen kleinen Handmuskeln sowie der Äste der Arterien und Nerven in dieser Region viel Zeit in Anspruch nehmen.

IMPP-CHECKLISTE

• Knochen: Apophysen und Ursprünge, Ansätze von Muskeln (auch der kleinen Handmuskeln) • Rotatorenmanschette • Gelenke mit Bändern (v.a. Schulter und Ellenbogen) • Muskeln mit Verlauf, Funktion und Innervation • Plexus brachialis sowie dessen Nerven mit Versorgungsgebiet und Verlauf • Läsionen der Nerven mit Klinik • Arterien mit Ästen, Verlauf und Pulsen • Venen im Verlauf • Lymphdrainage mit Nodi lymphoidei der Axilla und Levels • Topographie: Axilla und Hand • Karpaltunnel • Querschnitte: Brachium und Antebrachium • Oberflächenanatomie

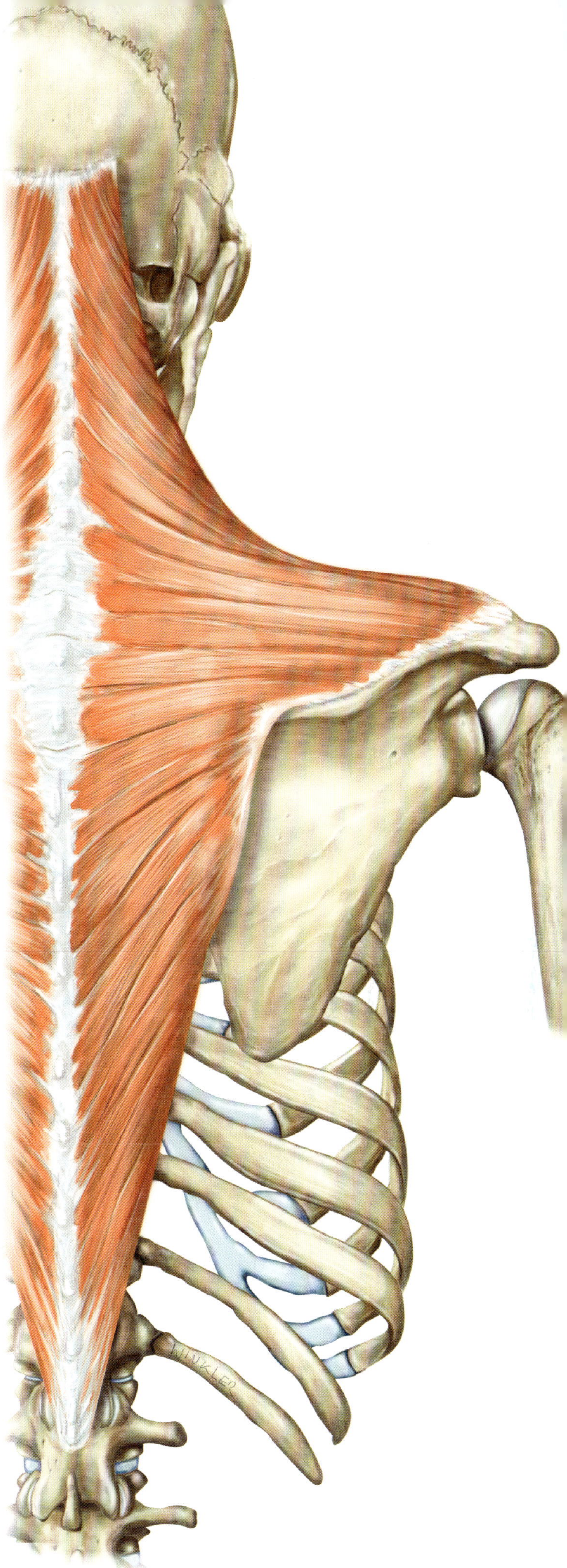

Oberflächenanatomie

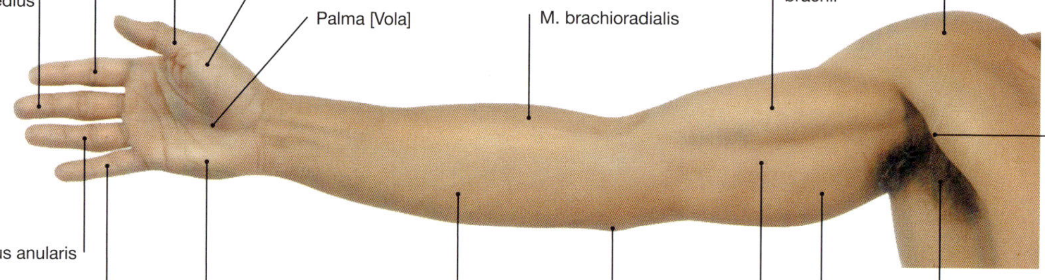

3.1

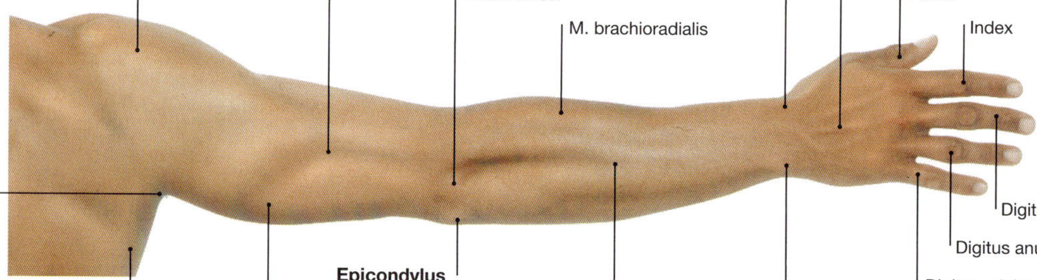

3.2

Abb. 3.1 und Abb. 3.2 Oberflächenrelief des Arms, rechts; Ansicht von ventral (→ Abb. 3.1) und von dorsal (→ Abb. 3.2).

Klinik

Das Oberflächenrelief des Arms wird durch die Muskeln und einige Skelettelemente bestimmt. Die tastbaren Knochenpunkte erleichtern die Orientierung bei der körperlichen Untersuchung.

Faszien des Arms

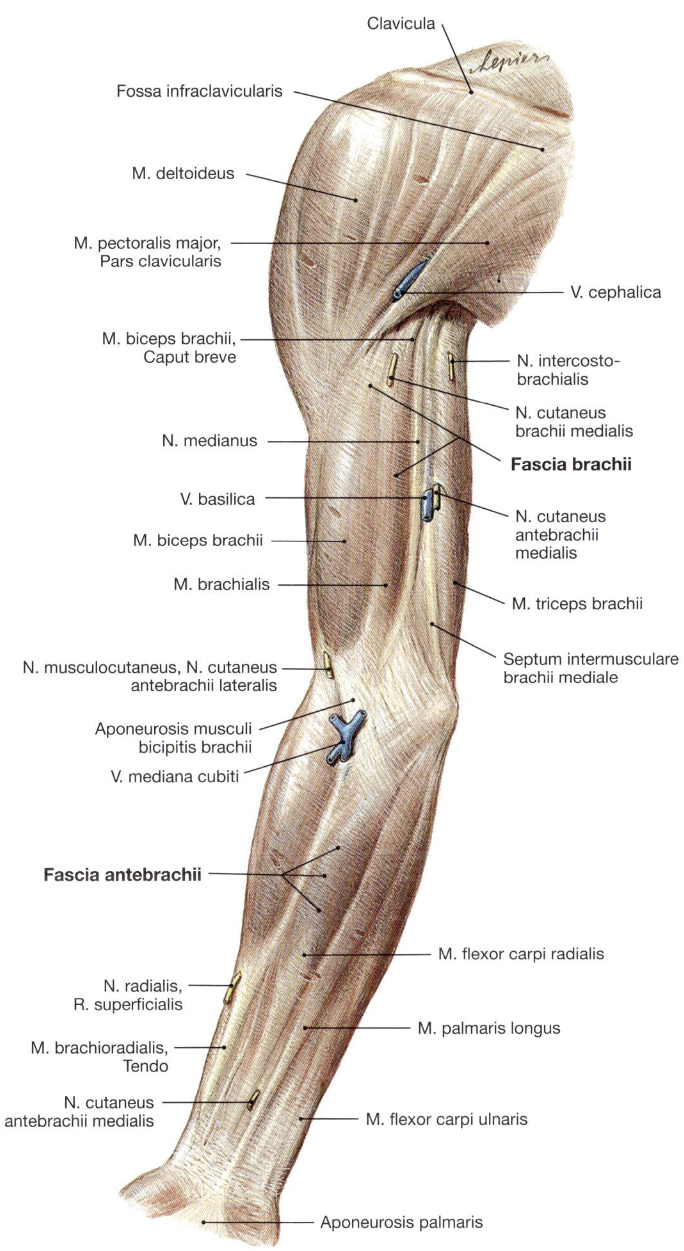

3.3

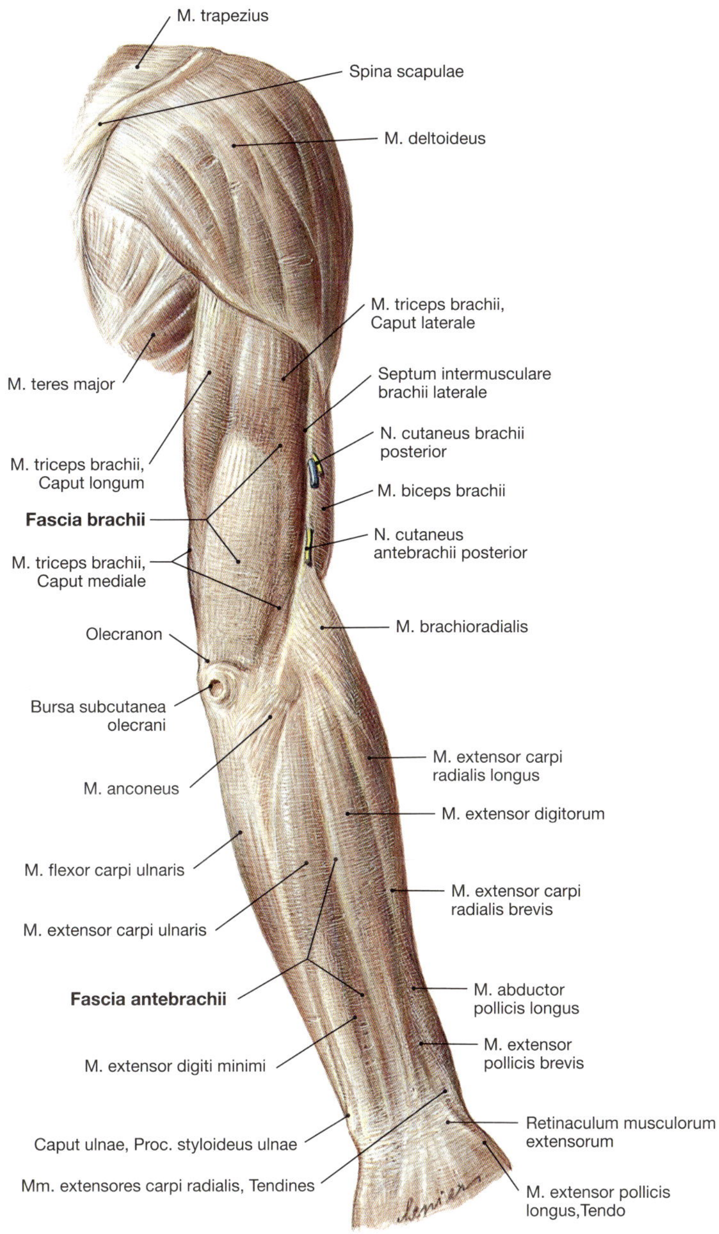

3.4

Abb. 3.3 und Abb. 3.4 Faszie des Oberarms, Fascia brachii, und des Unterarms, Fascia antebrachi, rechts; Ansicht von ventral (→ Abb. 3.3) und von dorsal (→ Abb. 3.4).

Wie die Abbildung zeigt, wird das Oberflächenrelief vor allem durch die einzelnen Muskeln bestimmt. Die Muskeln sind jeweils von eigenen Faszien umhüllt und zu Muskelgruppen zusammengefasst. Diese Gruppenfaszien sind von einer gemeinsamen Faszie, der Ober- und der Unterarmfaszie, bedeckt, die unter der Subkutis der Haut liegt. Bei der Präparation wird nach Darstellung aller wichtigen subkutanen Strukturen, wie der Hautnerven und der epifaszialen Venen, die Körperfaszie freigelegt, indem das subkutane Fettgewebe vollständig entfernt wird.

Entwicklung

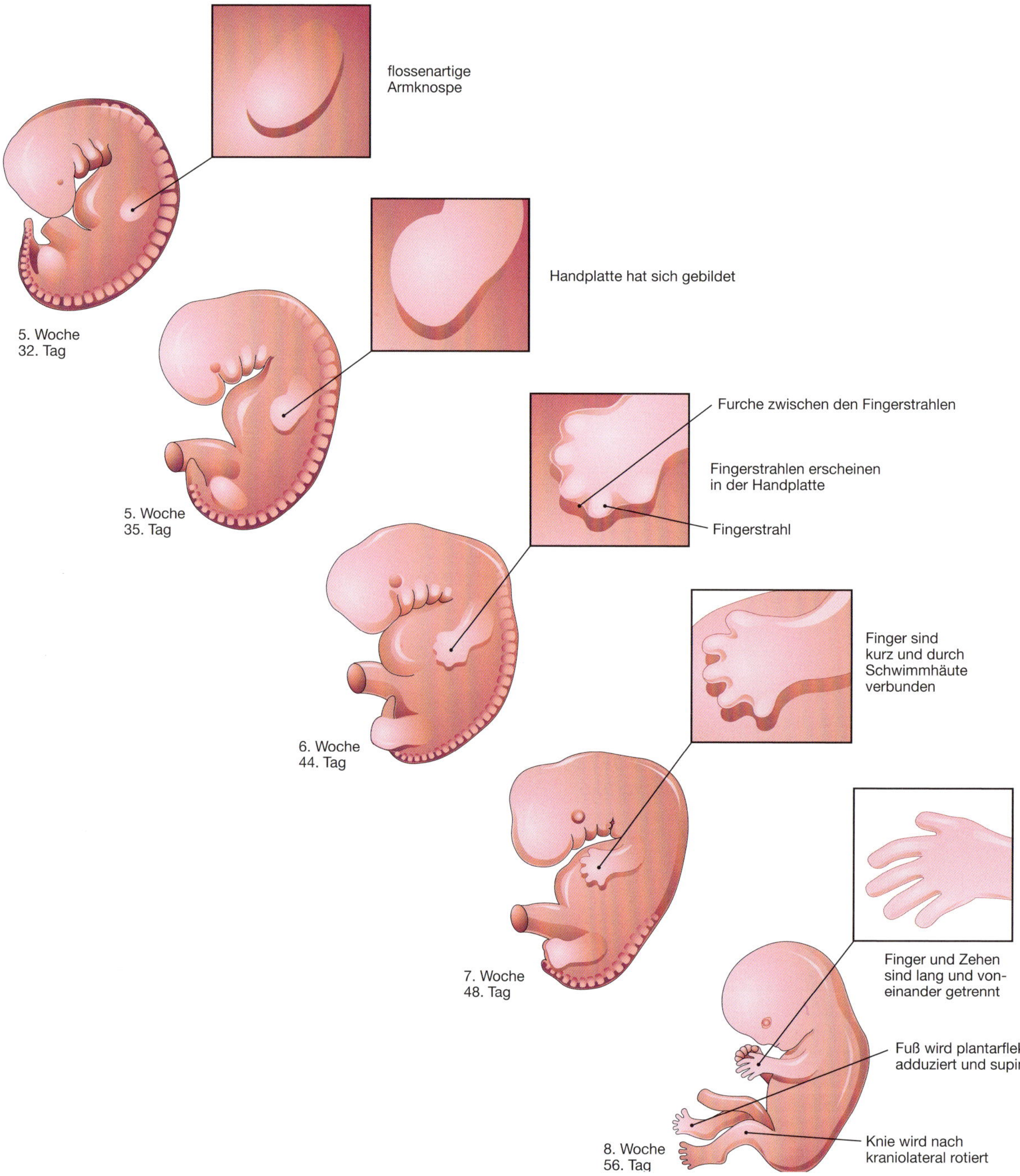

Abb. 3.5 Entwicklung der Extremitäten in der 5.–8. Woche; schematische Darstellung. [20]

Die **Extremitäten** entwickeln sich ab der **4. Woche.** Die flossenartige **Armknospe** bildet sich am **26.–27. Tag** und damit zwei Tage früher als die Beinknospe. Die Extremitätenanlagen bestehen zu diesem Zeitpunkt aus einem bindegewebigen (mesenchymalen) Kern, der von der Somatopleura des Mesoderms ausgeht, und einer Hülle aus Oberflächenektoderm, das die spätere Epidermis der Haut bildet (→ Abb. 3.6). Das Ektoderm am distalen Rand der Extremitätenknospe (ektodermale Randleiste) bildet Wachstumsfaktoren, die Vorläufer von Muskelzellen aus den Somiten des Mesoderms im Rumpfbereich anlocken. Die Extremitätenknospen lassen in der **5.–6. Woche** eine **Gliederung** der Arm- und Beinanlagen erkennen. Ab der 6. Woche separieren sich die Fingerstrahlen voneinander, indem das dazwischenliegende Gewebe durch programmierten Zelltod (Apoptose) untergeht. Bis zum **Ende der 8. Woche** sind die **Finger und Zehen** vollständig **getrennt.**

Im Unterschied zur Armanlage macht die **Beinanlage in der 8. Woche** eine Rotation durch, bei der das **Knie nach kraniolateral** ausgerichtet wird. Das hat zur Folge, dass am Bein die Streckmuskeln des Ober- und Unterschenkels ventral liegen, während sie sich am Arm auf der Dorsalseite befinden. Weiterhin wird der **Fuß in der 8. Woche** zunächst **plantarflektiert, adduziert** und **supiniert.** Diese Fußstellung bildet sich aber bis zur 11. Woche normalerweise wieder zurück.

Klinik

Der **angeborene Klumpfuß** ist die häufigste Fehlbildung der Extremitäten. Dabei ist der Fuß in Plantarflexion und Supination fixiert. Es wird daher angenommen, dass diese Fehlstellung auf der mangelnden Rückbildung dieser Fußstellung beruht, die zwischen der 8. und 11. Woche physiologisch ist.

Entwicklung

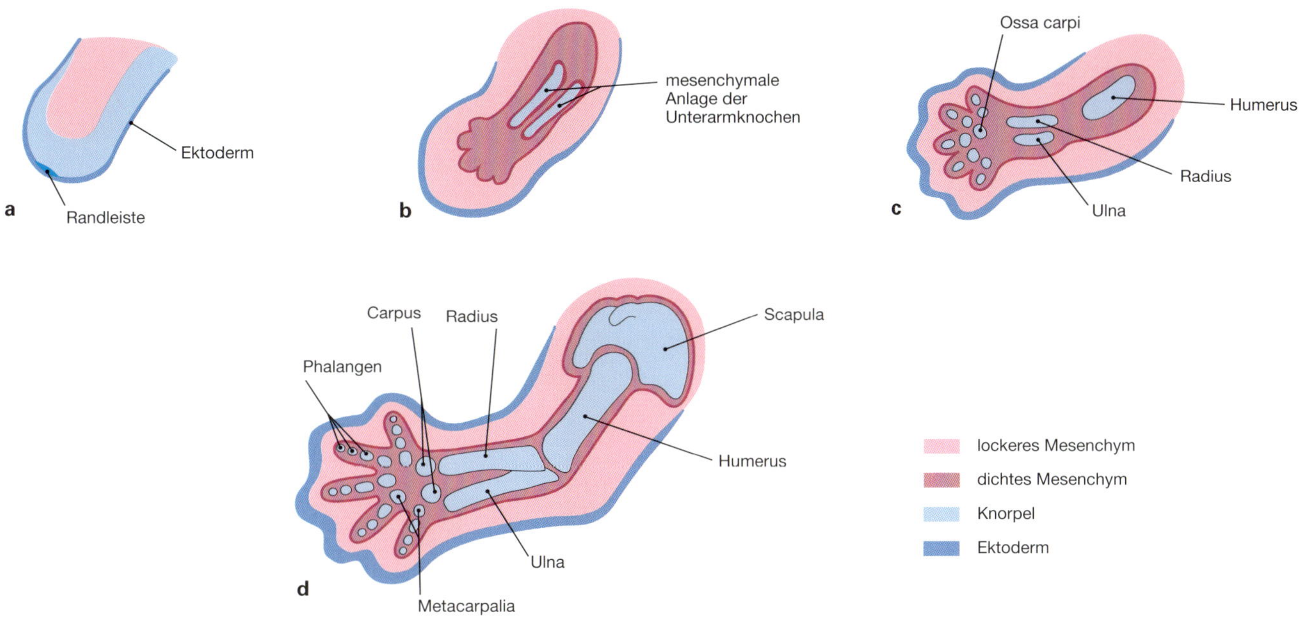

Abb. 3.6a bis d Entwicklung der knorpeligen Vorstufen der Knochen der oberen Extremität in der 4.–8. Woche; schematische Längsschnitte. [20]

In der **4. Woche** bestehen die Extremitätenanlangen aus einem bindegewebigen (mesenchymalen) Kern und einer Hülle aus Oberflächenektoderm, das die spätere Epidermis der Haut bildet. Das Mesenchym verdichtet sich und bildet zwischen der **4. und 6. Woche** am Arm und zwischen der **6. und 8. Woche** am Bein ein **knorpeliges Skelett** als Vorstufen der späteren Knochen aus. Dieser Prozess schreitet von proximal nach distal fort.

In diesem Knorpelskelett bilden sich **ab der 7. Woche** Knochenkerne, die die Ossifikation und damit die Umwandlung des Knorpelskeletts in Knochengewebe einleiten **(chondrale Ossifikation).** Die Verknöcherung schreitet nach einem bestimmten Muster fort. **Bis zur 12. Woche** sind in allen Knochen der oberen Extremität, abgesehen von der Handwurzel, **Knochenkerne** vorhanden. Die Knochenkerne der **Handwurzel** bilden sich erst postnatal zwischen **1. und 8. Lebensjahr.** Eine Ausnahme bildet das Schlüsselbein, das ab der 7. Woche ohne Knorpelskelett und damit direkt aus dem Mesenchym gebildet wird **(desmale Ossifikation).**

An der unteren Extremität läuft die Ossifikation etwas verzögert ab. Während im Oberschenkelknochen die ersten Knochenkerne bereits im 6. Monat auftreten, folgen die Zehenglieder erst zwischen dem 5. und 9. Monat. Die Fußwurzelknochen (1.–4. Lebensjahr) und der Beckengürtel (teilweise bis zum 20. Jahr) verknöchern postnatal.

Der **Schluss der Wachstumsfugen** und damit des Längenwachstums der Extremitäten erfolgt zwischen dem **14. und 25.,** in den meisten Knochen jedoch bis zum **21. Lebensjahr.**

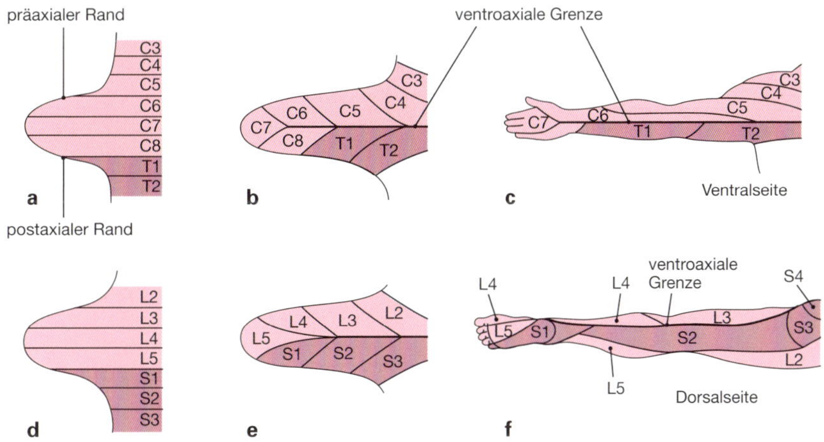

Abb. 3.7a bis f Entwicklung der Dermatome im Bereich der Extremitäten. [20]

Bestimmte Hautgebiete werden von einem einzelnen Rückenmarkssegment sensorisch innerviert (Dermatome). Im Unterschied zum Rumpf, an dem die Dermatome gürtelförmig angeordnet sind, verlaufen sie an den Extremitäten zunächst nahezu in Längsrichtung (**a, d**) und später in der Entwicklung zunehmend schräg (→ S. 71). Arme und Beine weisen eine ventroaxiale Grenze (**b, c, e, f**) auf, an der sich die einzelnen sensorisch innervierten Felder kaum überlappen.

Klinik

Aus dem Fortschreiten der Verknöcherungen **(Knochenalter)** können bei Kindern durch Röntgenuntersuchungen das weitere Wachstum und die Erwachsenengröße vorhergesagt werden. Bei der Röntgenuntersuchung von Kindern muss bedacht werden, dass die Knochen z.T. aus einzelnen Knochenkernen bestehen, die noch nicht miteinander knöchern verbunden sind. Dabei handelt es sich also nicht um Knochenbrüche.

Skelett der oberen Extremität

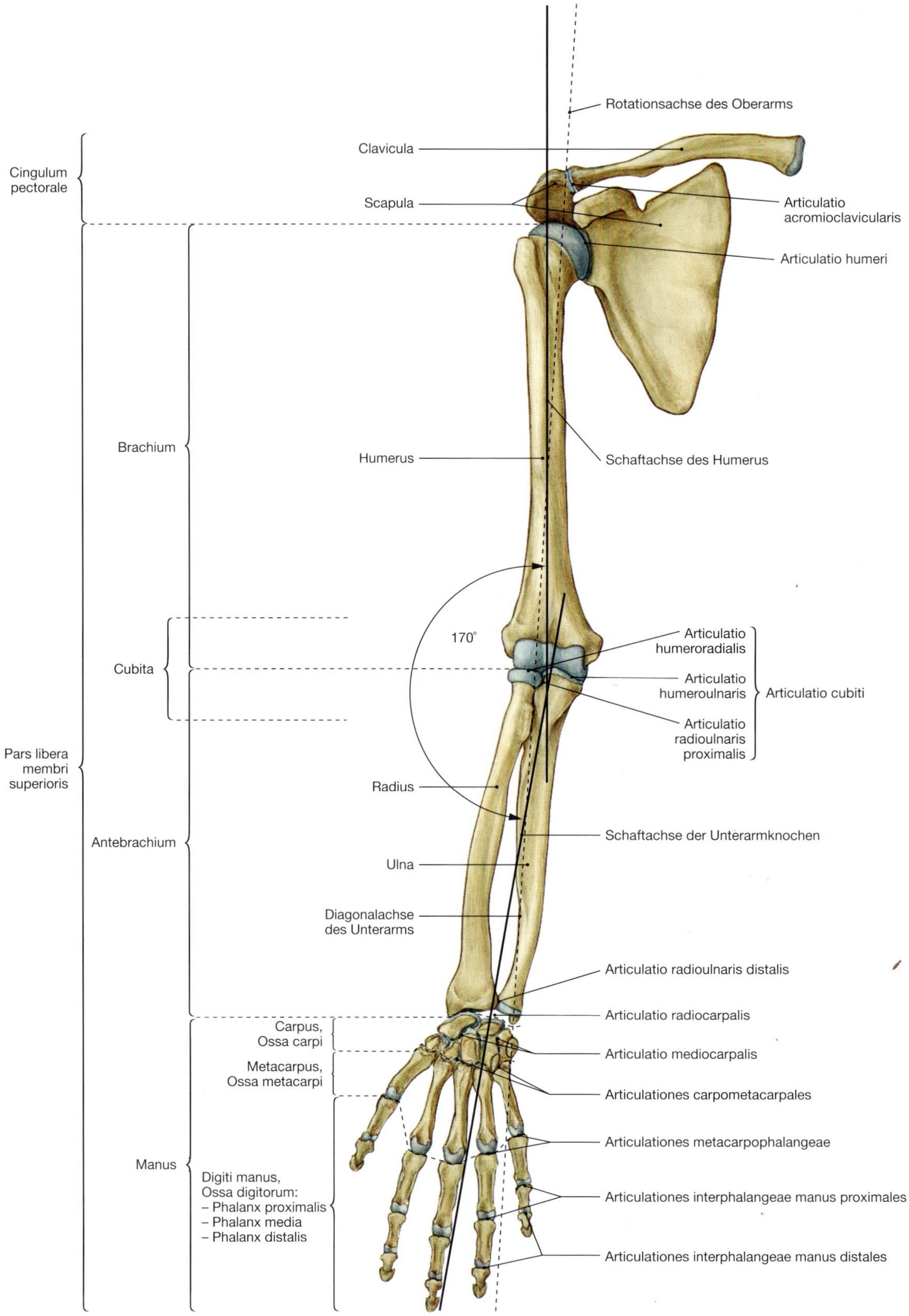

Abb. 3.8 Knochen und Gelenke der oberen Extremität, Membrium superius; rechts; Ansicht von ventral.
Ober- und Unterarm bilden ähnlich wie beim Bein einen nach lateral offenen **Armaußenwinkel** von 170°, der durch die transversale Achse des Ellenbogengelenks halbiert wird. Die Verbindungslinie zwischen den Mittelpunkten der Köpfe von Humerus und Ulna entspricht der Rotationsachse des Oberarms. Um die Diagonalachse des Unterarms wird die Wendebewegung (Pronation/Supination) des Radius um die Ulna durchgeführt.

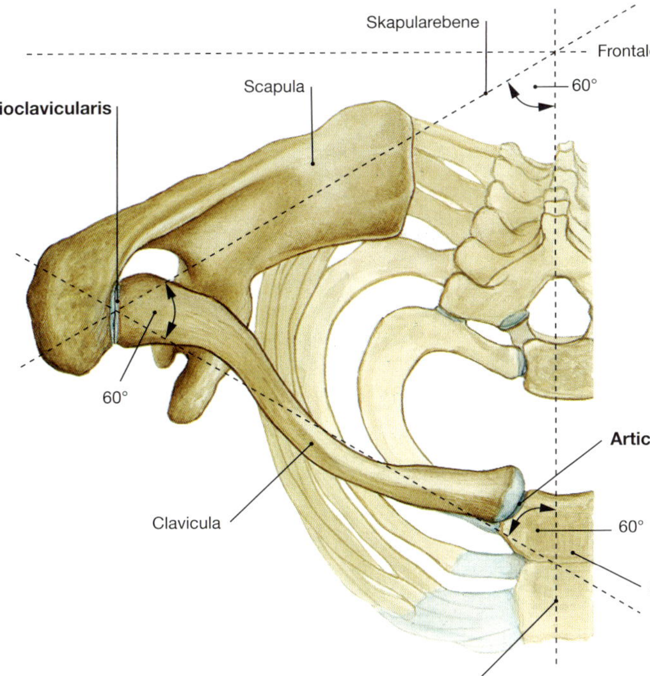

Abb. 3.9 Schultergürtel, Cingulum pectorale, rechts; Ansicht von kranial.
Der Schultergürtel besteht aus **Schlüsselbein** (Clavicula) und **Schulterblatt** (Scapula). Die beiden Knochen sind miteinander über das laterale Schlüsselbeingelenk (Articulatio acromioclavicularis) verbunden; die Clavicula über das mediale Schlüsselbeingelenk (Articulatio sternoclavicularis) mit dem Rumpfskelett.

Das Schlüsselbein bildet sowohl mit der Medianebene als auch mit dem Schulterblatt (Skapularebene) je einen Winkel von ca. 60°. Das Schulterblatt selbst liegt liegt in der sog. Skapularebene, die einen Winkel von 60° zur Medianebene einschließt.

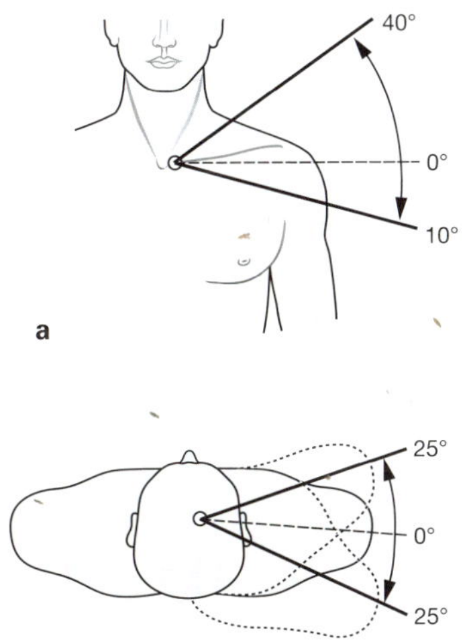

Abb. 3.10a und b Bewegungsumfang des Schultergürtels ausgehend vom medialen Schlüsselbeingelenk. (nach [1])
Beide Schlüsselbeingelenke bilden **Kugelgelenke,** die sich meist wie eine funktionelle Einheit verhalten, da der Schultergürtel nur im medialen Schlüsselbeingelenk mit dem Rumpfskelett verbunden ist. Neben Vor- und Rückführung (Protraktion und Retraktion) sind eine geringe Senkung (Depression) und eine relativ ausgedehnte Hebung (Elevation) der Schulter möglich. Um das fixierte sternale Ende des Schlüsselbeins kann insgesamt eine Rotation um ca. 45° erfolgen. Durch die Beweglichkeit des Schultergürtels wird der Bewegungsumfang der oberen Extremität deutlich erweitert.

Bewegungsumfang des Schultergürtels:
- Elevation–Depression: 40°–0°–10°
- Protraktion–Retraktion: 25°–0°–25°

Schlüsselbein

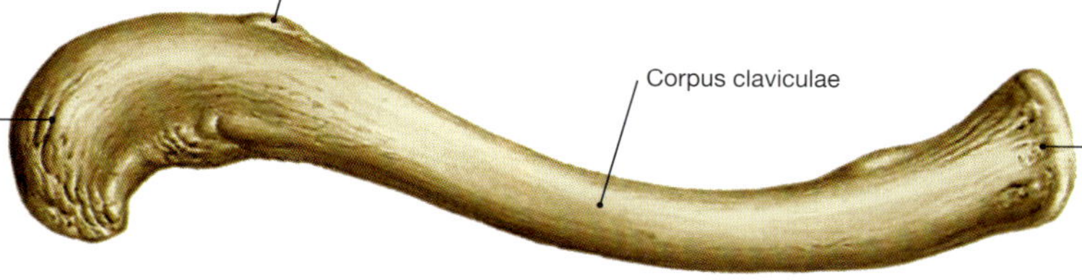

3.11

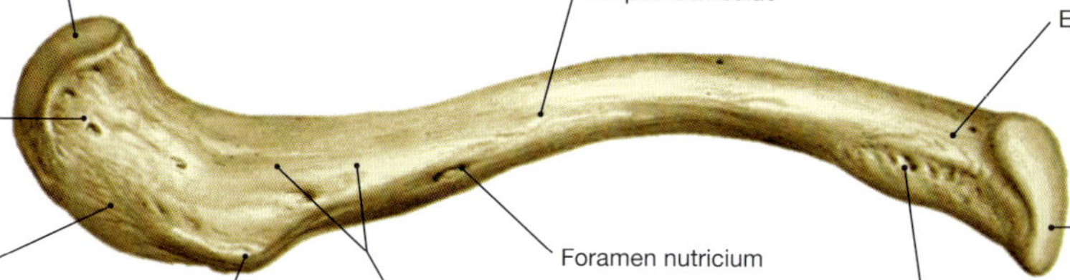

3.12

Abb. 3.11 und Abb. 3.12 Schlüsselbein, Clavicula, rechts; Ansicht von kranial (→ Abb. 3.11) und von kaudal (→ Abb. 3.12).
Die Zuordnung eines isolierten Schlüsselbeins zu einer Körperseite ist häufig nicht einfach. Dabei ist zu beachten, dass die Extremitas sternalis eher plump gestaltet ist, während die Extremitas acromialis flach ausgezogen ist. Am Skelett ist außerdem die Konvexität am sternalen Ende nach ventral gerichtet. Auf der Unterseite des Knochens finden sich zwei charakteristische Apophysen, an denen die beiden Teile des Lig. coracoclaviculare befestigt sind (→ Abb. 3.28). Medial liegt das **Tuberculum conoideum,** lateral davon befindet sich die **Linea trapezoidea.**

Schulterblatt

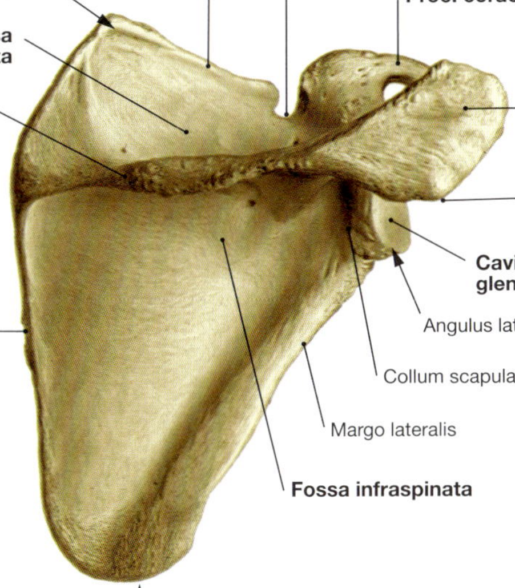

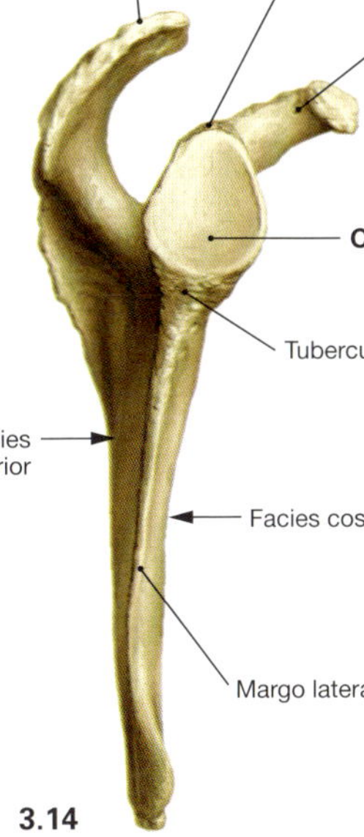

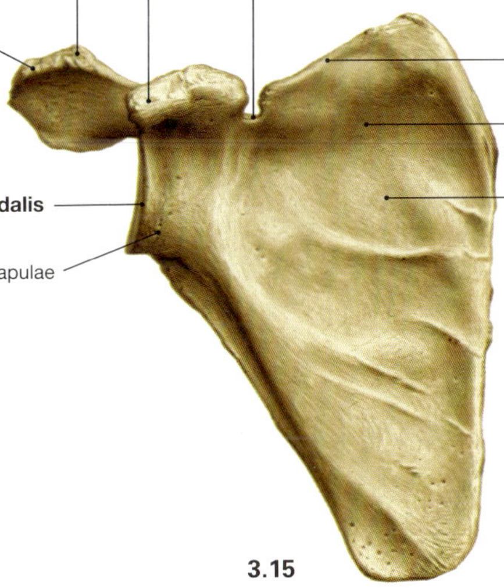

Abb. 3.13 bis Abb. 3.15 Schulterblatt, Scapula, rechts; Ansicht von dorsal (→ Abb. 3.13), von lateral (→ Abb. 3.14) und von ventral (→ Abb. 3.15).

Das Schulterblatt ist ein platter Knochen mit drei Seiten und drei Winkeln. Dorsal befindet sich ein t-förmiger Aufsatz, die Spina scapulae, die eine wichtige Apophyse für entspringende und ansetzende Muskeln darstellt.

Klinik

Der **N. suprascapularis** zieht durch die **Incisura scapulae,** die vom Lig. transversum scapulae superius (→ Abb. 3.28) überbrückt wird. Bei Verknöcherung des Bandes kann es zur **Kompression** des Nervs mit Schwächung der von ihm innervierten Muskeln (M. supraspinatus und M. infraspinatus) kommen, die für die Abduktion und Außenrotation des Armes wichtig sind.

Oberarmknochen

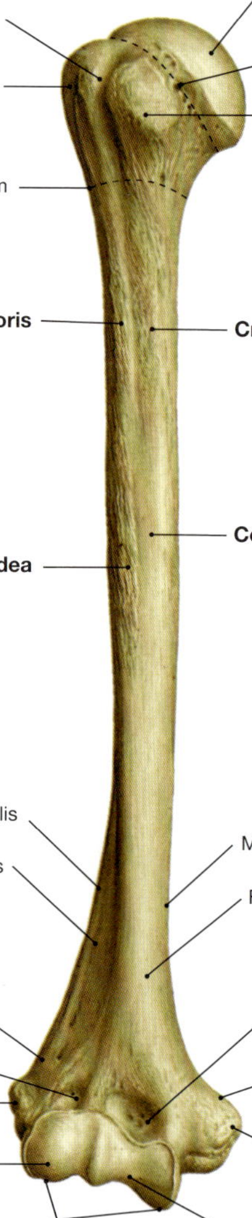

Abb. 3.16 Oberarmknochen, Humerus, rechts; Ansicht von ventral. Der Kopf des Humerus bildet mit der Schaftachse einen Winkel von 150°–180° **(Kollodiaphysenwinkel).** Außerdem weist der Kopf eine **Retrotorsion** um 15°–30° auf, d. h., relativ zur Querachse der distalen Condyli ist der Hals nach hinten rotiert. Im proximalen Bereich des Schafts liegen lateral das Tuberculum majus und medial das Tuberculum minus.

Oberarmknochen

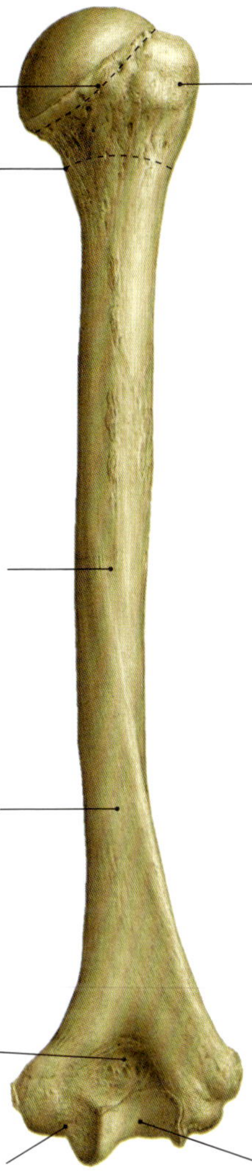

3.17

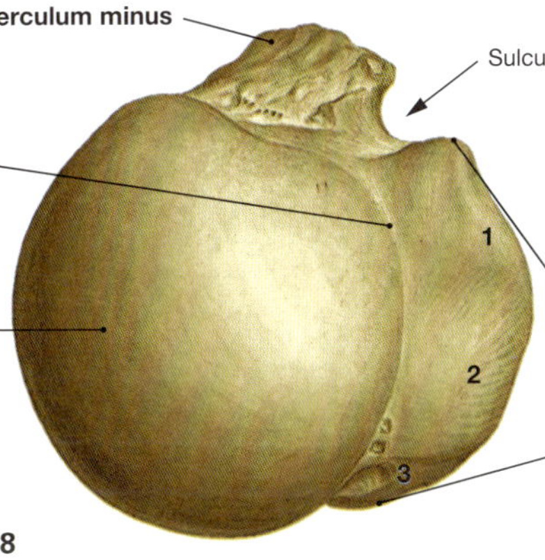

3.18

Sehnenansätze:
1 M. supraspinatus
2 M. infraspinatus
3 M. teres minor

Abb. 3.17 und Abb. 3.18 Oberarmknochen, Humerus, rechts; Ansicht von dorsal (→ Abb. 3.17) und von proximal (→ Abb. 3.18).
Dorsal windet sich der **Sulcus nervi radialis** spiralig um den Schaft des Humerus, in dem der N. radialis gelegen ist. Auf der Rückseite des Epicondylus medialis liegt im **Sulcus nervi ulnaris** der N. ulnaris, wo er bei Stößen mechanisch gereizt werden kann **(Musikantenknochen).**

Klinik

Frakturen des Humerus sind bei Stürzen relativ häufig. Bei **proximalen Frakturen** kann es zu einer Schädigung der **versorgenden Blutgefäße** und des N. axillaris (→ S. 74) kommen, die sich um den Humerus herumschlingen (Aa. circumflexae humeri anterior und posterior). Bei Frakturen im **Schaftbereich** oder bei der operativen Versorgung eines solchen Knochenbruchs kann der N. radialis verletzt werden und das klinische Bild einer **N.-radialis-Läsion** entstehen (→ S. 77). An dieser Stelle kann er auch durch Druck geschädigt werden **(„Parkbank-Läsion"). Distale Frakturen** können zu einer **Schädigung des N. ulnaris** im gleichnamigen Sulcus führen (→ S. 81). Da der Nerv an dieser Stelle sehr exponiert ist, stellen N.-ulnaris-Läsionen in diesem Bereich die häufigsten Nervenläsionen der oberen Extremität dar.

Elle

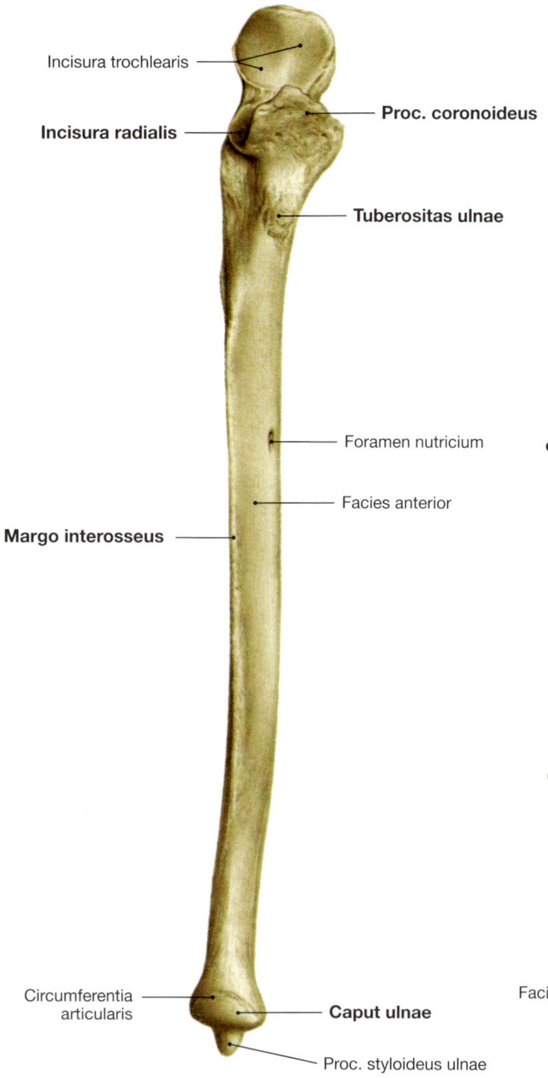

3.19

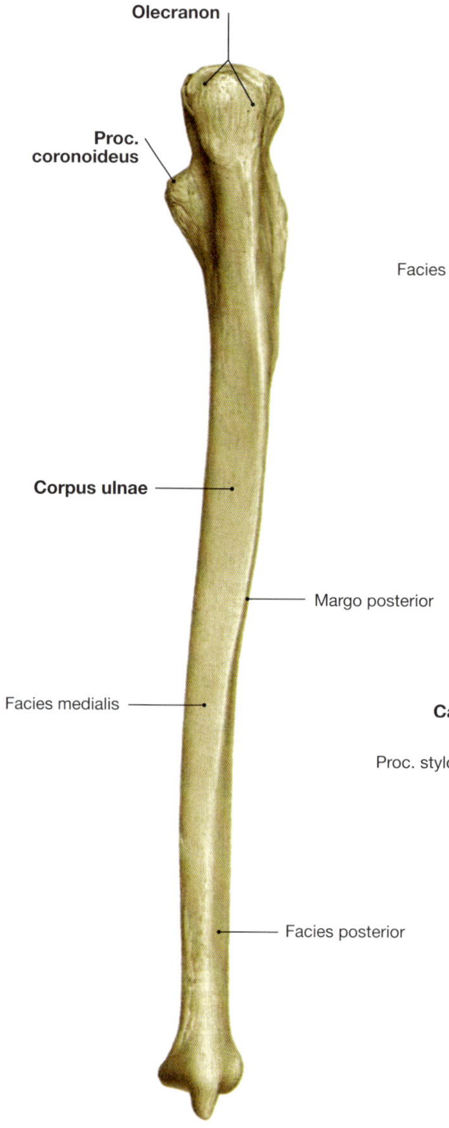

3.20

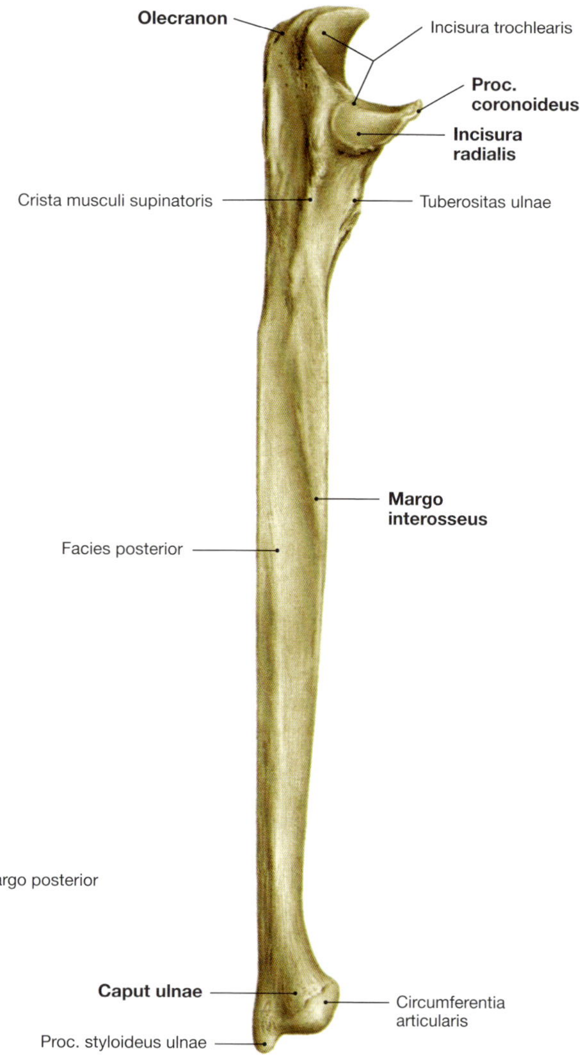

3.21

Abb. 3.19 bis Abb. 3.21 Elle, Ulna, rechts; Ansicht von ventral (→ Abb. 3.19), von dorsal (→ Abb. 3.20) und von radial (→ Abb. 3.21).

Bei der Zuordnung einer isolierten Elle zu einer Körperseite ist die Orientierung an der Position der Incisura radialis möglich, die nach lateral weist.

Speiche

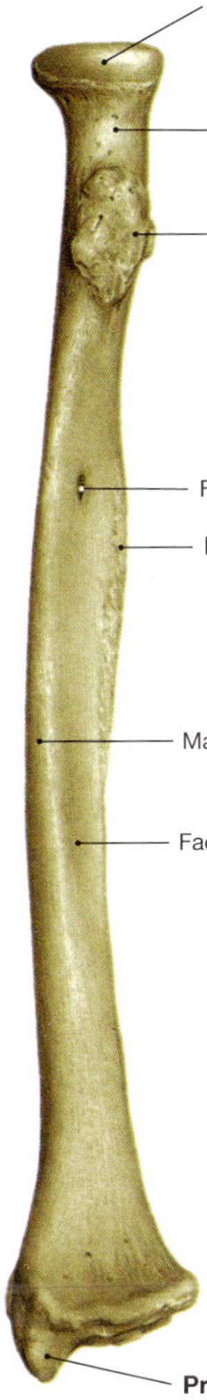

3.22

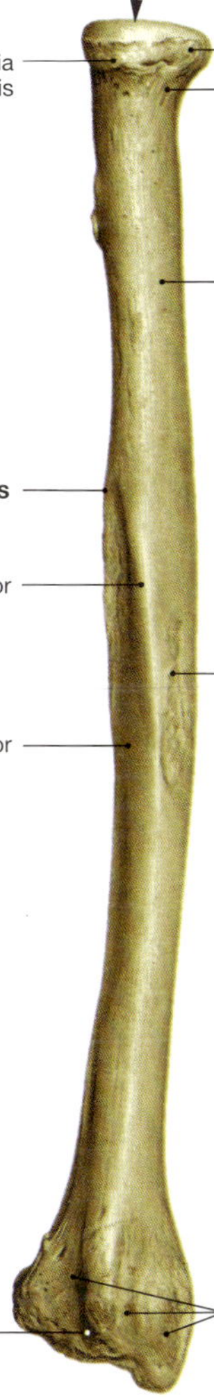

3.23

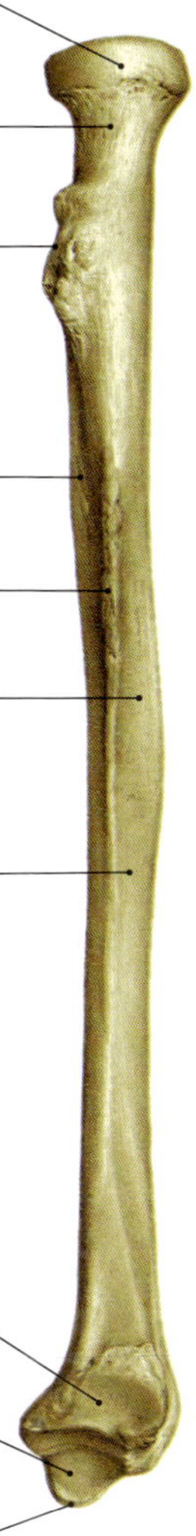

3.24

Abb. 3.22 bis Abb. 3.24 Speiche, Radius, rechts; Ansicht von ventral (→ Abb. 3.22), von dorsal (→ Abb. 3.23) und von ulnar (→ Abb. 3.24).

Bei der Zuordnung einer isolierten Speiche zu einer Körperseite ist die Orientierung an der Position des Proc. styloideus radii möglich, der nach lateral weist. Die Incisura ulnaris ist dagegen nach ulnar gerichtet.

* Furchen und Knochenleisten für die Extensorensehnen

Handskelett

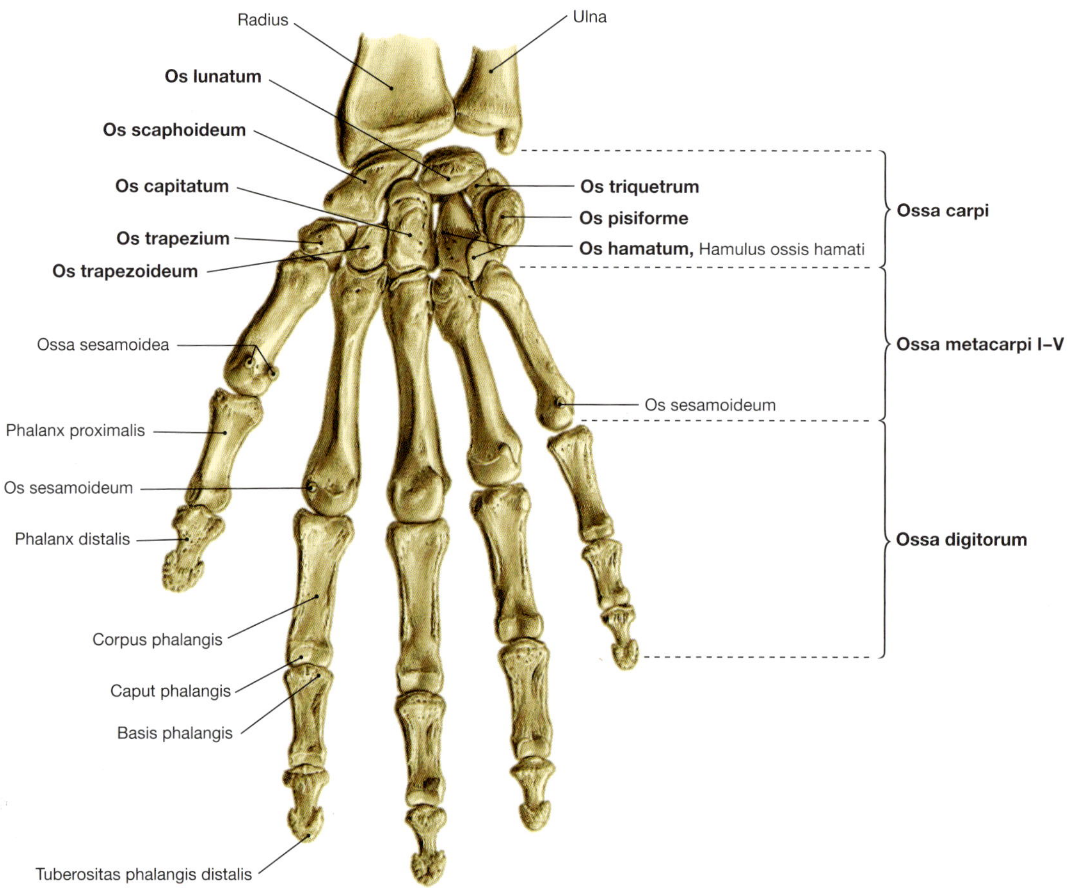

Abb. 3.25 Handskelett, Ossa manus, rechts; Ansicht von palmar. Die Hand (Manus) gliedert sich in Handwurzel (Carpus mit Ossa carpi), Mittelhand (Metacarpus mit Ossa metacarpi) und Finger (Digiti mit Ossa digitorum). Die Finger bestehen aus mehreren Gliedern (Phalanges). Die Knochen der Handwurzel bilden den Sulcus carpi, der den Boden des Karpaltunnels darstellt (→ Abb. 3.125). Dieser wird radial vom Kahnbein (Os scaphoideum) und vom großen Vieleckbein (Os trapezium) sowie ulnar vom Erbsenbein (Os pisiforme) und vom Hakenbein (Os hamatum) begrenzt.

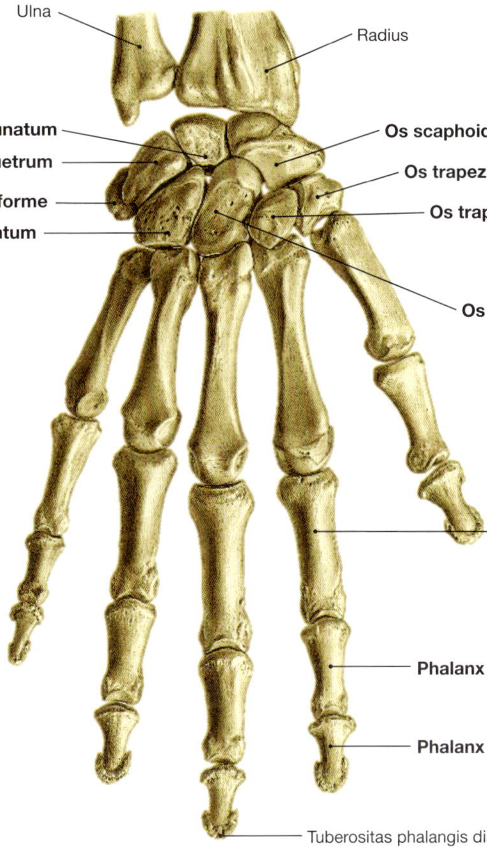

Abb. 3.26 Handskelett, Ossa manus, rechts; Ansicht von dorsal.
Die Handwurzel (Carpus) besteht aus einer proximalen und einer distalen Reihe. In der proximalen Reihe liegen von radial nach ulnar Kahnbein (Os scaphoideum), Mondbein (Os lunatum) und Dreiecksbein (Os triquetrum). Dem Dreiecksbein liegt das Erbsenbein (Os pisiforme) palmar an, das eigentlich kein Handwurzelknochen ist. Als Sesambein (Os sesamoideum) ist es in die Sehne des M. flexor carpi ulnaris eingelagert. Die distale Reihe wird aus großem Vieleckbein (Os trapezium), kleinem Vieleckbein (Os trapezoideum), Kopfbein (Os capitatum) und Hakenbein (Os hamatum) gebildet.

Seit vielen Jahrzehnten gibt es für die Handwurzelknochen in der anatomischen Literatur einen Merkspruch, der inzwischen ein echter Klassiker geworden ist:

Es fuhr ein **Kahn** im **Mondenschein** im **Dreieck** um das **Erbsenbein. Vieleck groß** und **Vieleck klein,** ein **Kopf,** der muss beim **Haken** sein.

Schlüsselbeingelenke

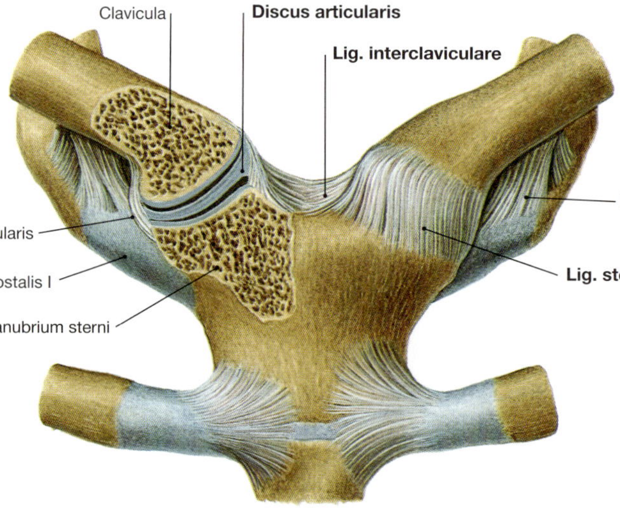

Abb. 3.27 Mediales Schlüsselbeingelenk, Articulatio sternoclavicularis; Ansicht beider Gelenke von ventral.
Das mediale Schlüsselbeingelenk ist die einzige gelenkige Verbindung der oberen Extremität mit dem Rumpfskelett. Die Gelenkpfanne des Brustbeins und der Gelenkkopf des Schlüsselbeins werden durch einen Discus articularis aus Faserknorpel getrennt, der die Zugspannungen der Querverschiebung aufnimmt. Der Bandapparat ist sehr stabil und besteht aus den Ligg. sternoclavicularia anterius und posterius zwischen den beiden Skelettelementen auf der Vorder- bzw. Rückseite sowie einem Lig. interclaviculare, das die beiden Schlüsselbeine kranial miteinander verbindet. Vom Knorpel der I. Rippe zieht das Lig. costoclaviculare zum sternalen Ende der Clavicula, der M. subclavius zum akromialen Ende.

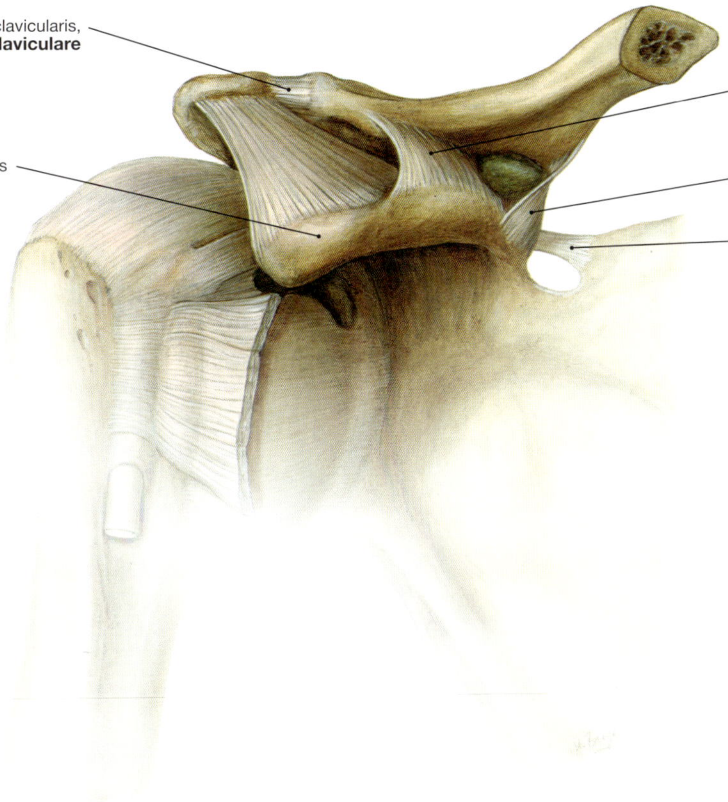

Abb. 3.28 Laterales Schlüsselbeingelenk, Articulatio acromioclavicularis, rechts; Ansicht von ventral.

Das laterale Schlüsselbeingelenk ist die gelenkige Verbindung zwischen Schlüsselbein und Schulterblatt. Auch in diesem Gelenk ist meist ein faserknorpeliger Discus articularis vorhanden, der die Gelenkhöhle jedoch nur unvollständig teilt. Die Gelenkkapsel wird durch das Lig. acromioclaviculare verstärkt. Für die Stabilität des Akromioklavikulargelenks ist auch das Lig. coracoclaviculare wichtig, das aus zwei unabhängigen Bändern besteht, die beide den Proc. coracoideus des Schulterblatts mit der Clavicula verbinden. Medial liegt das Lig. conoideum, das zum Tuberculum conoideum zieht. Lateral setzt das Lig. trapezoideum an der Linea trapezoidea auf der Unterseite des akromialen Schlüsselbeinendes an (→ Abb. 3.12).

Klinik

Während das Sternoklavikulargelenk durch seinen stabilen Bandapparat gut geschützt ist, sind (z. B. bei Stürzen) **Verletzungen des Akromioklavikulargelenks** (klin.: Schultereckgelenk), auch als AC-Gelenk bezeichnet, relativ häufig (→ Abb. 3.57).

Schultergelenk

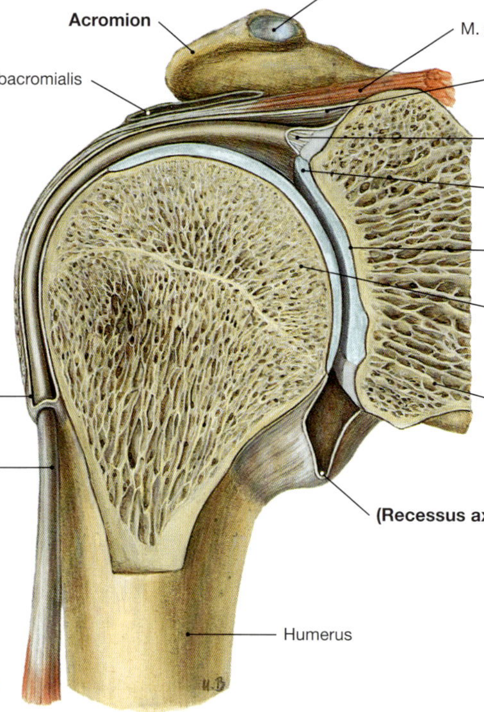

3.29

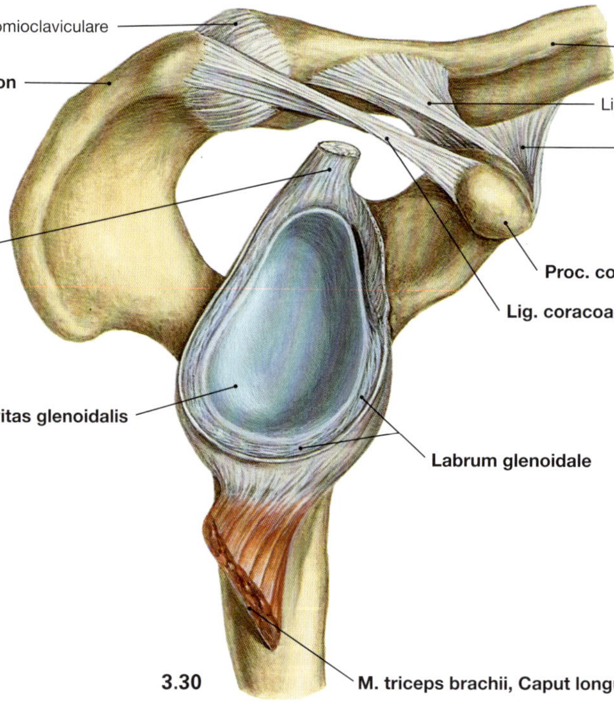

3.30

Abb. 3.29 und Abb. 3.30 Schultergelenk, Articulatio humeri, rechts; Schnitt in der Skapularebene, Ansicht von ventral (→ Abb. 3.29), und Darstellung der Gelenkpfanne, Ansicht von lateral (→ Abb. 3.30).
Die Cavitas glenoidalis der Scapula bildet zusammen mit der faserknorpeligen Pfannenlippe (Labrum glenoidale) die Gelenkpfanne des Schultergelenks, mit der der Humeruskopf artikuliert. Es handelt sich um ein besonders eindrucksvolles Kugelgelenk. Die Gelenkkapsel (Capsula articularis) entspringt am Labrum glenoidale und schließt am kranialen Umfang der Pfanne die Ursprungssehne des Caput longum des M. biceps brachii ein. Der lange Bizepskopf entspringt am Tuberculum supraglenoidale und zieht durch die Gelenkkapsel, während der lange Trizepskopf (Caput longum des M. trizeps brachii) außerhalb der Kapsel am Tuberculum infraglenoidale seinen Ursprung hat. Die Kapsel inseriert am Collum anatomicum des Humerus, so dass die Tubercula majus und minus extraartikulär bleiben. Kaudal besitzt die Gelenkkapsel eine Reservefalte (Recessus axillaris). Die Gelenkkapsel wird auf verschiedenen Seiten von Bändern (→ Abb. 3.31) und durch die einstrahlenden Sehnen der Muskeln der Rotatorenmanschette (→ Abb. 3.34 und 3.65) verstärkt. Überdacht wird das Schultergelenk durch das **Schulterdach,** das sich aus Proc. coracoideus, Acromion und dem die beiden Knochenvorsprünge verbindenden Lig. coracoacromiale zusammensetzt.

Schultergelenk

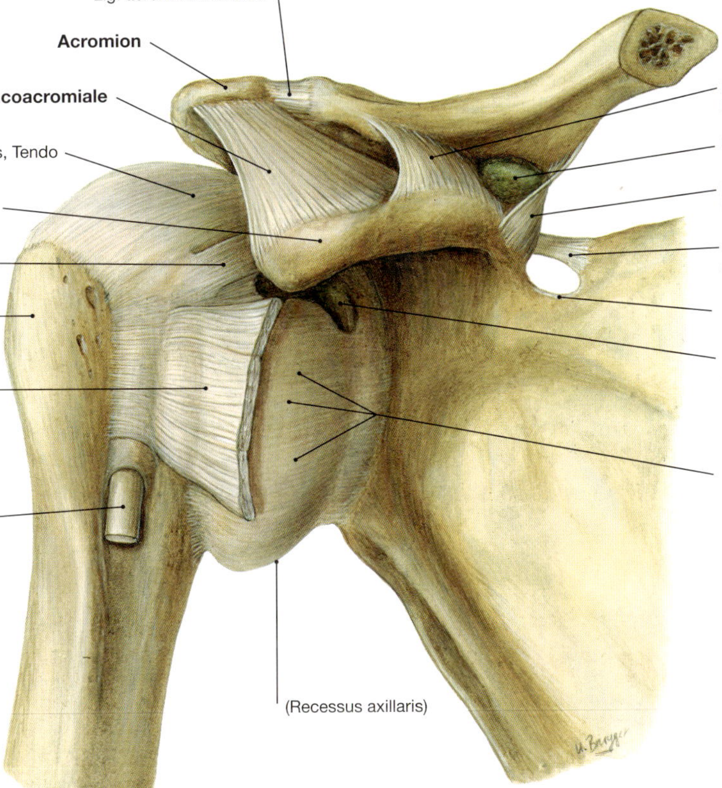

Abb. 3.31 Schultergelenk, Articulatio humeri, rechts; Ansicht von ventral.
Die Gelenkkapsel (Capsula articularis) wird durch verschiedene Bänder und durch die Sehnen der Muskeln der Rotatorenmanschette stabilisiert. Das **Lig. coracohumerale** liegt kranial und zieht vom Proc. coracoideus aus nach hinten in die Kapsel. Die **Ligg. glenohumeralia** bestehen aus verschiedenen Faserzügen und stabilisieren die Vorderseite der Kapsel. Da die Muskeln der Rotatorenmanschette ebenfalls oben, vorne und auch hinten in die Kapsel einstrahlen, ergibt sich, dass die Gelenkkapsel besonders auf ihrer Unterseite dünn und verletzungsanfällig ist. Das **Lig. coracoacromiale** bildet zusammen mit dem Proc. coracoideus und dem Acromion das **Schulterdach** und hat damit keinen Bezug zur Gelenkkapsel. Das Schulterdach stellt eine Ergänzung der Gelenkpfanne dar und stabilisiert den Humeruskopf von oben bei Druck auf den aufgestützten Arm. Durch die Überdachung des Gelenks limitiert das Schulterdach jedoch auch die Abduktion und Anteversion im Schultergelenk und verhindert dadurch das Heben des Arms über die Horizontale (Elevation), wenn die Scapula nicht gleichzeitig mitgedreht wird.

Klinik

Die Gelenkpfanne des Schultergelenks ist relativ klein. Daher hat das Gelenk einen großen Bewegungsumfang, ist aber auch verletzungsanfällig. Verrenkungen **(Luxationen)** des Schultergelenks gehören deshalb zu den häufigsten Luxationen des Körpers (→ S. 33).

Schultergelenk

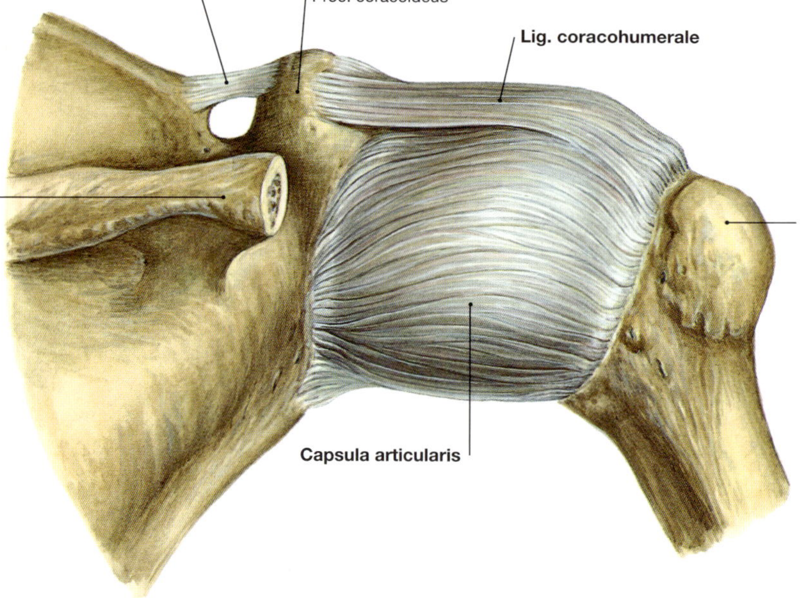

Abb. 3.32 Schultergelenk, Articulatio humeri, rechts; Ansicht von dorsal.

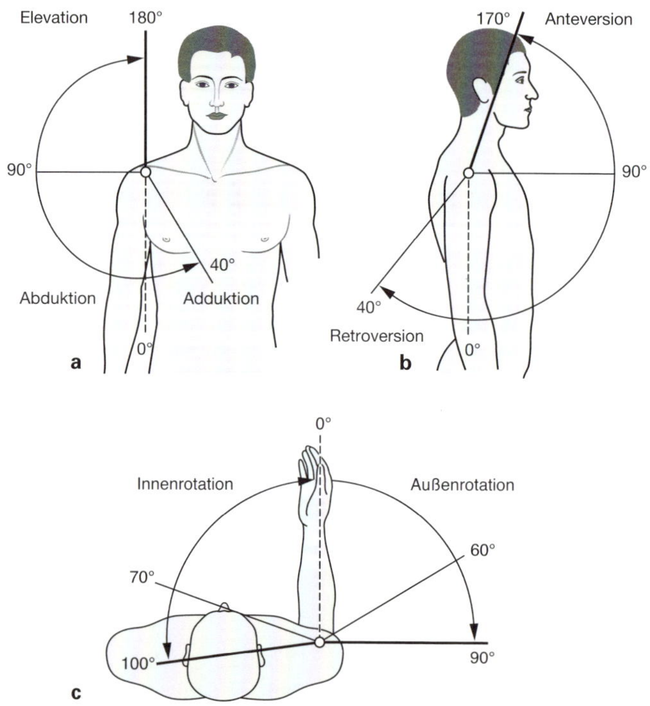

Abb. 3.33a bis c Bewegungsumfang des Schultergelenks mit und ohne Beteiligung der Schlüsselbeingelenke. (nach [1])

a, b Das Schultergelenk ist ein **Kugelgelenk** mit drei Freiheitsgraden und besitzt den größten Bewegungsumfang aller Gelenke des menschlichen Körpers. Der Bewegungsumfang für Abduktion und Anteversion wird durch das Schulterdach eingeschränkt, wenn die Bewegungen nur im Schultergelenk ausgeführt werden (dünne Linien). Bei Kombinationsbewegungen in den Schulter- und den Schlüsselbeingelenken (fette Linien), bei denen das Schulterblatt gedreht wird, ist der Bewegungsumfang deutlich gesteigert. Dann ist auch die Abduktion des Arms über die Horizontale **(Elevation)** möglich. Die Drehung des Schulterblatts, die durch den M. serratus anterior und den M. trapezius ermöglicht wird, setzt bereits ab dem Beginn der Abduktionsbewegung ein.

c Um die Rotation im Schultergelenk untersuchen zu können, muss der Unterarm wie ein Zeiger im Ellenbogengelenk rechtwinklig gestellt werden (unten). Bei gestrecktem Arm wird meist eine Kombination mit einer zusätzlichen Wendebewegung des Unterarms ausgeführt.

Bewegungsumfang des Schultergelenks allein:
- Abduktion–Adduktion: 90°–0°–40°
- Anteversion–Retroversion: 90°–0°–40°
- Außenrotation–Innenrotation: 60°–0°–70°

Bewegungsumfang des Schultergelenks mit Schlüsselbeingelenken:
- Abduktion–Adduktion: 180°–0°–40°
- Anteversion–Retroversion: 170°–0°–40°
- Außenrotation–Innenrotation: 90°–0°–100°

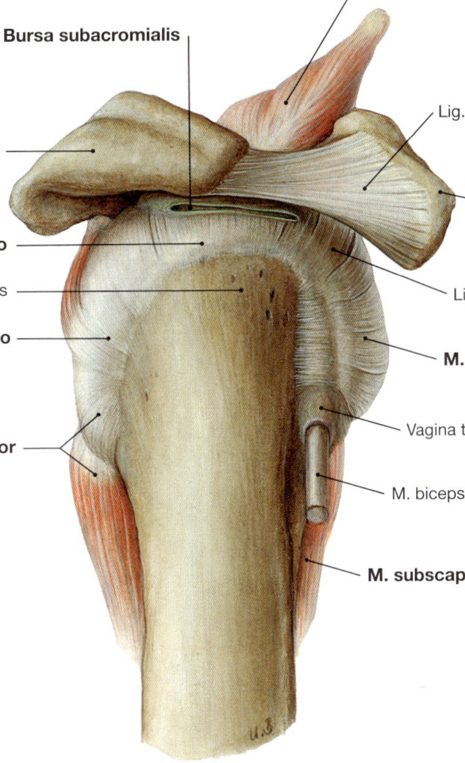

Abb. 3.34 Schultergelenk, Articulatio humeri, rechts; Ansicht von lateral.
Die Ansatzsehnen verschiedener Muskeln strahlen in die Gelenkkapsel ein. Diese Muskeln werden als Rotatorenmanschette zusammengefasst: Vorn liegt der **M. subscapularis,** oben der **M. supraspinatus** und von hinten strahlen **M. infraspinatus** und **M. teres minor** in die Kapsel ein. Nur auf der Unterseite ist die Kapsel schwach.
Im Bereich des Schultergelenks gibt es verschiedene Schleimbeutel (Bursae), die teilweise mit der Gelenkkapsel in Verbindung stehen und Nebenkammern des Gelenks bilden. Die Bursa subcoracoidea unter dem Proc. coracoideus kommuniziert meist mit der Bursa subtendinea musculi subscapularis, die unter der Ansatzsehne des Muskels liegt (→ Abb. 3.31) und ihrerseits meist mit der Gelenkhöhle in Verbindung steht (→ Abb. 3.64). Die Bursa subacromialis dagegen liegt auf der Sehne des M. supraspinatus und steht meist mit der Bursa subdeltoidea in Verbindung. Diese beiden Schleimbeutel bilden zusammen das sog. subakromiale Nebengelenk. Diese Bursen ermöglichen eine reibungsarme Bewegung des Humeruskopfes und der Ansatzsehnen der Rotatorenmanschette unter dem Acromion.

Klinik

Degenerative Veränderungen der Supraspinatus-Sehne sind häufig. Dabei kann es bei Abduktion zwischen 60° und 120° zu Schmerzen kommen („schmerzhafter Bogen"), wenn die Sehne unter dem Schulterdach komprimiert wird **(Impingement-Syndrom).** Auch degenerativ bedingte **Kalkablagerungen** im subakromialen Nebengelenk können zu schmerzhaften Bewegungseinschränkungen führen.

Ellenbogengelenk

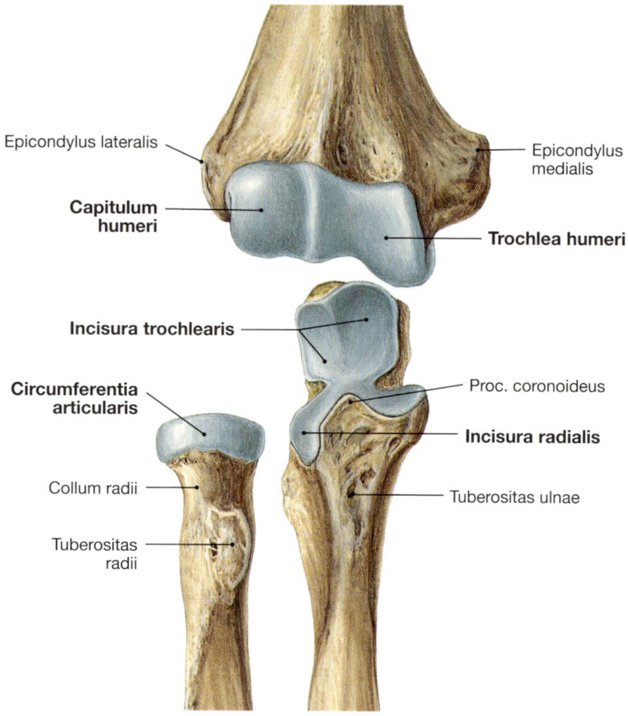

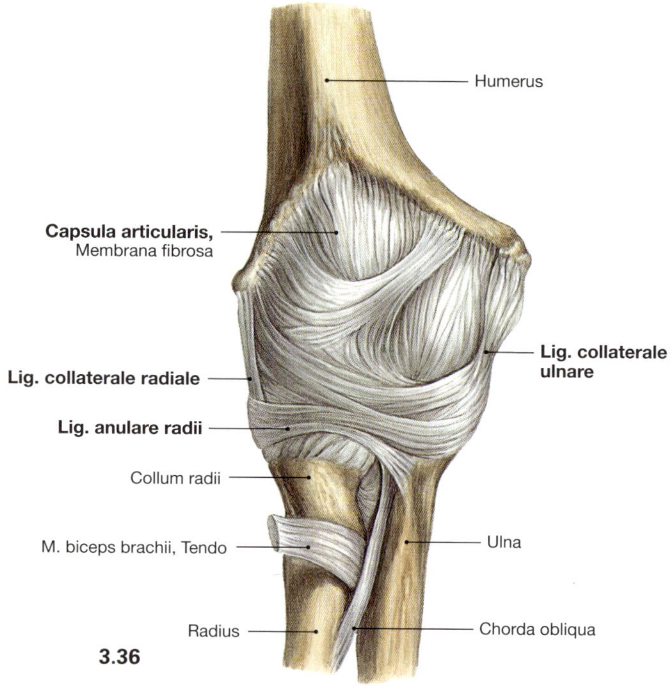

Abb. 3.35 Gelenkkörper des Ellenbogengelenks, Articulatio cubiti; Ansicht von ventral. Überknorpelte Gelenkflächen sind blau dargestellt.

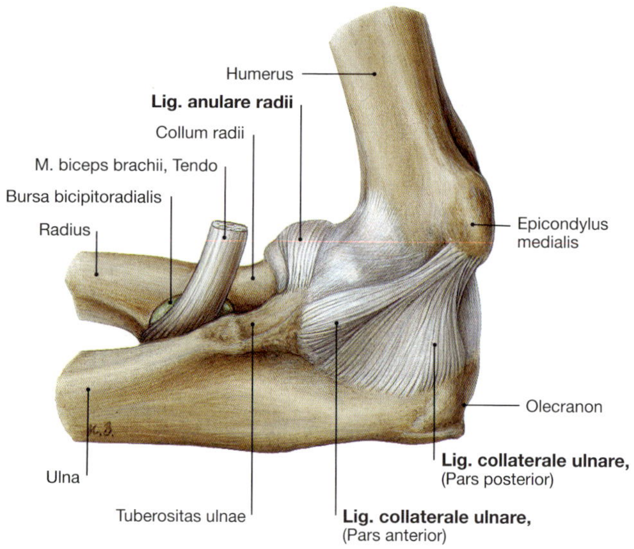

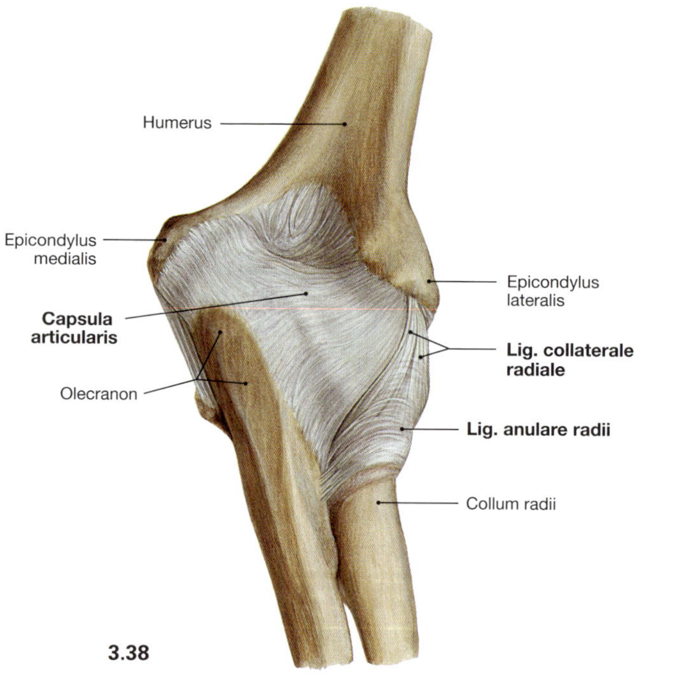

Abb. 3.36 bis Abb. 3.38 Ellenbogengelenk, Articulatio cubiti, rechts; Ansicht von ventral (→ Abb. 3.36), von medial (→ Abb. 3.37) und von dorsal (→ Abb. 3.38).

Das Ellenbogengelenk ist ein zusammengesetztes Gelenk (Articulatio composita), in dem Humerus, Radius und Ulna in drei Teilgelenken artikulieren:

- **Articulatio humeroulnaris:** Scharniergelenk mit Trochlea humeri als Gelenkkopf und Incisura trochlearis der Ulna als Gelenkpfanne
- **Articulatio humeroradialis:** Kugelgelenk mit Capitulum humeri als Gelenkkopf und Fovea articularis des Radius als Gelenkpfanne
- **Articulatio radioulnaris proximalis:** Radgelenk mit der Circumferentia articularis des Caput radii als Gelenkkopf und Incisura radialis der Ulna als Gelenkpfanne

Die Gelenkkapsel (Capsula articularis) umfasst die knorpeligen Gelenkflächen aller drei Knochen. Die Kapsel ist durch einen kräftigen Bandapparat verstärkt. Die beiden **Kollateralbänder** stabilisieren das Ellenbogengelenk medial und lateral. Medial zieht das Lig. collaterale ulnare vom Epicondylus medialis des Humerus zu Proc. coronoideus (Pars anterior) und Olecranon (Pars posterior) der Ulna. Das Lig. collaterale radiale entspringt von der Unterseite des Epicondylus lateralis und strahlt in das **Ringband** (Lig. anulare radii) ein, das an der Vorderkante und an der Hinterkante der Incisura radialis der Ulna befestigt ist. Durch diesen Bandverlauf wird der Radiuskopf bei der Drehung wie in einer Schlinge geführt.

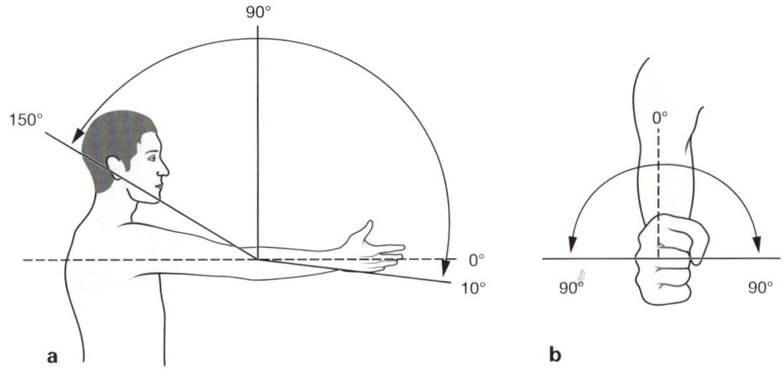

Abb. 3.39a und b Bewegungsumfang des Ellenbogengelenks. (nach [1])
Im Ellenbogengelenk werden Scharnierbewegungen zwischen Humerus und Ulna und zwischen Humerus und Radius sowie Drehbewegungen zwischen Humerus und Radius sowie Radius und Ulna ausgeführt. Daher verhalten sich die Teilgelenke zusammen wie ein **Drehscharniergelenk** (Trochoginglymus). Das Humeroulnargelenk besitzt eine starke Knochenführung. Während die Beugung durch Weichteilhemmung durch die Oberarmbeuger limitiert wird, ist die Streckung durch die Knochenhemmung des Olecranons begrenzt. Die Bewegungsachse des Scharniergelenks zieht transversal durch die Mitte der Trochlea humeri (**a**).
Die Drehbewegung wird durch das Lig. anulare radii gesichert (Bänderführung, **b**). Bei dieser Wendebewegung, an der auch das distale Radioulnargelenk beteiligt ist (→ Abb. 3.44), wird der Radius um die Ulna herumgeführt. Ausgehend von der Neutral-Null-Stellung, bei der der Daumen nach oben weist, kann der Unterarm bei dieser Wendebewegung supiniert (Handfläche zeigt nach oben) und proniert (Handfläche weist nach unten) werden. Obwohl das Humeroradialgelenk nach der Form der Gelenkflächen ein Kugelgelenk ist, ist keine Ab- und Adduktion möglich, da der Radius durch das Ringband an die Ulna gefesselt ist und somit nur den Scharnierbewegungen des Humeroulnargelenks folgen kann.

Bewegungsumfang des Ellenbogengelenks:
- Extension–Flexion: 10°–0°–150°
- Supination–Pronation: 90°–0°–90°

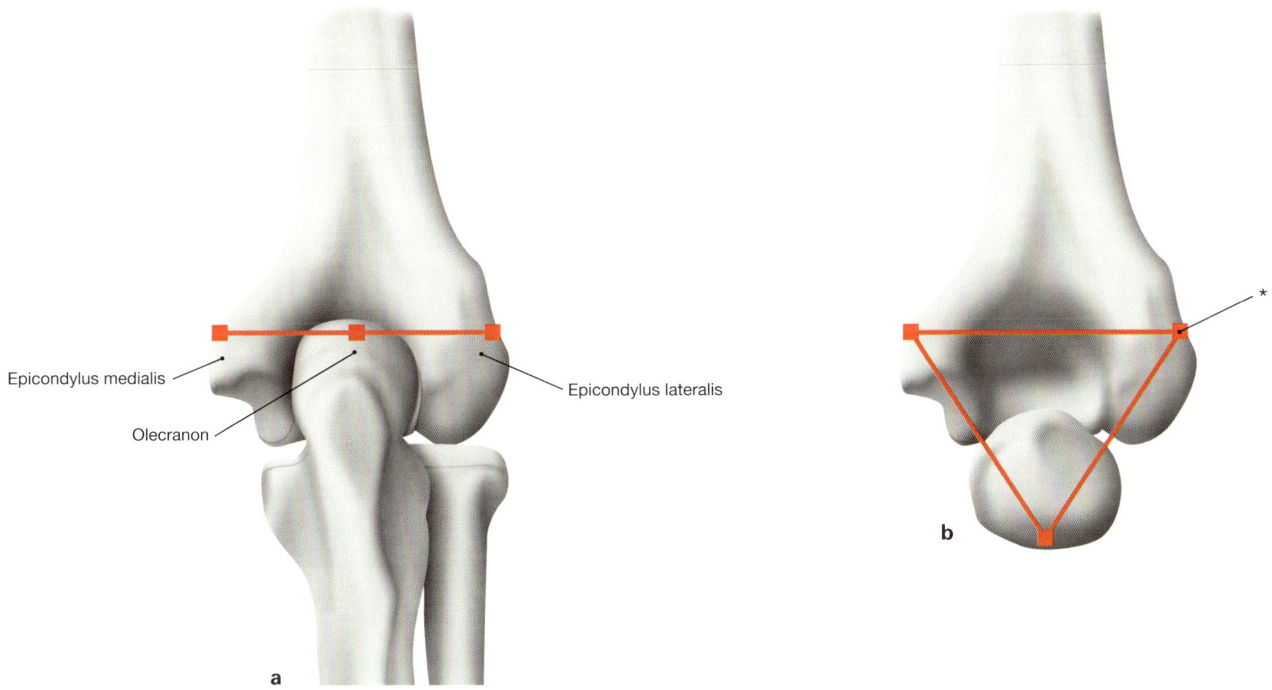

Abb. 3.40a und b HUETER-Dreieck.
Die Spitzen der Epikondylen von Humerus und Olecranon liegen in Streckstellung des Ellenbogengelenks von hinten betrachtet auf einer Linie (**a**). In Beugestellung bilden sie ein gleichschenkeliges Dreieck (HUETER-Dreieck, **b**). Knochenbrüche und Verrenkungen führen zu Abweichungen von der Dreieckfigur, was bei der Röntgendiagnostik von Bedeutung ist.

* klin.: HUETER-Dreieck

Verbindungen der Unterarmknochen

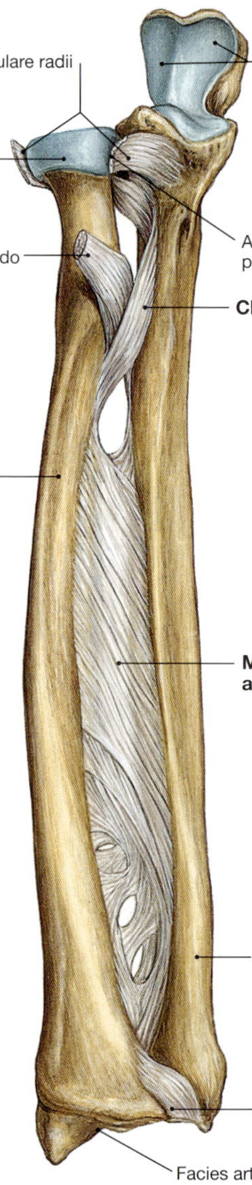

3.41

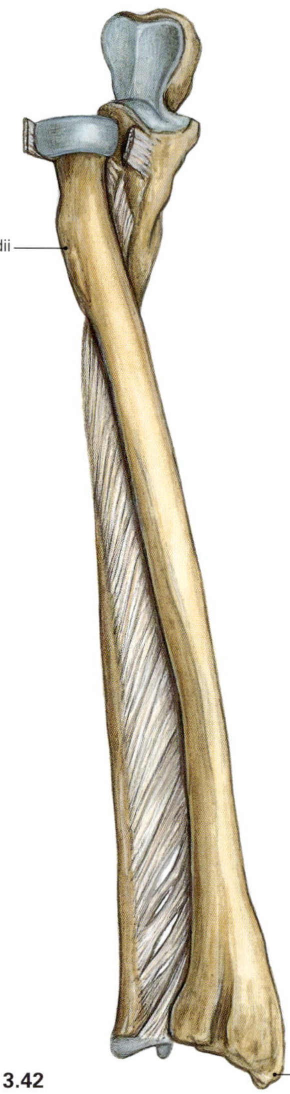

3.42

Abb. 3.41 und Abb. 3.42 Verbindungen der Knochen des Unterarms in Supinations- (→ Abb. 3.41) und in Pronationsstellung (→ Abb. 3.42), rechts; Ansicht von ventral.
Die Unterarmknochen sind durch die stabile Membrana interossea antebrachii verbunden, deren Faserzüge überwiegend von proximal am Radius nach distal zur Ulna ziehen. Proximal wird sie durch die Chorda obliqua ergänzt, die entgegengesetzt verläuft. Die Abbildungen zeigen, wie der Radius bei der Wendebewegung um die Ulna herumgeführt wird. In Supinationsstellung des Unterarms liegen beide Knochen parallel, während sie sich in Pronationsstellung überkreuzen.

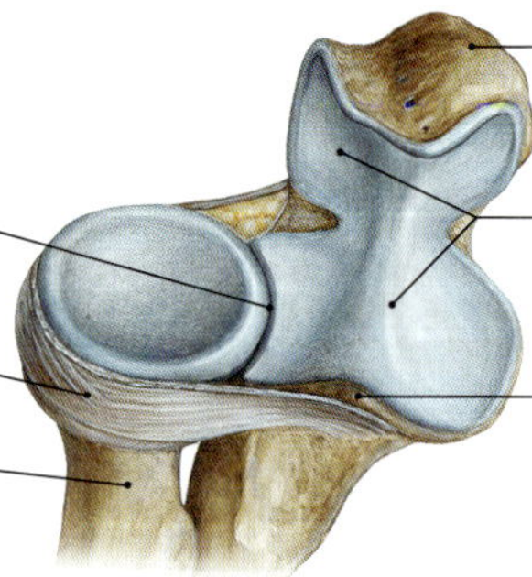

Abb. 3.43 Proximales Radioulnargelenk, Articulatio radioulnaris proximalis, rechts; Ansicht von proximal ventral.
Das proximale Radioulnargelenk ist ein Radgelenk und Teil des Ellenbogengelenks. Die gemeinsame Gelenkachse des proximalen und des distalen Radioulnargelenks ist die Diagonalachse des Unterarms, die vom Caput radii zum Caput ulnae verläuft.

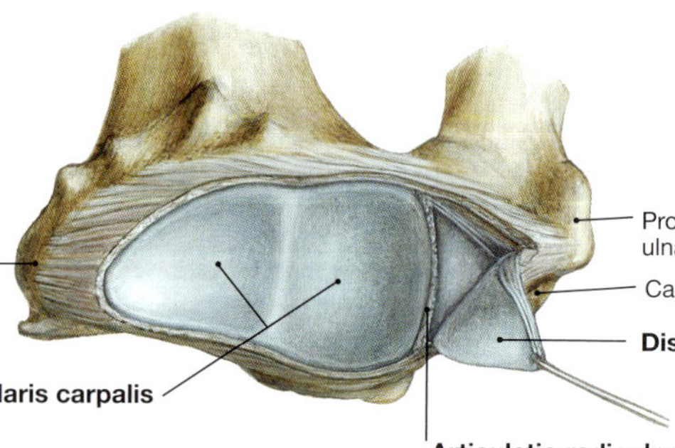

Abb. 3.44 Distales Radioulnargelenk, Articulatio radioulnaris distalis, rechts; Ansicht von distal dorsal.
Das distale Radioulnargelenk zählt zu den Radgelenken und grenzt an das proximale Handgelenk. Es wird vom Caput ulnae und von der Incisura ulnaris des Radius gebildet. Die Gelenkfläche des proximalen Hand- gelenks besteht aus der Facies articularis carpalis des Radius und dem Discus articularis, der die Articulatio radioulnaris distalis vom proximalen Handgelenk trennt.

Gelenke von Handwurzel und Mittelhand

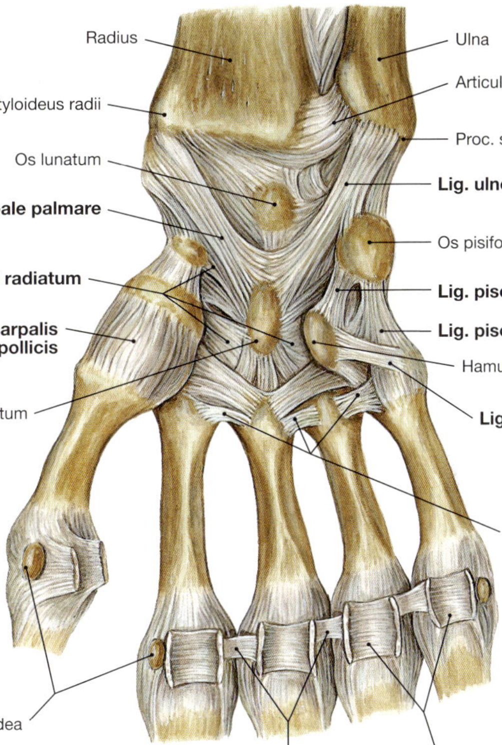

Abb. 3.45 Gelenke und Bänder der Hand, Articulationes und Ligamenta manus, rechts; Ansicht von palmar.

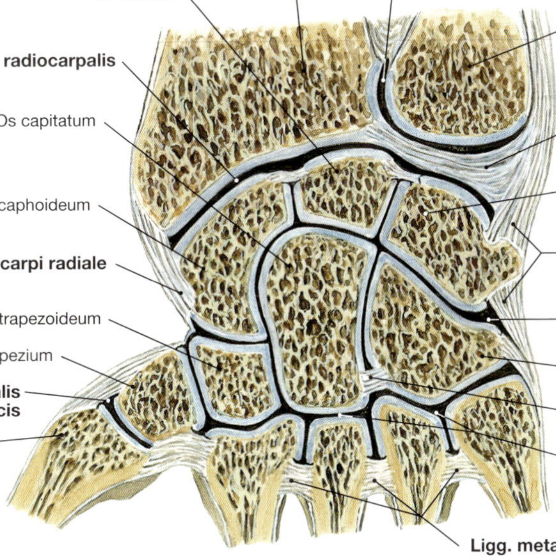

Abb. 3.46 Gelenke der Handwurzel und der Mittelhand, Articulationes carpi, rechts; Ansicht von palmar; Flächenschnitt parallel zum Handrücken.

Dazu gehören neben den kleineren gelenkigen Verbindungen der beteiligten Handwurzel- und Mittelhandknochen untereinander die beiden Handgelenke.

- Das **proximale Handgelenk** (Articulatio radiocarpalis) verbindet die Unterarmknochen (Gelenkpfanne) mit der proximalen Reihe der Handwurzelknochen (Gelenkkopf) und ist ein Ellipsoidgelenk. Die Ulna wird vom Os triquetrum durch den Discus articularis getrennt (→ Abb. 3.44).
- Im **distalen Handgelenk** (Articulatio mediocarpalis) artikulieren die Knochen der proximalen und der distalen Reihe der Handwurzel in einer wellenförmigen Linie miteinander. Auch dieses Gelenk verhält sich wie ein Ellipsoidgelenk.
- Die **Articulationes carpometacarpales II bis V** zwischen Handwurzel- und Mittelhandknochen und die **Articulationes intermetacarpales** zwischen den Basen der Mittelhandknochen sind meist straffe Amphiarthrosen, die relativ wenig Bewegungen zulassen. Das **Daumensattelgelenk** (Articulatio carpometacarpalis pollicis) dagegen ist sehr beweglich und lässt neben Flexion und Extension auch Ab- und Adduktion zu.

Gelenke von Handwurzel und Mittelhand

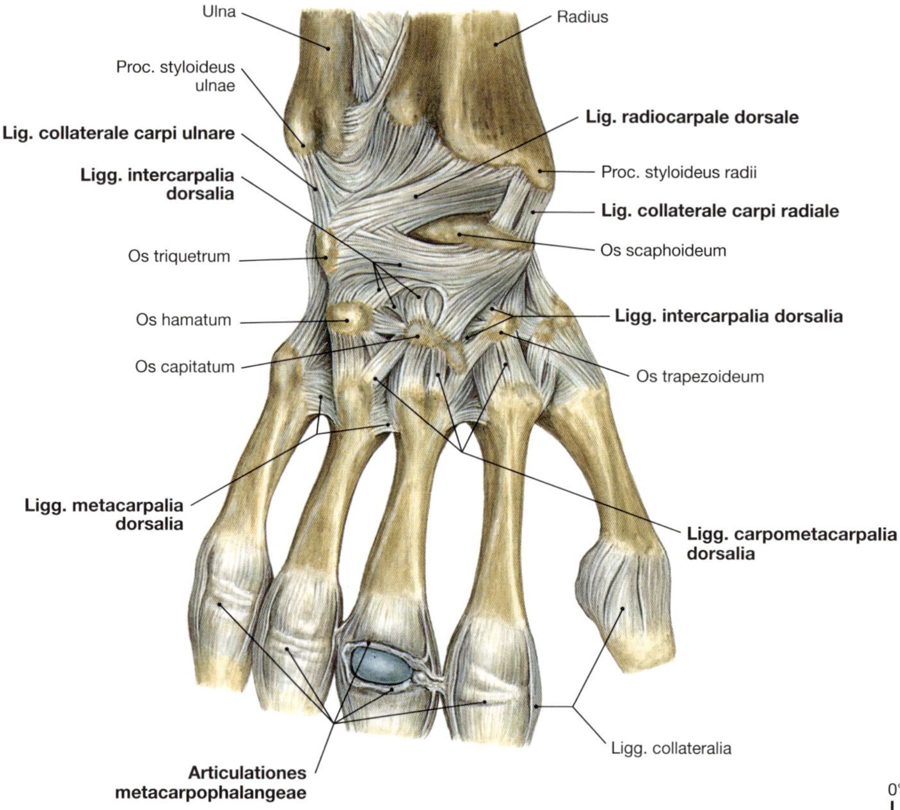

Abb. 3.47 Gelenke und Bänder der Hand, Articulationes und Ligamenta manus, rechts; Ansicht von dorsal.

Bänder der Handwurzel und der Mittelhand

- Ligg. radiocarpalia palmare und dorsale und Lig. ulnocarpale palmare
- Ligg. collateralia carpi radiale und ulnare: von den Procc. styloidei
- Ligg. intercarpalia palmaria, dorsalia, und interossea
- Lig. carpi radiatum: Bänder, die sternförmig vom Os capitatum ausgehen
- Lig. pisohamatum: Fortsetzung der Sehne des M. flexor carpi ulnaris zum Os hamatum
- Lig. pisometacarpale: Fortsetzung der Sehne des M. flexor carpi ulnaris zum Os metacarpi IV und V
- Ligg. carpometacarpalia palmaria und dorsalia
- Ligg. metacarpalia palmaria, dorsalia und interossea

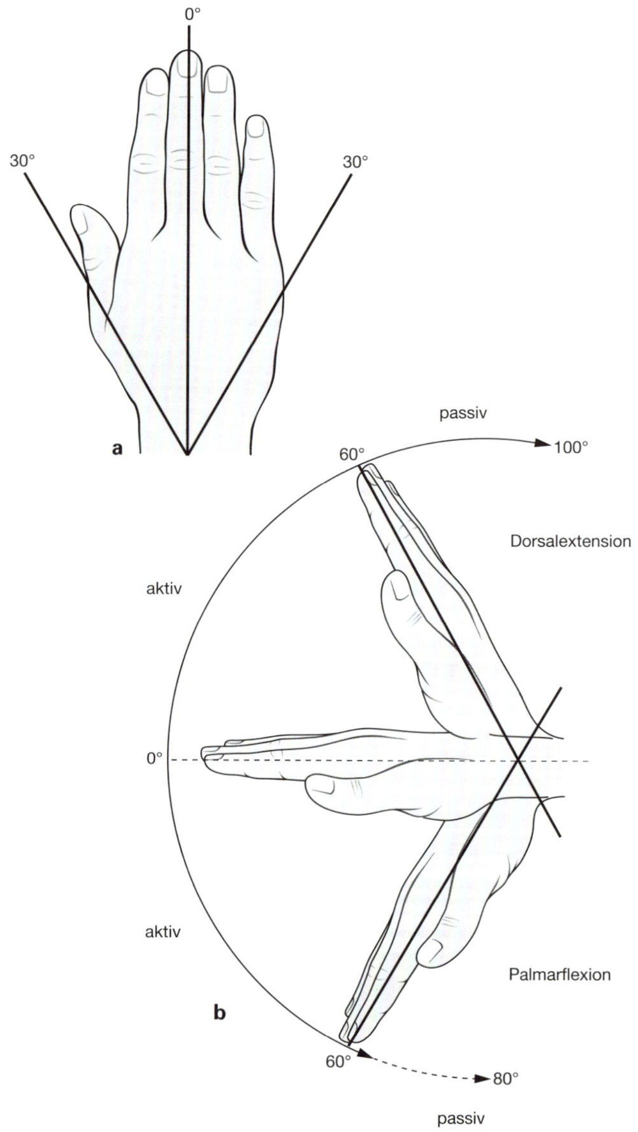

Abb. 3.48a und b Bewegungsumfang der Handgelenke. (nach [1]) Proximales und distales Handgelenk funktionieren wie **Ellipsoidgelenke** und beteiligen sich gemeinsam an den Bewegungen der Hand. Daher können für beide Gelenke kombinierte Bewegungsachsen angegeben werden, die beide durch das Os capitatum verlaufen. Die Ulnar- und Radialabduktion findet überwiegend im proximalen Handgelenk statt, wobei die kombinierte Achse dorsopalmar durch die Mitte des Os capitatum verläuft (**a**).
An der **P**almarflexion ist vor allem das **p**roximale Handgelenk beteiligt, während die **D**orsalextension überwiegend im **d**istalen Gelenk stattfindet (Eselsbrücke! **b**). Die transversale Bewegungsachse verläuft ebenfalls durch die Mitte des Os capitatum. Die meisten anderen Gelenke der Handwurzel und der Mittelhand sind Amphiarthrosen, deren Bewegungsumfänge vernachlässigbar sind. Das **Daumensattelgelenk** dagegen ist sehr beweglich und lässt neben Flexion und Extension auch Ab- und Adduktion zu. Diese Bewegungen können zum Daumenkreisen und zur Gegenüberstellung des Daumens (Opposition) kombiniert werden, die für das Greifen von Gegenständen wichtig ist.

Bewegungsumfang der Handgelenke:

- Ulnarabduktion–Radialabduktion: 30°–0°–30°
- Dorsalextension–Palmarflexion: 60°–0°–60°

Bewegungsumfang des Daumensattelgelenks:

- Extension–Flexion: 30°–0°–40°
- Abduktion–Adduktion: 10°–0°–40°

Fingergelenke

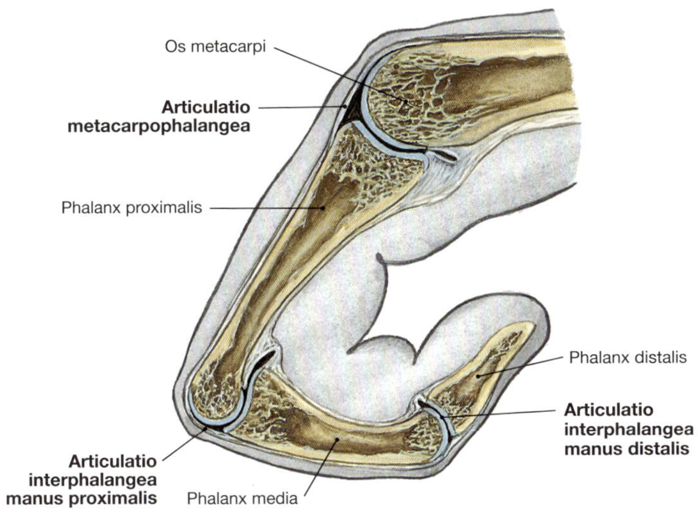

Abb. 3.49 Fingergelenke, Articulationes digiti, rechts; Ansicht von lateral, Sagittalschnitt.
Hierzu zählen die Grund-, Mittel- und Endgelenke der Finger.
Die **Fingergrundgelenke** (Articulationes metacarpophalangeae) sind Kugelgelenke zwischen den Köpfen der Mittelhandknochen und den Basen der proximalen Phalangen. Das Grundgelenk des Daumens dagegen ist ein Scharniergelenk.
Bei den **Fingermittel- und -endgelenken** (Articulationes interphalangeae manus proximales und distales) zwischen den Köpfen und Basen der einzelnen Phalangen handelt es sich um Scharniergelenke.

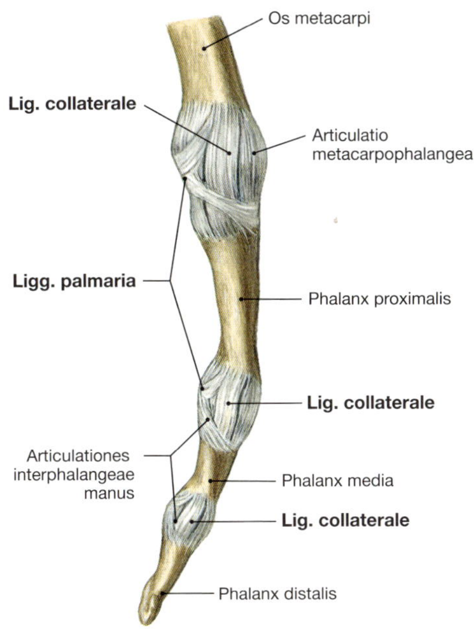

Abb. 3.50 Bänder der Fingergelenke, Articulationes digiti, rechts; Ansicht von lateral.
- Ligg. collateralia: medial und lateral
- Lig. palmare: ventral
- Lig. metacarpale transversum profundum: verbindet an den Grundgelenken die palmaren Bänder (→ Abb. 3.45)

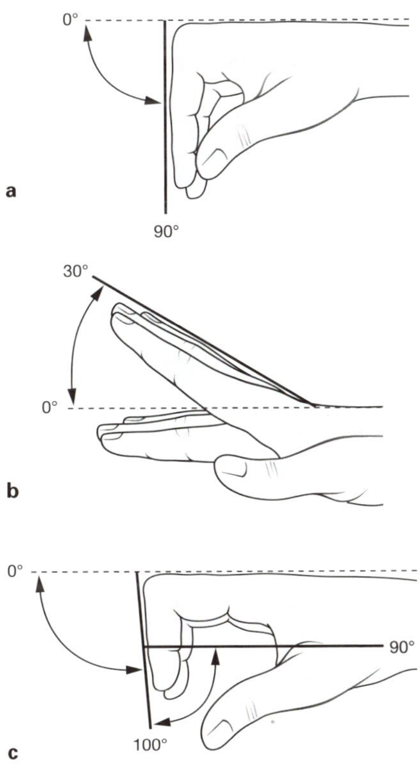

Abb. 3.51a bis c Bewegungsumfang der Fingergelenke. (nach [1])
In den Grundgelenken kann gebeugt und gestreckt werden und eine radiale und ulnare Abduktion erfolgen. Die Rotation ist nur passiv bei gestreckten Fingern möglich. Das Daumengrundgelenk dagegen erlaubt nur Scharnierbewegungen. Dies gilt auch für alle Mittel- und Endgelenke, in denen aus der Normalstellung nur eine Beugung erfolgen kann.

Bewegungsumfang der Grundgelenke:
- Dorsalextension–Palmarflexion: 30°–0°–90°
- Ulnarabduktion–Radialabduktion: (20–40)°–0°–(20–40)°

Bewegungsumfang der Mittelgelenke:
- Dorsalextension–Palmarflexion: 0°–0°–100°

Bewegungsumfang der Endgelenke:
- Dorsalextension–Palmarflexion: 0°–0°–90°

Klinik

Klinisch werden häufig folgende **Begriffe und Abkürzungen** für die Fingergelenke verwendet:
- **MCP** (= **M**etakarpo**p**halangealgelenk): Fingergrundgelenk
- **PIP** (= **p**roximales **I**nter**p**halangealgelenk): Mittelgelenk
- **DIP** (= **d**istales **I**nter**p**halangealgelenk): Endgelenk

Schultergelenk und Humerus

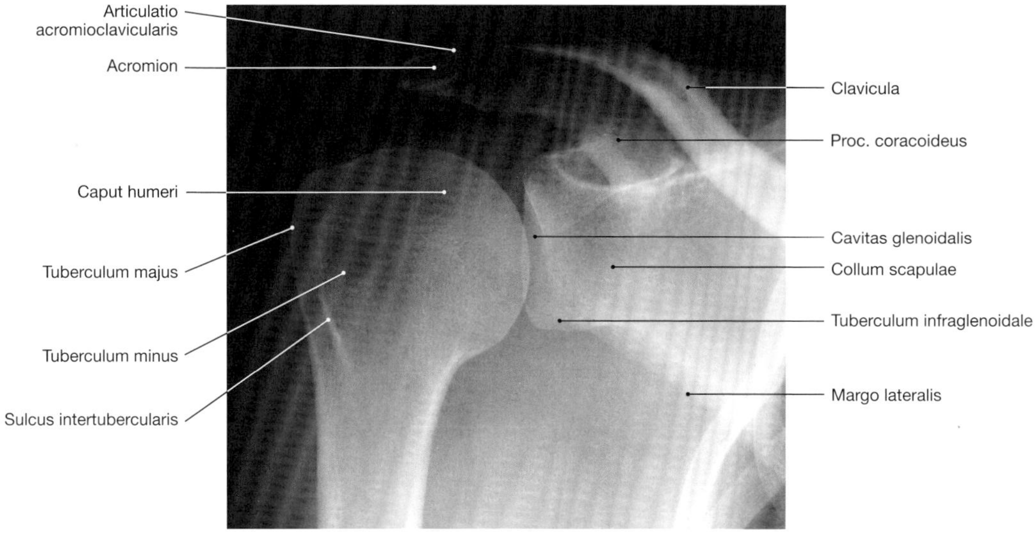

Abb. 3.52 Schultergelenk, Articulatio humeri, rechts; Röntgenbild im antero-posterioren (ap) Strahlengang.

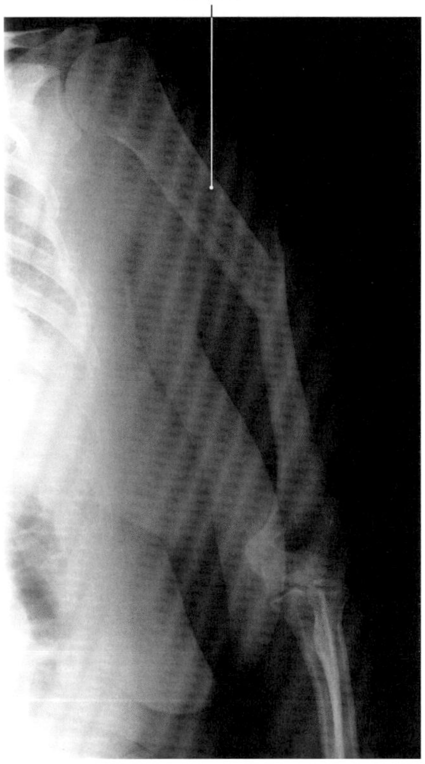

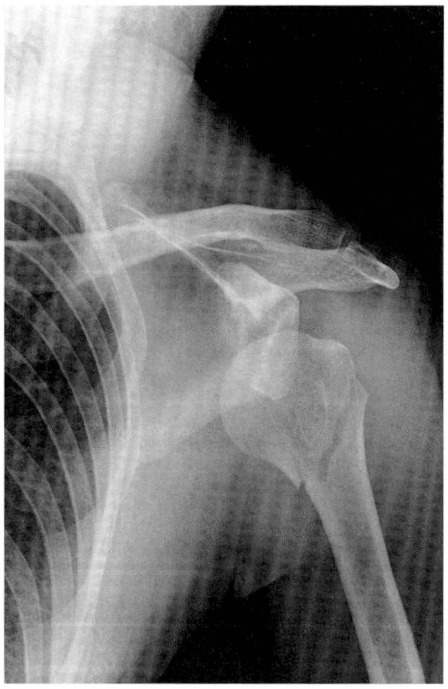

Abb. 3.53a und b Röntgenbilder von Humerusfrakturen.
a Humerusschaftfraktur, die zu einer Verletzung des N. radialis führen kann [8]
b Humeruskopffraktur, die eine Verletzung des N. axillaris zur Folge haben kann [4]

Klinik

Mit der Röntgendiagnostik lassen sich **Knochenbrüche** (Frakturen) und **Verrenkungen** (Luxationen) nachweisen, die zu Fehlstellungen der Skelettelemente führen. Verletzungen der Bänder dagegen sind nicht sichtbar und müssen mit Ultraschall oder Magnetresonanztomographie (MRT) abgeklärt werden.

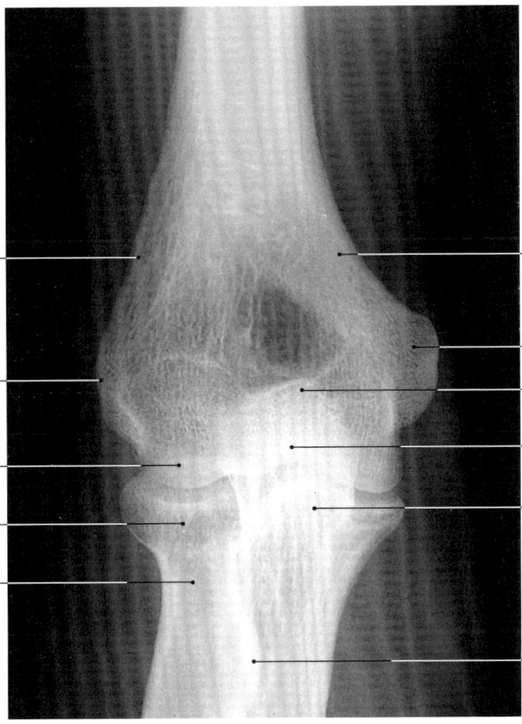

3.54

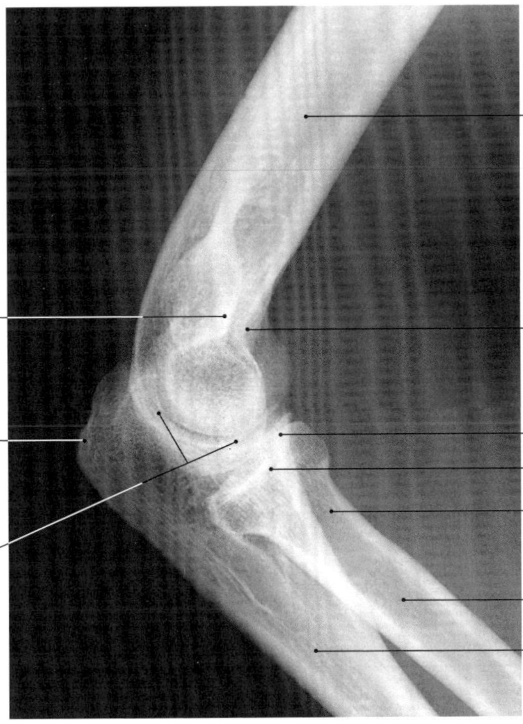

3.55

Abb. 3.54 und Abb. 3.55 Ellenbogengelenk, Articulatio cubiti, rechts; Röntgenbild im antero-posterioren (ap) Strahlengang (→ Abb. 3.54) und im seitlichen Strahlengang (→ Abb. 3.55).

Klinik

In Streckstellung liegen die beiden Epikondylen des Humerus mit dem Olecranon auf einer Linie. Bei Frakturen oder Luxationen kann es hier zu abweichenden Stellungen kommen (→ Abb. 3.40).

Hand

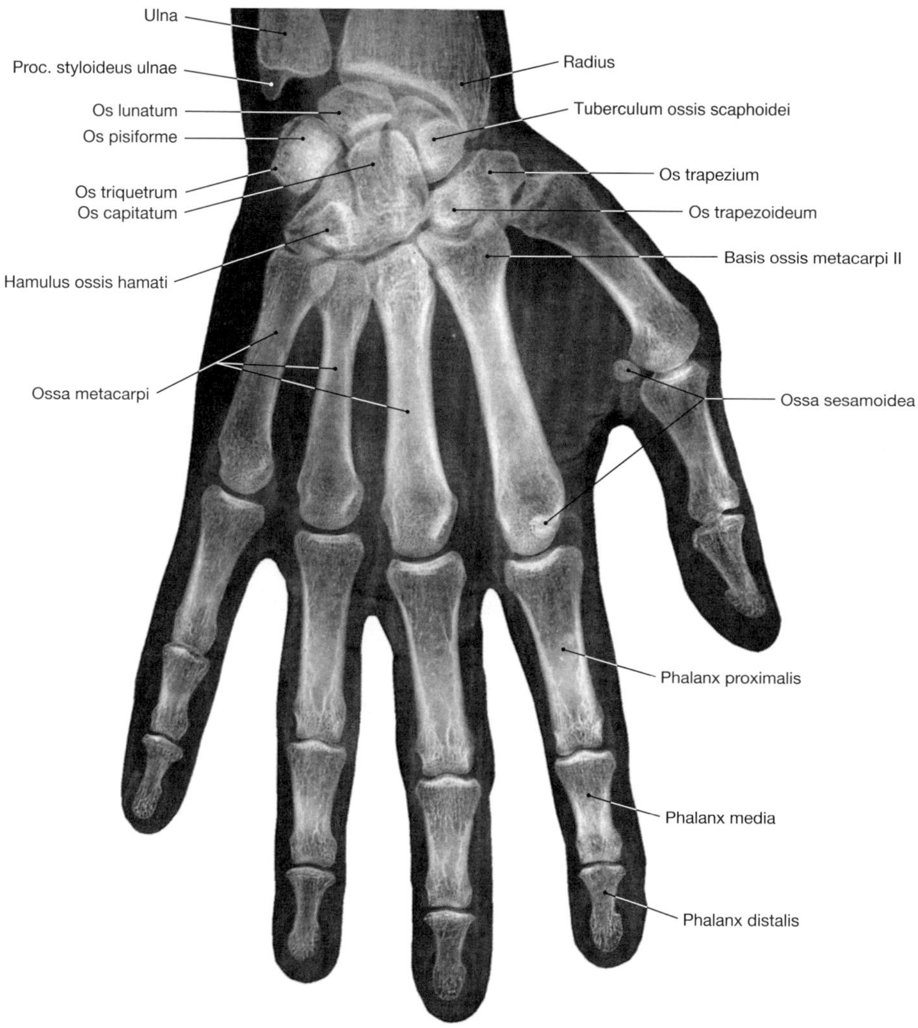

Abb. 3.56 Hand, Manus, rechts; Röntgenbild im antero-posterioren (ap) Strahlengang.

Klinik

Die distale Radiusfraktur ist die häufigste Fraktur des menschlichen Körpers. Um diese auf einem Röntgenbild diagnostizieren zu können, muss man sich mit der Röntgenanatomie der Handgelenke auskennen.
Unter den **Frakturen** der Handwurzel ist am häufigsten das **Kahnbein** betroffen. Dabei kann durch Verletzung der versorgenden Blutgefäße eine Nekrose entstehen, die im Röntgenbild an der verminderten Knochendichte erkennbar ist. Nach Verletzungen kann es auch zu degenerativen Veränderungen wie **Arthrose** in den Hand- und Fingergelenken kommen, die mit typischen Arthrosezeichen wie Knochenanlagerungen (Osteophyten) und Zerstörung der Gelenkflächen einhergehen.

Luxationen der Schulter

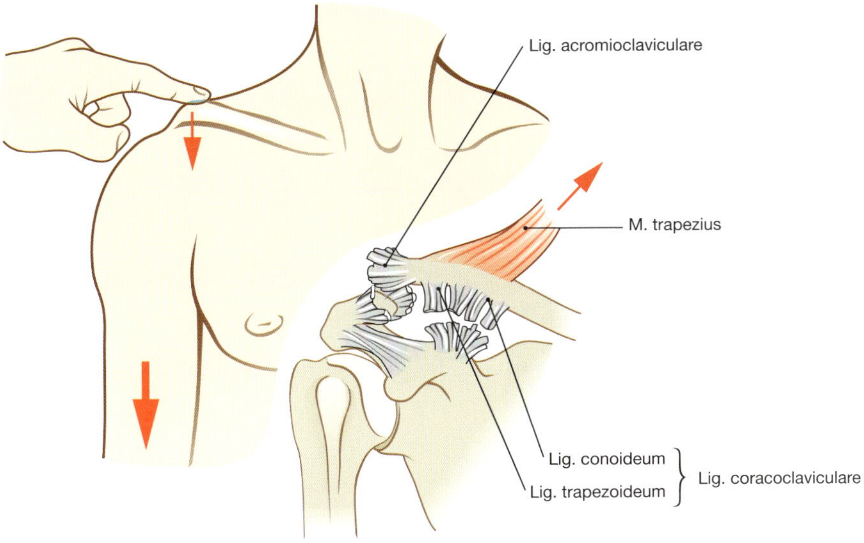

Abb. 3.57 Verletzung des Akromioklavikulargelenks („Schultereckgelenksprengung"). (nach [1])
Bei Verrenkung (Luxation) des Akromioklavikulargelenks mit Zerreißen der Ligg. coracoclaviculare und acromioclaviculare springt durch den Zug des M. trapezius das laterale Clavicula-Ende nach oben (Klaviertastenphänomen). Die **Einteilung** der Schweregrade erfolgt nach **TOSSY:**

- **I Überdehnung** der Bänder
- **II Teilruptur** der Bänder
- **III komplette Ruptur** beider Teile des Lig. coracoclaviculare und des Lig. acromioclaviculare

Bei einer TOSSY-III-Verletzung muss eine operative Stabilisierung erfolgen.

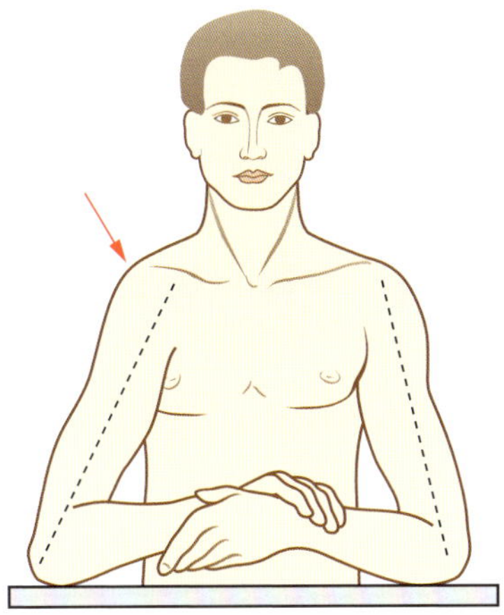

Abb. 3.58 Luxation des Schultergelenks. (nach [1])
Die Schulterluxation ist die häufigste Luxation des Körpers. Die Anfälligkeit des Gelenks ist auf die geringe Knochen- und Bandführung des Gelenks zurückzuführen. Meist (90%) kommt es zu einer Luxatio subcoracoidea (im Bild auf der rechten Körperseite), bei der der Humeruskopf unter den Proc. coracoideus springt. Die Schulterwölbung ist dabei vermindert, der Oberarm erscheint etwas verlängert.

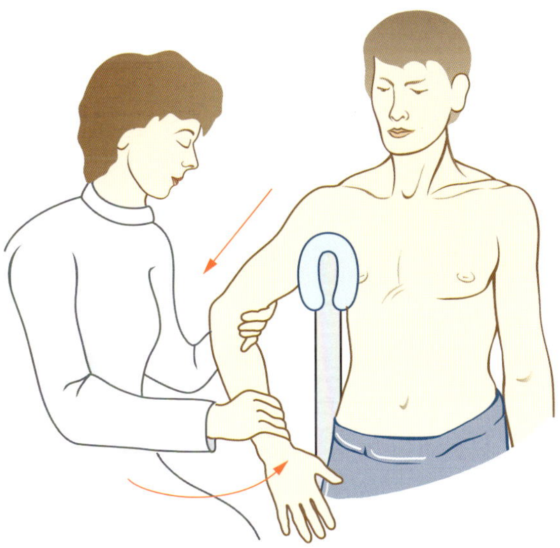

Abb. 3.59 Reposition der Schulterluxation. (nach [1])
Bei dem Verfahren nach ARLT wird der verletzte Arm über eine gepolsterte Stuhllehne gelegt. Der Arzt zieht am rechtwinklig gebeugten Arm in Richtung des Oberarms, bis der Humeruskopf in die Pfanne springt.

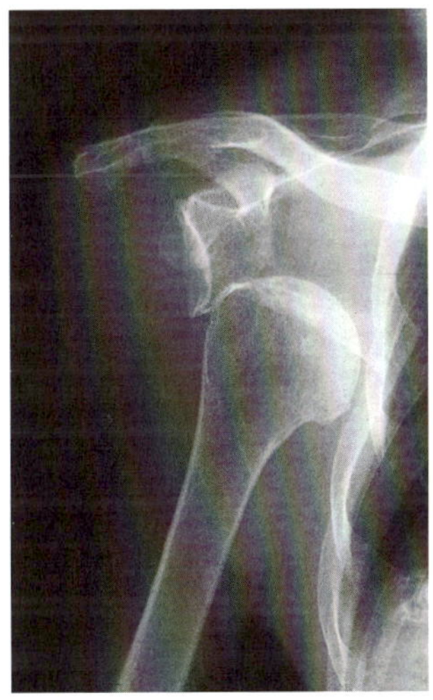

Abb. 3.60 Luxatio subcoracoidea. [4]
Bei dieser Luxation springt der Humeruskopf unter den Proc. coracoideus. Die Schulterwölbung ist dabei vermindert, der Oberarm erscheint etwas verlängert.

Schulter- und Armmuskeln

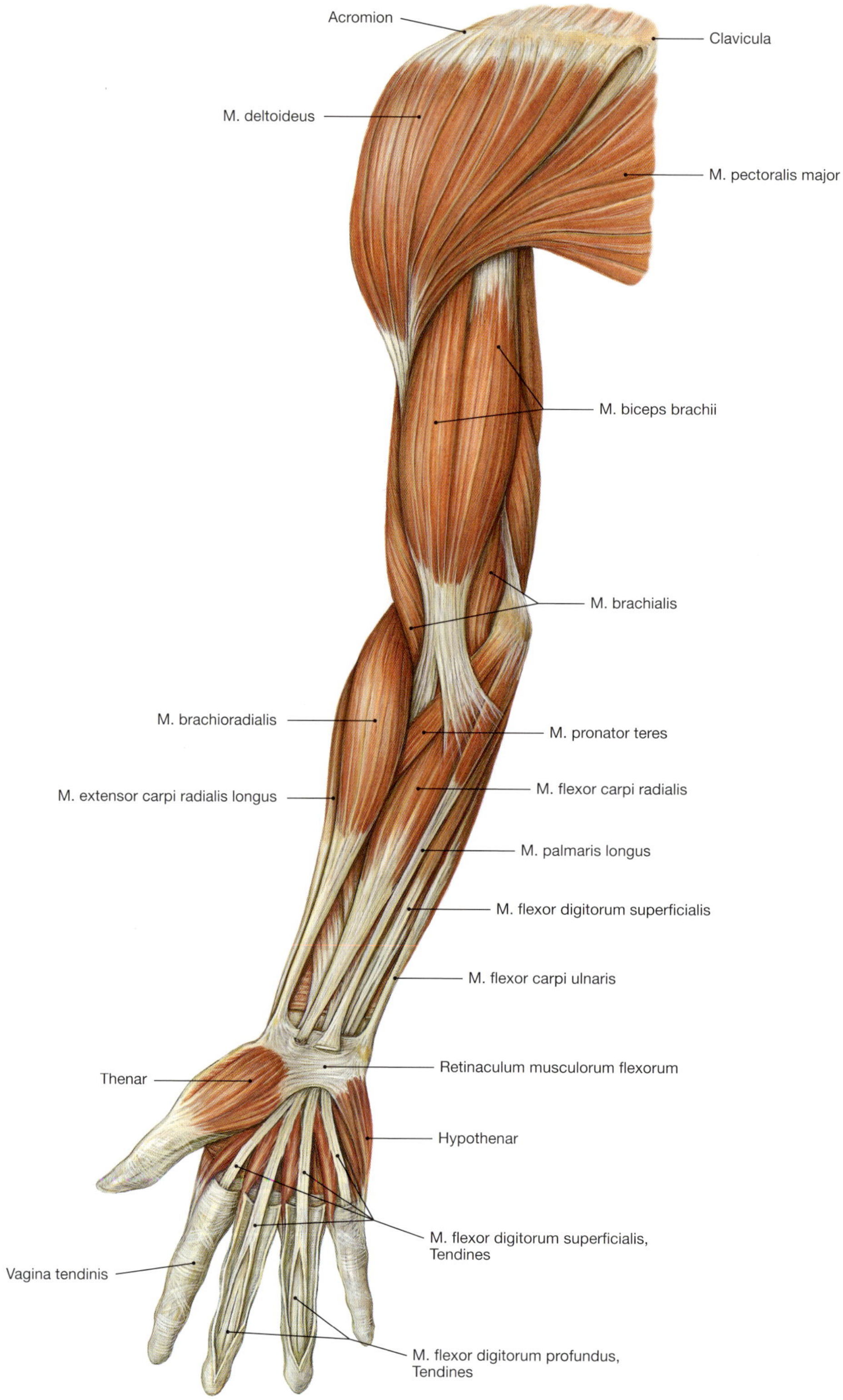

Abb. 3.61 Ventrale Muskeln von Schulter und Arm, rechts;
Ansicht von ventral.

→T 24–38

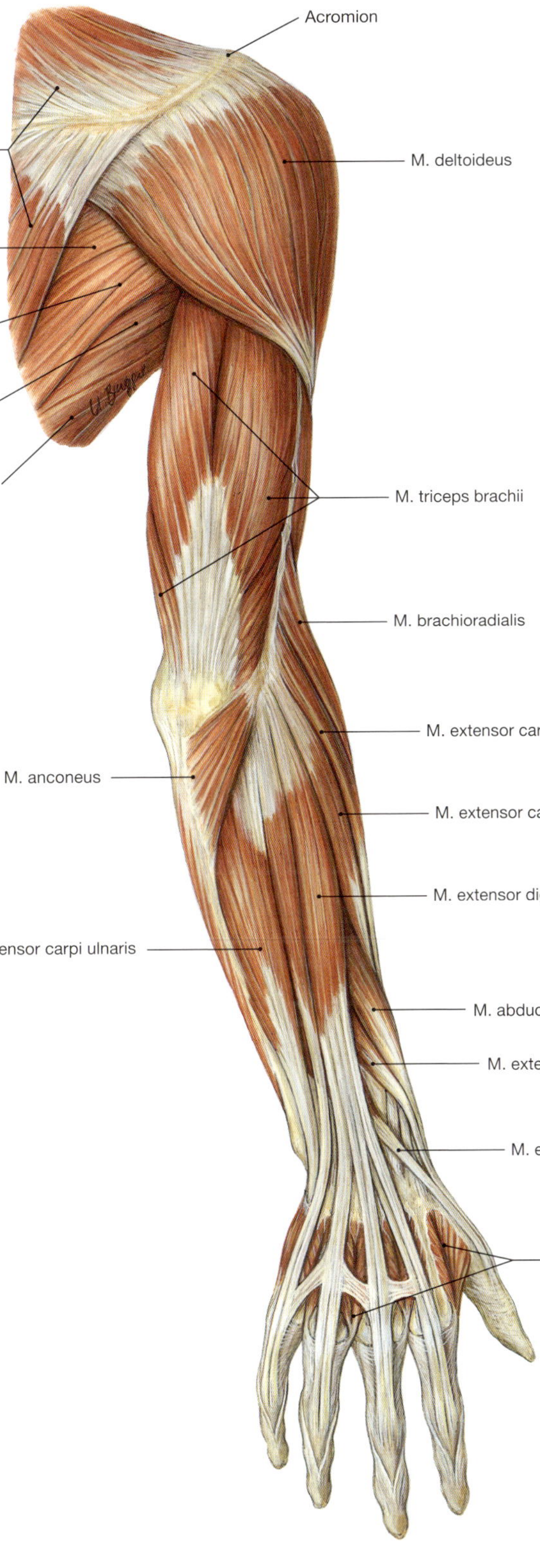

Abb. 3.62 Dorsale Muskeln von Schulter und Arm, rechts;
Ansicht von dorsal.

→ T 24–38

Armmuskeln

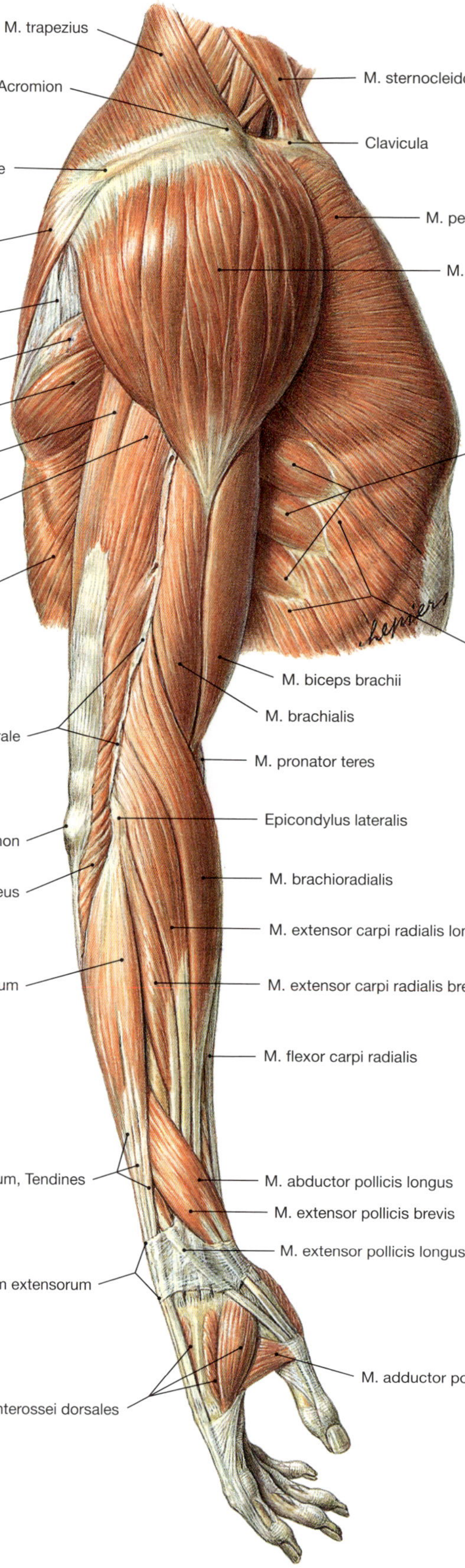

Abb. 3.63 Muskeln von Arm und Brustkorb, rechts; Ansicht von lateral.

→T 24–38

Rotatorenmanschette

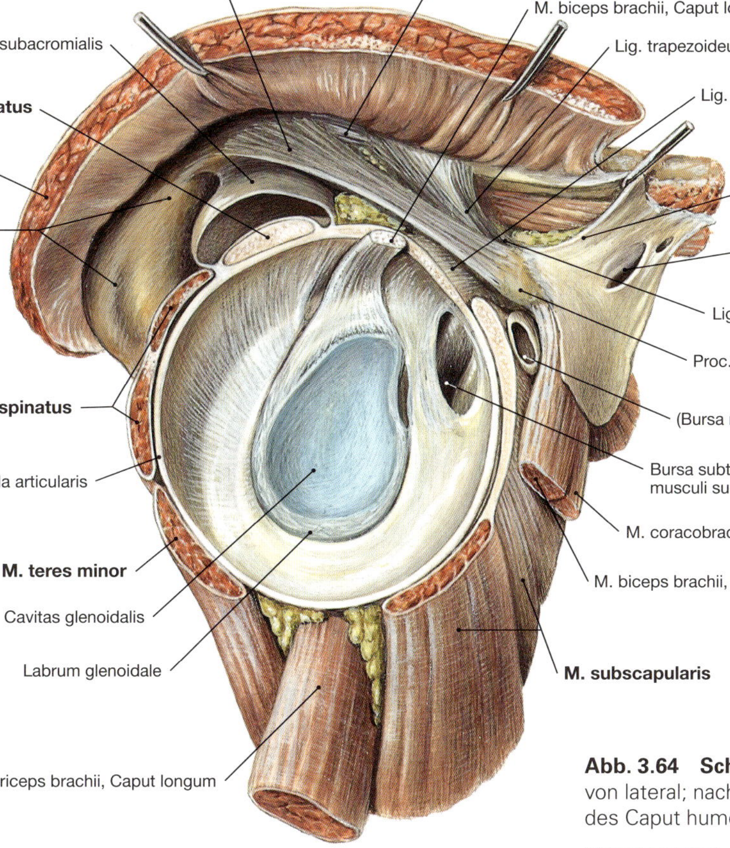

Abb. 3.64 Schultergelenk und Schultermuskeln, rechts; Ansicht von lateral; nach Abtragung des M. deltoideus und nach Entfernung des Caput humeri.

→T 26, 28

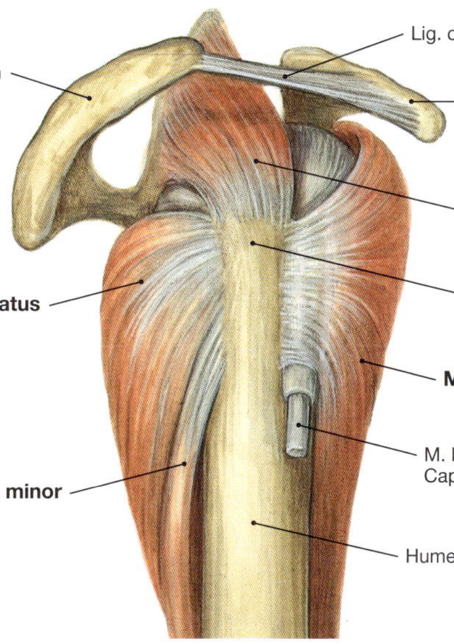

Abb. 3.65 Muskeln der Rotatorenmanschette; Ansicht von lateral. Der hohe Bewegungsumfang des Schultergelenks ist für die Funktion der oberen Extremität als Greif- und Tastorgan eine wichtige Voraussetzung. Aufgrund seiner stark ausgeprägten Muskelführung und der sehr flexibel einstellbaren Positionierung der Scapula benötigt das Schultergelenk nur eine geringe Knochen- und Bandführung. Wenn allerdings Probleme bei der neuromuskulären Steuerung auftreten, wie z. B. bei Störung der Innervation in der Folge von Verletzungen oder Erkrankungen der Nerven einzelner Schultermuskeln, oder wenn das muskuläre Gleichgewicht dieser Muskeln gestört ist, kann ein konsequenter Gelenkkontakt in den Bewegungsendstellungen nicht mehr gewährleistet werden. Zu Luxationen kommt es, wenn tangential zur Cavitas glenoidalis gerichtete Scherkräfte auftreten, wie dies insbesondere bei Stürzen der Fall sein kann.
Die Sehnen der dem Schultergelenk direkt anliegenden Muskeln strahlen in die Gelenkkapsel ein und bilden eine feste Manschette (Rotatorenmanschette) um den Humeruskopf. Daran beteiligt sind der **M. subscapularis** (vorne), der **M. supraspinatus** (oben), der **M. infraspinatus** (hinten oben) und der **M. teres minor** (hinten unten). Abgesehen vom M. subscapularis, der am Tuberculum minus ansetzt, haben alle übrigen genannten Muskeln der Manschette ihren Ansatz am Tuberculum majus und an der Crista tuberculi majoris. Der M. deltoideus wird nicht zu dieser Muskelgruppe gezählt, da er nicht in die Gelenkkapsel einstrahlt und über das Gelenk hinwegzieht.

→T 26, 28

Klinik

Neben ihrer Rolle für die verschiedenen Bewegungen (Kinematik) liegt die wichtige Bedeutung der Muskeln der Rotatorenmanschette in der Gewährleistung einer korrekten Position des Humeruskopfes in der Gelenkpfanne (Statik). Bei einer gestörten Balance der Muskeln, insbesondere bei einer relativen Schwäche der adduktorischen (unteren) Anteile der Muskeln, kann ein **Humeruskopfhochstand** auftreten.

Schultergürtelmuskeln

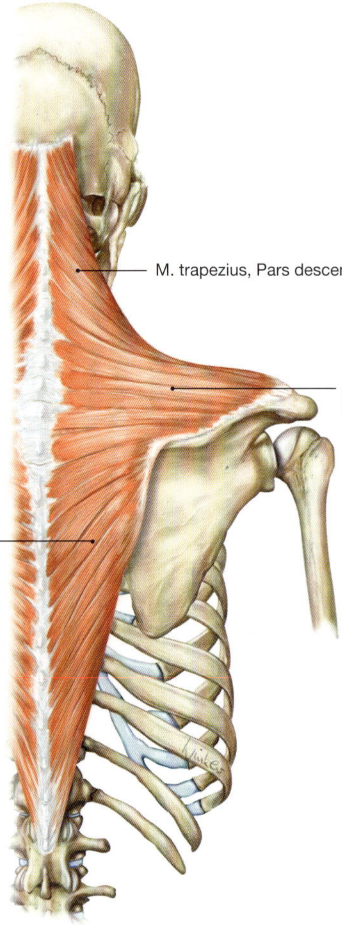

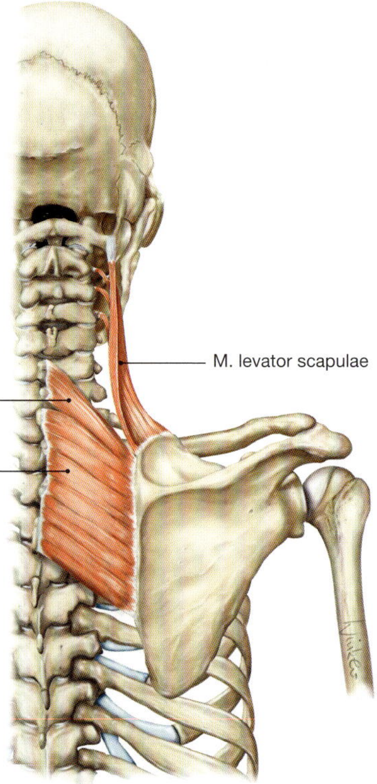

Abb. 3.66a und b Muskeln des Schultergürtels.
a M. trapezius
b M. levator scapulae und Mm. rhomboidei
Im Bereich der Schulter gibt es zwei Muskelgruppen. Die Schultergürtelmuskeln setzen an der Scapula oder Clavicula an und bewegen primär den Schultergürtel und damit nur indirekt den Arm. Die Schultermuskulatur dagegen hat ihre Ansätze am Humerus und bewegt diesen damit unmittelbar. Man kann die Muskeln dieser Gruppen nach ihrer Lage in Untergruppen gliedern. Zu den **dorsalen** Muskeln des Schultergürtels zählen M. trapezius, M. levator scapulae und Mm. rhomboidei. **Ventral** liegen M. serratus anterior, M. pectoralis minor und M. subclavius (→ Abb. 3.68). Für die Fixierung des Schulterblatts am Rumpf sind besonders der M. levator scapulae und die Mm. rhomboidei verantwortlich, die in dieser Funktion vom M. serratus anterior und vom M. trapezius unterstützt werden.

→T 27

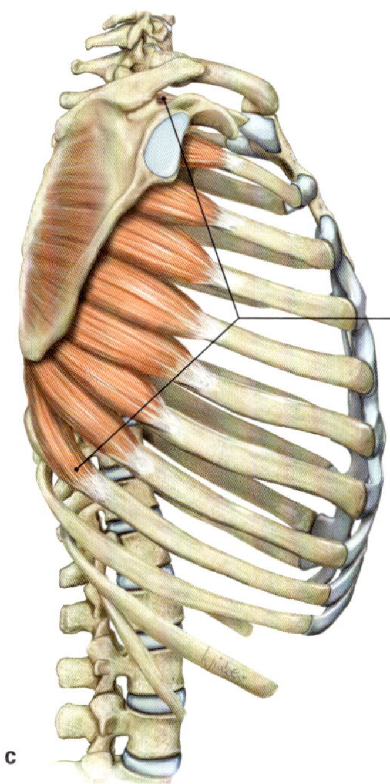

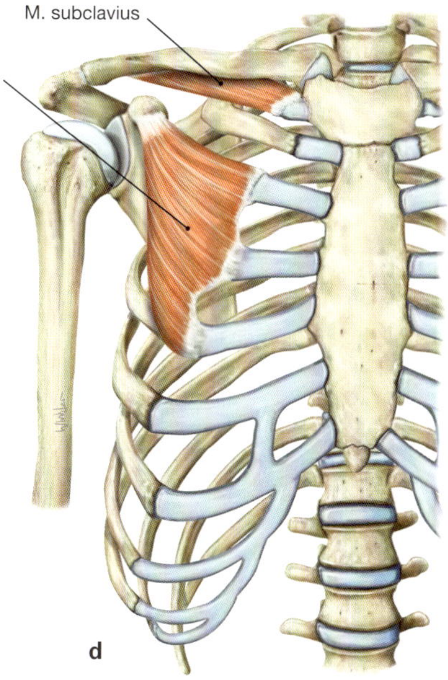

Abb. 3.66c und d Muskeln des Schultergürtels.
c M. serratus anterior
d M. pectoralis minor und M. subclavius
Zu den ventralen Muskeln des Schultergürtels zählen M. serratus anterior, M. pectoralis minor und M. subclavius. Die Hauptfunktion des M. serratus anterior und auch des M. trapezius besteht in der Rotation des Schulterblatts, die für die Hebung des Arms über die Horizontale (Elevation) nötig ist. Der M. pectoralis minor kann das Schulterblatt senken oder bei aufgestütztem Arm ähnlich wie der M. serratus anterior die Rippen heben und dadurch als Atemhilfsmuskel wirken. Der M. subclavius stellt ein aktives Fixierungsband dar und dient der Stabilisierung des Sternoklavikulargelenks.

→T 24

Schultermuskeln

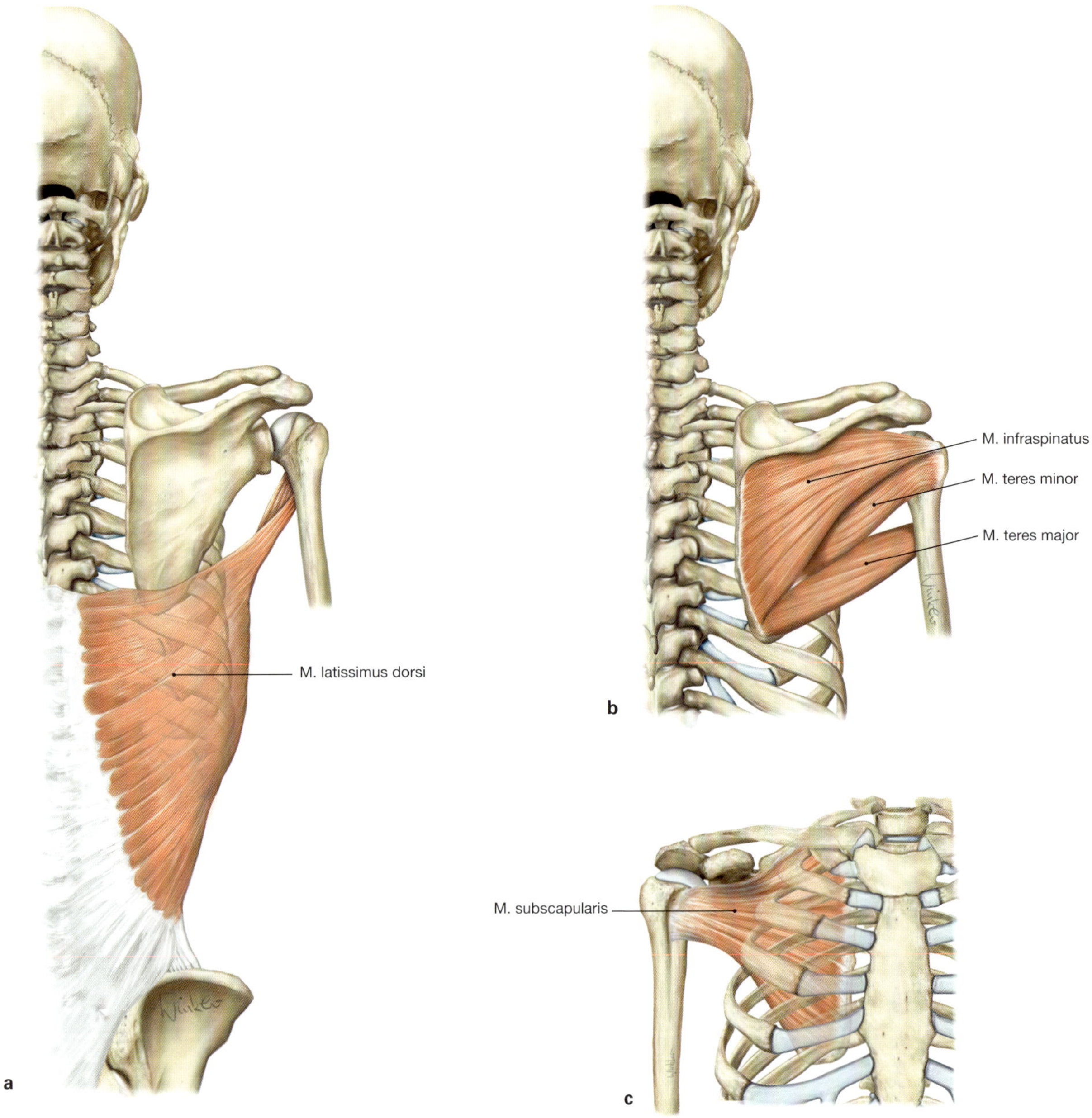

Abb. 3.67a bis c Muskeln der Schulter.
a M. latissimus dorsi
b M. infraspinatus, M. teres minor, M. teres major
c M. subscapularis

Schultermuskeln wirken im Unterschied zu den Schultergürtelmuskeln direkt auf das Schultergelenk. Man kann die Muskeln in eine dorsale und eine ventrale Gruppe untergliedern. Zusätzlich kann eine laterale Gruppe definiert werden, die in den meisten Lehrbüchern als Teil der dorsalen Muskulatur aufgeführt wird. Zu den **dorsalen** Schultermuskeln gehören M. latissimus dorsi, M. infraspinatus, M. teres minor, M. teres major und M. subscapularis, der als einziger Muskel dieser Gruppe auf der Vorderseite des Schulterblatts liegt.

Der **M. latissimus dorsi** kann aus der Anteversionsstellung eine kräftige Retroversionsbewegung ausführen (Hiebbewegung). Er kann auch als Hilfsatemmuskel bei der Ausatmung mitwirken, indem er den Brustkorb zusammenpresst („Hustenmuskel").
Der **M. subscapularis** ist der wichtigste Innenrotator im Schultergelenk und ist notwendig, um die Arme hinter dem Rücken zu überkreuzen. Sein Antagonist ist der **M. infraspinatus,** der eine kräftige Außenrotation ermöglicht. Mm. teres major und minor dagegen sind von untergeordneter Bedeutung und unterstützen lediglich die anderen Muskeln.

→T 28

Schulter- und Schultergürtelmuskeln

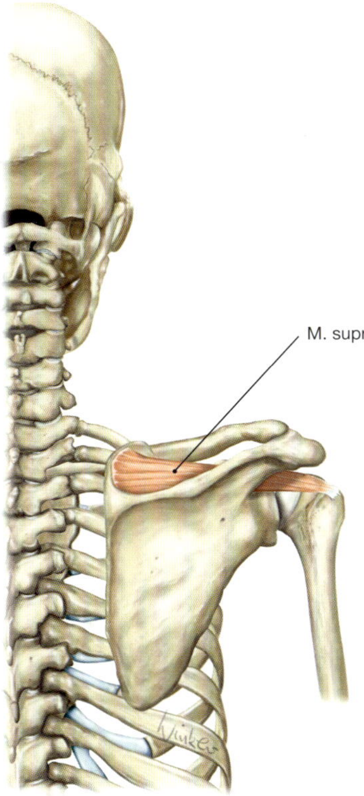

d

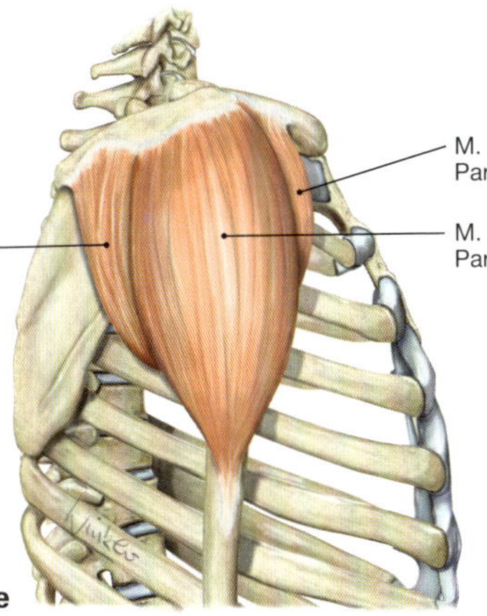

e

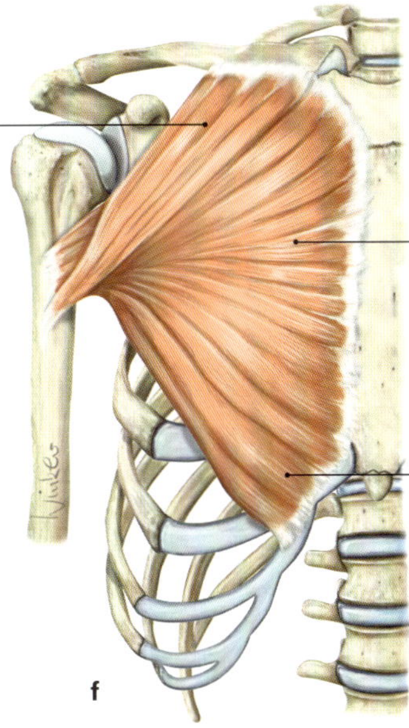

f

Abb. 3.67d bis f Muskeln der Schulter.
d M. supraspinatus
e M. deltoideus
f M. pectoralis major
Zu den **lateralen** Schultermuskeln gehören M. supraspinatus und M. deltoideus. **Ventral** liegt nur der M. pectoralis major. Der **M. pectoralis major** ist der kräftigste Muskel für Anteversion und Adduktion im Schultergelenk. Ohne ihn ist es nicht möglich, die Arme vor dem Rumpf zu überkreuzen. Er kann zusätzlich zum M. latissimus dorsi aus der Anteversion heraus eine kräftige Retroversionsbewegung ausführen (Hiebbewegung).
Der **M. deltoideus** ist der wichtigste Abduktor, kann aber mit seinen verschiedenen Anteilen alle Bewegungen des Schultergelenks unterstützen. Der **M. supraspinatus** unterstützt den M. deltoideus bei der Abduktion.

→T 25, 26

Schulter- und Schultergürtelmuskeln

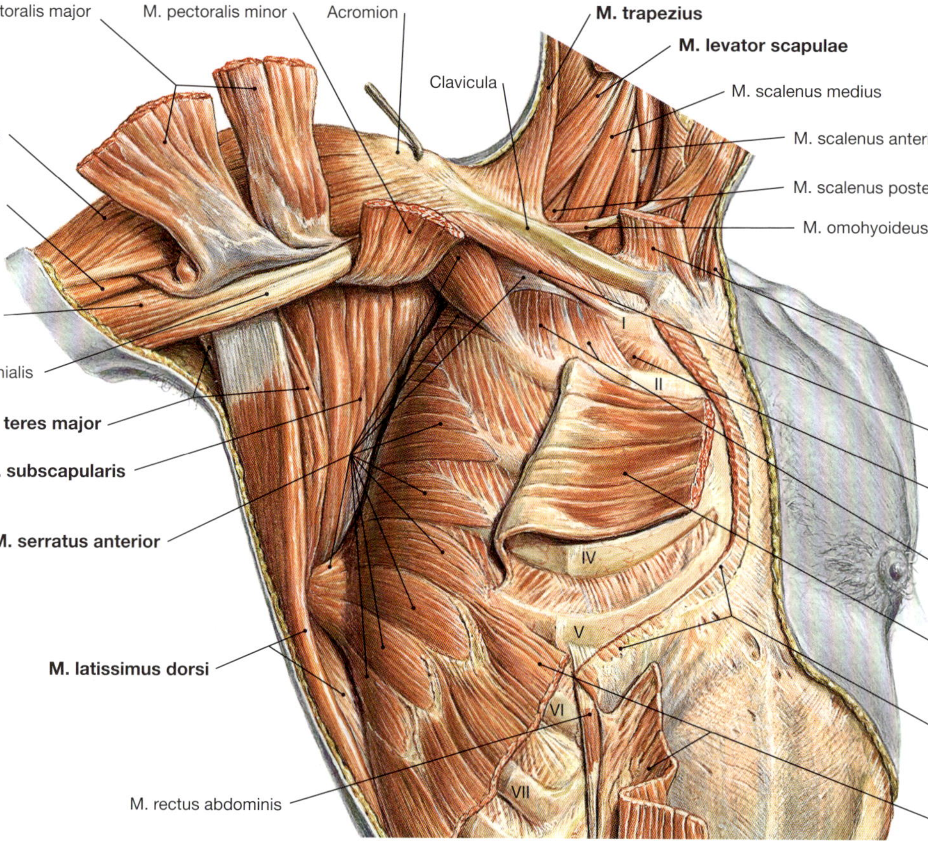

Abb. 3.68 Muskeln von Schultergürtel und Schulter, rechts; Ansicht von ventral; römische Ziffern bezeichnen die entsprechenden Rippen.
Auf dieser Ansicht sind von den Schultergürtelmuskeln vor allem die Muskeln der vorderen Gruppe (M. serratus anterior, M. pectoralis minor und M. subclavius) sichtbar, während von den dorsalen Muskeln nur der M. levator scapulae und ein Teil des M. trapezius dargestellt ist. Der M. pectoralis minor wurde nach vorne geklappt, damit man die Ursprünge des M. serratus anterior von der I. bis IX. Rippe sehen kann. Aufgrund der Abduktionsstellung des Arms ist auch der M. subscapularis gut einsehbar, der breitflächig der Vorderfläche der Scapula aufliegt.

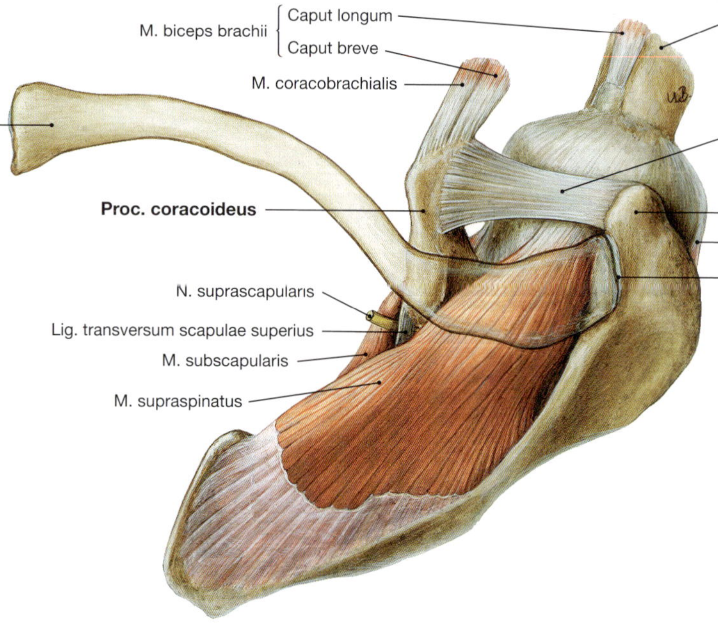

Abb. 3.69 Lage des M. supraspinatus in Bezug auf das Schulterdach.
Das Schulterdach besteht aus Acromion und Proc. coracoideus, die durch das Lig. coracoacromiale verbunden sind. Die Ansatzsehne des M. supraspinatus unterquert das Schulterdach, bevor sie in die Gelenkkapsel einstrahlt. Daher wird verständlich, warum diese Sehne bei Abduktion des Arms komprimiert werden kann und daher häufig schmerzhafte degenerative Veränderungen aufweist.

→T 26, 28, 29

Schulter- und Schultergürtelmuskeln

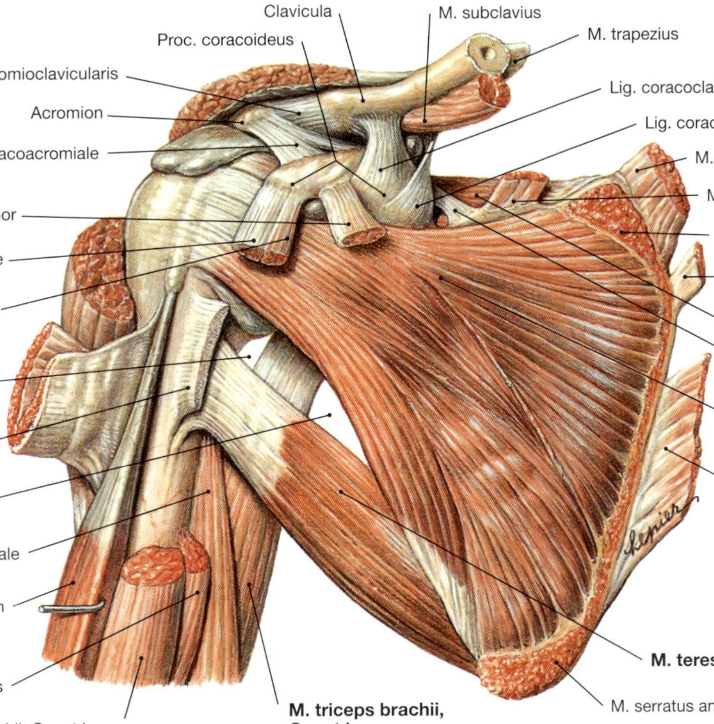

3.70

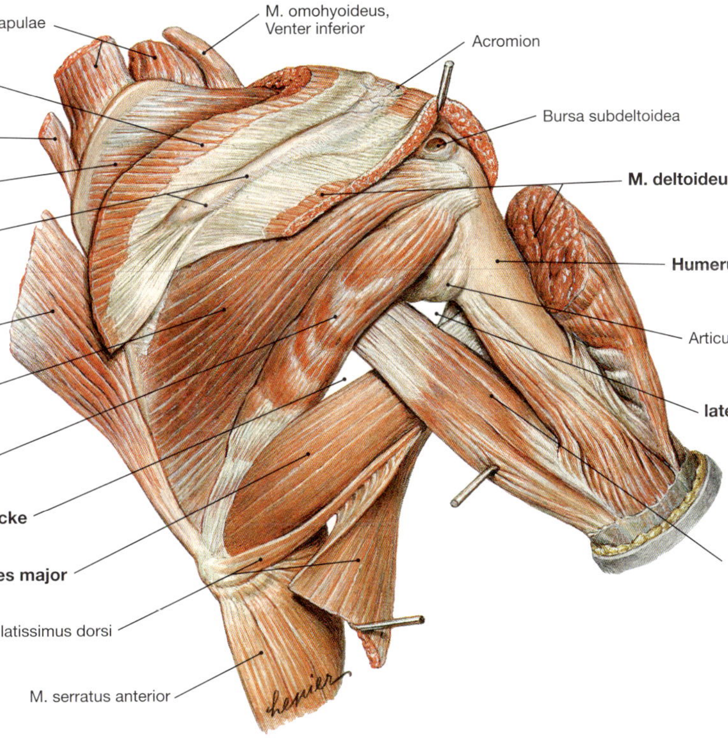

3.71

Abb. 3.70 und Abb. 3.71 Muskeln von Schultergürtel und Schulter, rechts; Ansicht von ventral (→ Abb. 3.70) und von dorsal (→ Abb. 3.71).

Die Muskeln des Schultergürtels sind weitgehend entfernt, um die Schultermuskeln freizulegen, so dass lediglich die Muskelansätze erhalten geblieben sind. Von ventral ist besonders der M. subscapularis in seinem gesamten Verlauf gut zu erkennen. Auch der Verlauf des M. teres major ist nachvollziehbar. Nach seinem Ursprung am Angulus inferior der Scapula unterkreuzt er den Humerus vor seinem Ansatz an der Crista tuberculi minoris. Der M. supraspinatus liegt unter dem M. trapezius und zieht (hier nicht erkennbar) unter dem Schulterdach zum oberen Abschnitt des Tuberculum majus. Darunter setzen M. infraspinatus und M. teres minor an. Die Präparation zeigt die beiden Achsellücken, die zwischen den Mm. teres major und minor liegen und nach lateral vom Humerus begrenzt werden: Die beiden Muskeln divergieren v-förmig von ihren Ursprüngen an der Scapula aus und lassen zwischen sich einen Spalt frei, der durch den langen Kopf des M. triceps brachii in die **dreieckige mediale Achsellücke** (Spatium axillare mediale) und in die **viereckige laterale Achsellücke** (Spatium axillare laterale) unterteilt wird. Durch die mediale Achsellücke ziehen die A. und V. circumflexa scapulae auf ihrem Weg zur Rückseite des Schulterblatts. Die laterale Achsellücke wird von N. axillaris sowie A. und V. circumflexa humeri posterior als Durchtritt genutzt.

→T 25, 26, 28, 30

Oberarmmuskeln

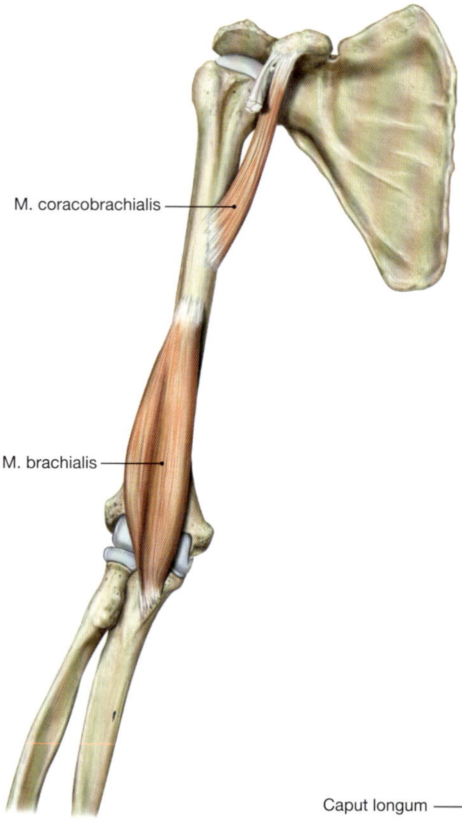

3.72a

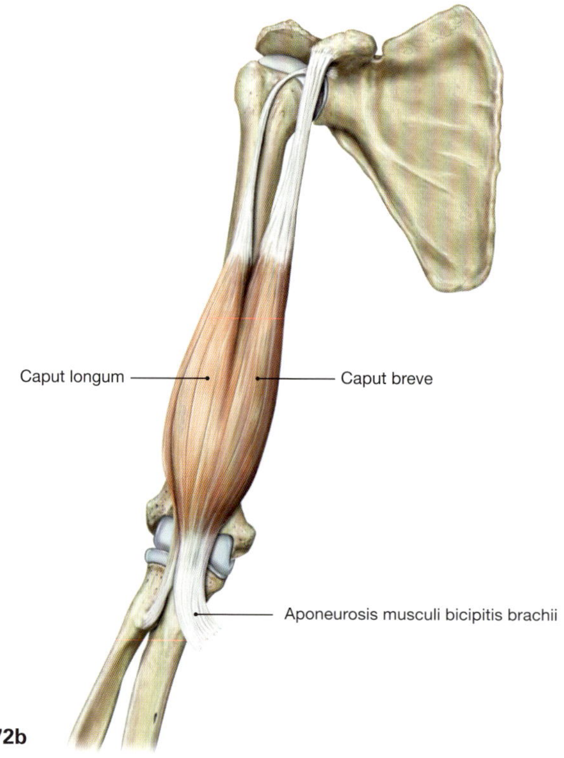

3.72b

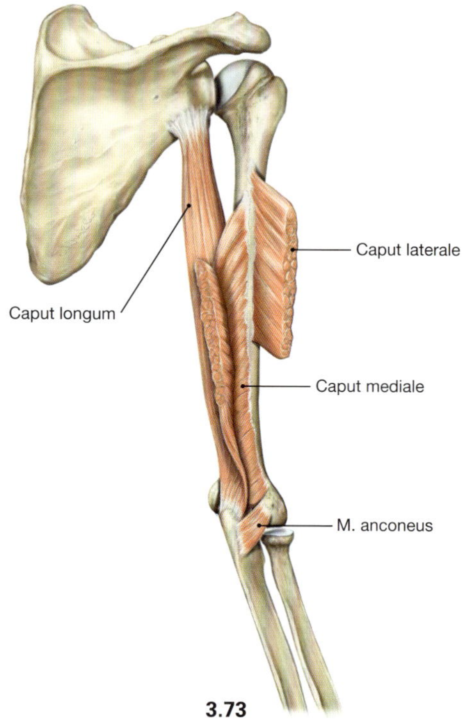

3.73

Abb. 3.72a und b Ventrale Muskeln des Oberarms, rechts; Ansicht von ventral.
a M. coracobrachialis und M. brachialis
b M. biceps brachii
Auf der Vorderseite des Oberarms liegt der M. coracobrachialis, der vom Proc. coracoideus entspringt und medial am Humerus ansetzt. Dieser Muskel wirkt im Unterschied zu den anderen beiden ventralen Muskeln nur auf das Schultergelenk und dient der Adduktion, der Innenrotation und der Anteversion. Der M. coracobrachialis ist aber für keine dieser Bewegungen von entscheidender Bedeutung. Der M. brachialis entspringt an der distalen Vorderfläche des Humerus und zieht zur Gelenkkapsel und zur Tuberositas ulnae. Er wirkt als starker Beuger („Brachialgewalt") nur auf das Ellenbogengelenk.

Im Unterschied zu M. coracobrachialis und M. brachialis sind der M. biceps brachii und der M. triceps brachii (→ Abb. 3.73), der den wichtigsten Muskel auf der Rückseite darstellt, **zweigelenkige Muskeln,** die Bewegungen in der Schulter und im Ellenbogengelenk vermitteln können. Der M. biceps brachii entspringt mit seinem Caput breve am Proc. coracoideus und hat daher die gleichen Funktionen wie der M. coracobrachialis. Das Caput longum entspringt am Tuberculum supraglenoidale der Scapula und hat abduzierende Funktion. Entscheidend ist jedoch die Wirkung auf das Ellenbogengelenk. Durch seinen Ansatz an der Tuberositas radii ist der M. biceps brachii der **wichtigste Beuger im Ellenbogengelenk** und insbesondere in gebeugtem Zustand der **stärkste Supinator des Unterarms.**

Abb. 3.73 Dorsale Muskeln des Oberarms, M. triceps brachii und M. anconeus, rechts; Ansicht von dorsal.
Auf der Rückseite des Oberarms liegt der M. triceps brachii, der mit seinem Caput longum vom Tuberculum infraglenoidale entspringt, während Caput laterale und mediale breitflächig von der Rückseite des Humerus ihren Ursprung nehmen. Neben seiner gering ausgeprägten Beteiligung an Adduktion und Retroversion im Schultergelenk ist er aufgrund seines Verlaufs bis zum Ansatz am Olecranon und seiner großen Masse der **wichtigste Strecker des Ellenbogengelenks.** Diese Funktion wird durch den M. anconeus geringfügig unterstützt, der vom Epicondylus lateralis des Humerus zum Olecranon und zur Rückseite der Ulna zieht.

→ T 29, 30

Oberarmmuskeln

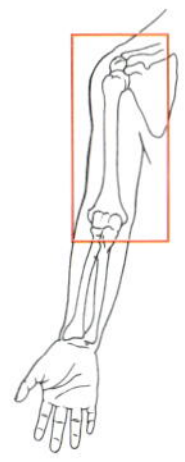

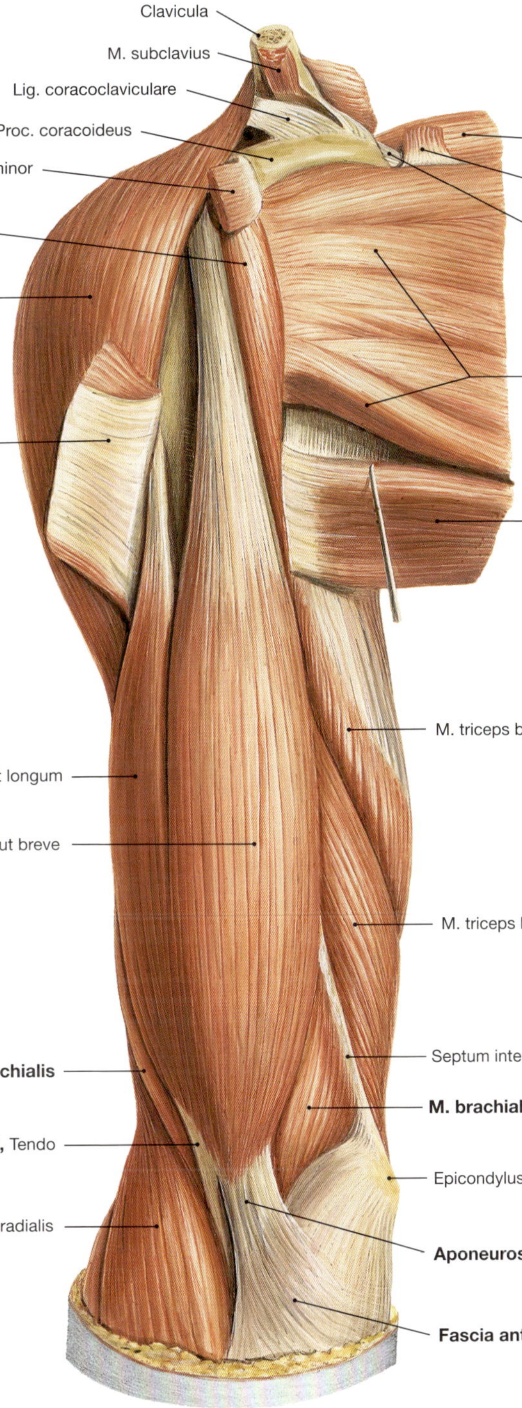

Abb. 3.74 Ventrale Muskeln des Oberarms, rechts; Ansicht von ventral.
Der M. coracobrachialis liegt medial des M. biceps brachii. Der M. biceps brachii entspringt mit seinem Caput breve am Proc. coracoideus und mit dem Caput longum am Tuberculum supraglenoidale. Neben seinem Hauptansatz an der Tuberositas radii zieht der M. biceps brachii mit seiner Aponeurosis musculi bicipitis brachii auch zur Unterarmfaszie (Fascia antebrachii). Unter dem M. biceps brachii liegt der M. brachialis, von dem man daher hier nur einen Teil seines Muskelbauchs beidseits der Ansatzsehne des M. biceps brachii erkennen kann.

→ T 29, 30

Oberarmmuskeln

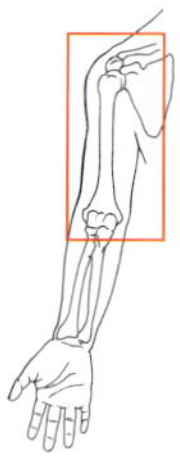

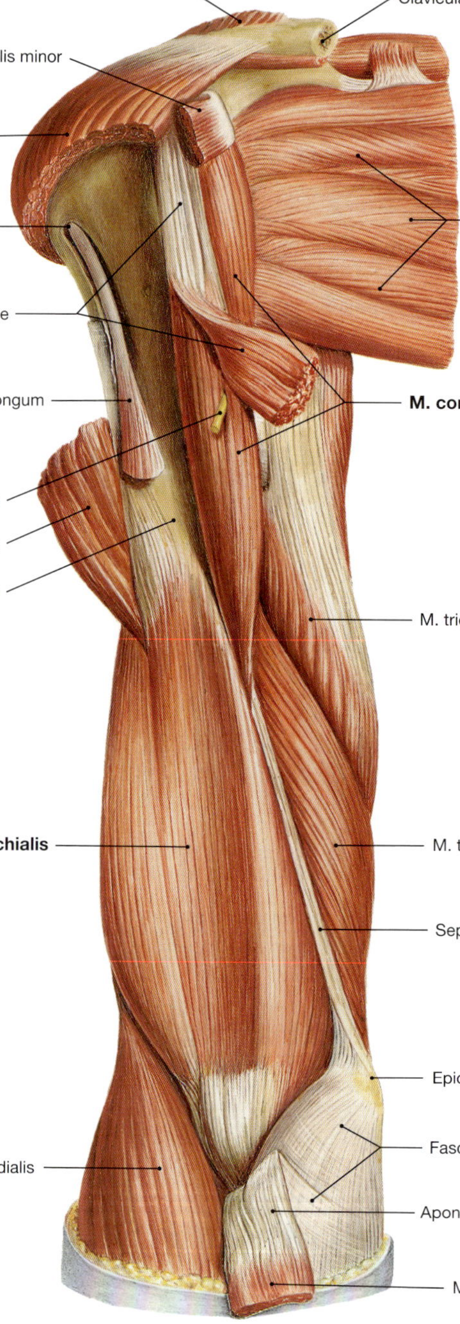

Abb. 3.75 Ventrale Muskeln des Oberarms, rechts; Ansicht von ventral; nach Entfernung des M. biceps brachii.
Der M. biceps brachii wurde entfernt, um den darunter liegenden M. brachialis freizulegen. Der M. coracobrachialis ist einfach zu identifizieren, weil er vom N. musculocutaneus durchbohrt wird, der die drei Muskeln auf der Vorderseite des Oberarms (M. coracobrachialis, M. biceps brachii, M. brachialis) innerviert.

→ T 29, 30

Oberarmmuskeln

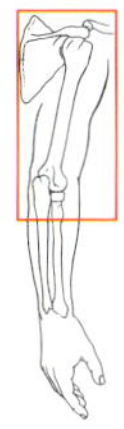

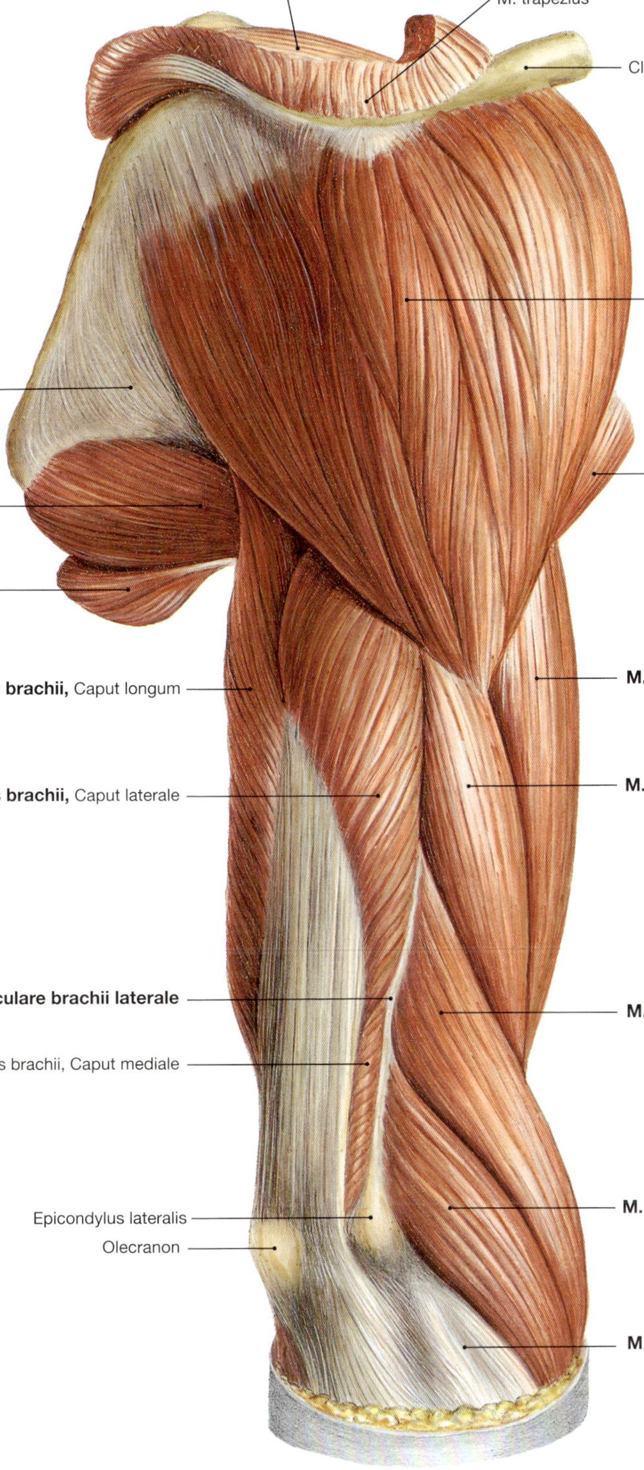

Abb. 3.76 Dorsale Muskeln von Schulter und Oberarm sowie ventrale Muskeln des Oberarms, rechts; Ansicht von lateral dorsal. Der M. triceps brachii bedeckt die Rückseite des Oberarms nahezu vollständig. Hier sind nur das Caput longum und das Caput laterale sichtbar, die das Caput mediale bedecken. Alle drei Bäuche setzen gemeinsam am Olecranon an. Getrennt durch das Septum intermusculare laterale schließen sich die Beugemuskeln (M. brachialis, M. biceps brachii) auf der Vorderseite an. Am distalen Oberarm entspringen auf der Außenseite auch die Muskeln der radialen Gruppe der Unterarmstrecker. Zu diesen zählen (von proximal nach distal) der M. brachioradialis, M. extensor carpi radialis longus und M. extensor carpi radialis brevis. Von den Schultermuskeln sind neben dem M. deltoideus auch der M. teres major, der M. latissimus dorsi und der M. supraspinatus zu erkennen.

→T 26, 28, 29, 33

Oberarmmuskeln

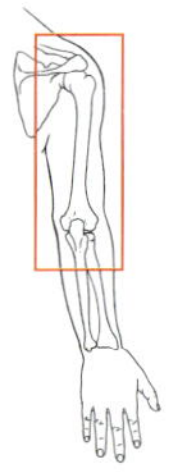

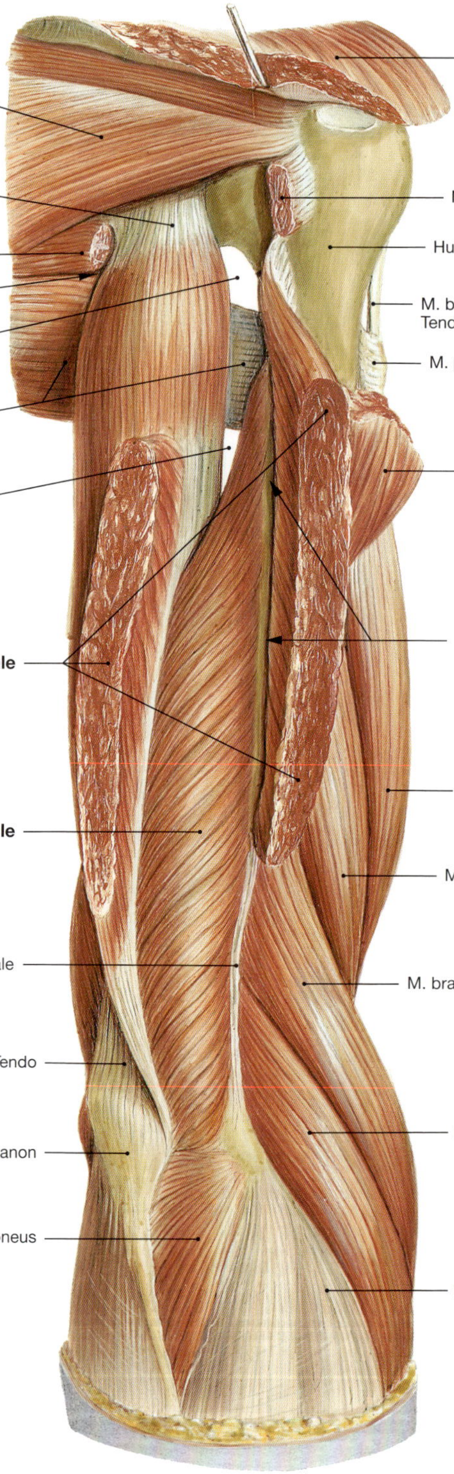

Abb. 3.77 Dorsale Muskeln von Schulter und Oberarm, rechts; Ansicht von lateral dorsal; nach Spaltung des Caput laterale des M. triceps brachii.

Der M. triceps brachii entspringt mit seinem Caput longum am Tuberculum infraglenoidale der Scapula. Das Caput laterale hat seine Ursprünge proximal und lateral des Sulcus nervi radialis. Wenn man das Caput laterale spaltet, kann man das Caput mediale sehen, das distal und medial des Sulcus nervi radialis seinen Ursprung am Humerus nimmt. Außerdem werden auch die beiden **Achsellücken** zwischen M. teres minor und M. teres major erkennbar (→ Abb. 3.70 und 3.71), die durch das Caput longum voneinander getrennt werden. Distal des M. teres major liegt der sog. **Trizeps-Schlitz,** durch den der N. radialis auf die Dorsalseite des Oberarms gelangt.

→ T 28, 30

Unterarmmuskeln

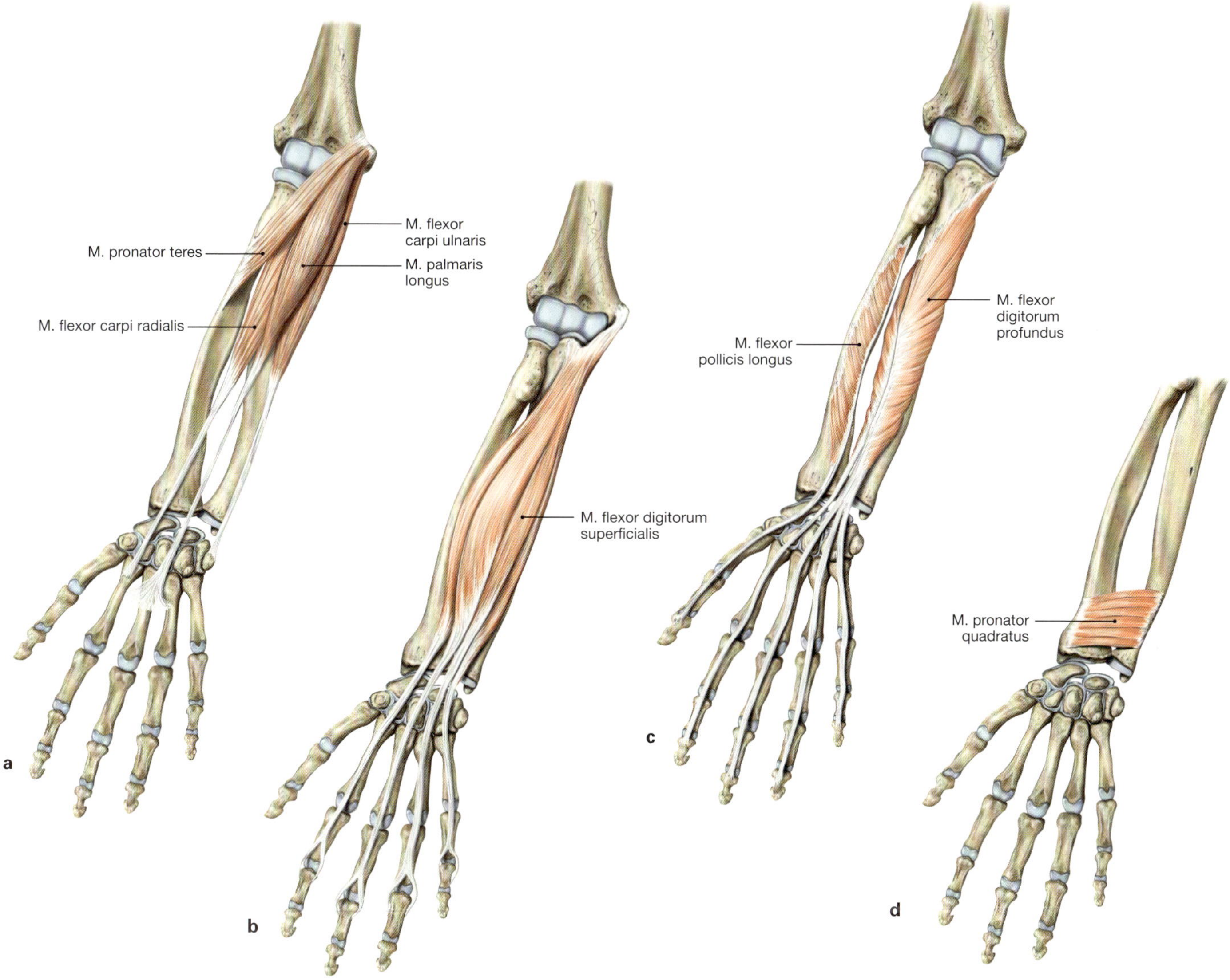

Abb. 3.78a bis d Ventrale Muskeln des Unterarms, rechts; Ansicht von ventral.

Die Beuger des Unterarms liegen auf der Vorderseite und werden durch die ulnare und radiale Gefäß-Nerven-Straße in eine oberflächliche und eine tiefe Gruppe untergliedert. In diesen beiden Gruppen liegen die Muskeln jeweils in zwei Schichten übereinander, so dass **vier verschiedene Schichten** unterschieden werden können:

- oberflächliche Schicht
- mittlere Schicht
- tiefe Schicht
- tiefste Schicht

a oberflächliche Schicht

Die oberflächliche Schicht besteht von radial nach ulnar aus M. pronator teres, M. flexor carpi radialis, M. palmaris longus und M. flexor carpi ulnaris. Diese Muskeln haben ihren gemeinsamen Ursprung am Epicondylus medialis des Humerus und sind **Beuger im Ellenbogengelenk** und abgesehen vom M. pronator teres auch Beuger der **Handgelenke.** Der **M. pronator teres** überquert die Diagonalachse des Unterams und ist daher zusammen mit dem M. pronator quadratus, der in der tiefsten Schicht liegt, der **wichtigste Pronator.** Der M. palmaris longus, der in bis zu 20% der Fälle ein- oder beidseitig fehlen kann, spannt zusätzlich zu seiner Beugefunktion die Palmaraponeurose. Der M. flexor carpi ulnaris bewirkt zusammen mit seinem Gegenspieler auf der Streckseite die Ulnarabduktion, während der M. flexor carpi radialis die Radialabduktion unterstützt.

b mittlere Schicht

Der **M. flexor digitorum superficialis** bildet die mittlere Schicht. Er besteht aus vier Teilen, deren Sehnen zu den palmaren Flächen der Mittelphalangen des zweiten bis fünften Fingers ziehen. Er beugt daher zusätzlich zu Ellenbogen- und Handgelenken auch in den **Mittel-** und etwas schwächer in den **Grundgelenken der Finger.**

c tiefe Schicht

In der tiefen Schicht liegen radial der **M. flexor pollicis longus** und ulnar der **M. flexor digitorum profundus.** Diese beiden Muskeln entspringen an der Vorderfläche der Unterarmknochen und wirken daher nicht auf das Ellenbogengelenk. Da sie bis zu den palmaren Flächen der Endphalangen ziehen, beugen sie die Handgelenke und neben den **Endgelenken der Finger bzw. des Daumens** auch schwächer die **Grund- und Mittelgelenke.**

d tiefste Schicht

Unter den Sehnen der langen Beugemuskeln verbindet der **M. pronator quadratus** die Vorderseiten von Ulna und Radius.

→ T 31, 32

Unterarmmuskeln

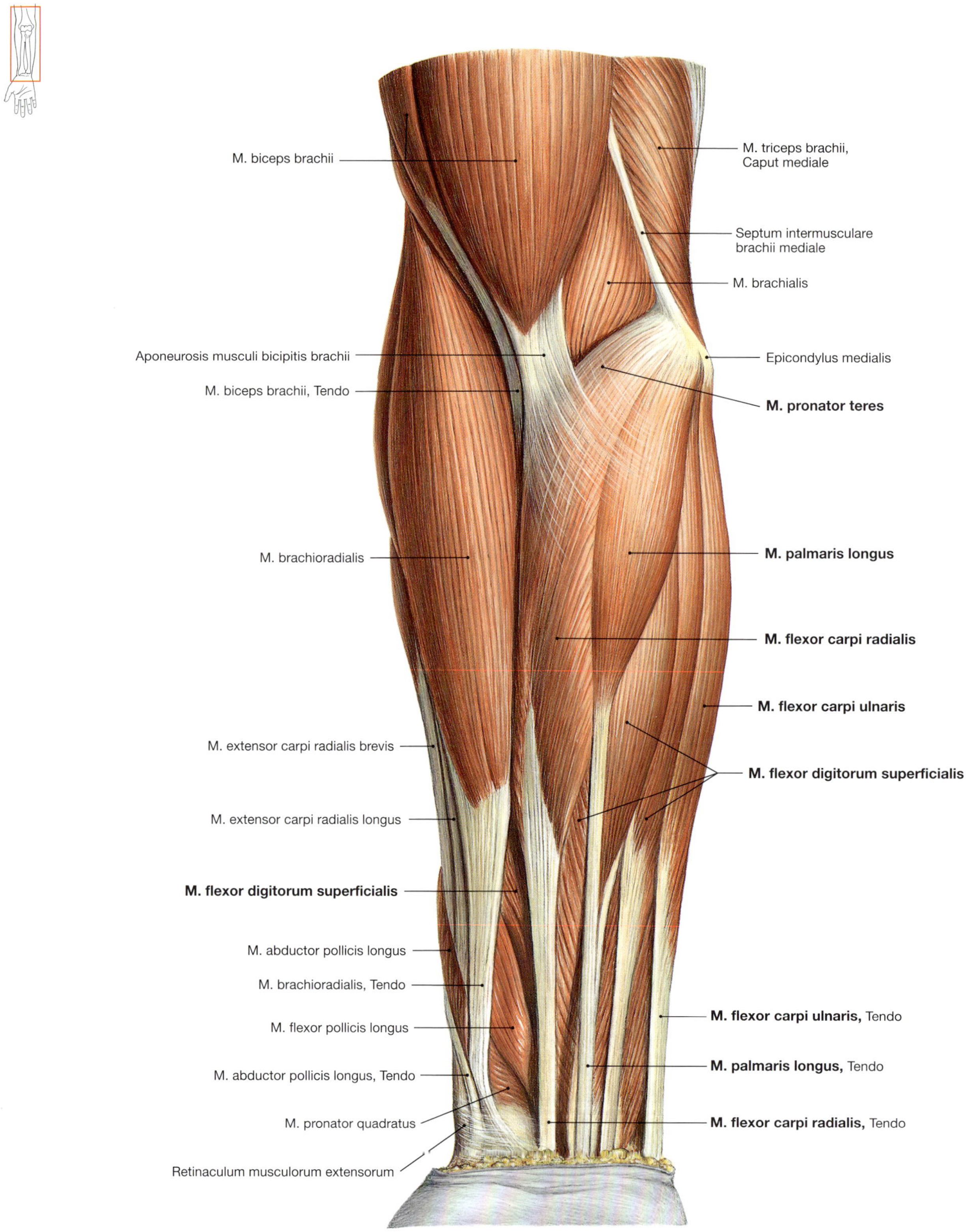

Abb. 3.79 Oberflächliche Schicht der ventralen Muskeln des Unterarms, rechts; Ansicht von ventral.

In der oberflächlichen Schicht der Beugemuskeln am Unterarm liegen von radial nach ulnar M. pronator teres, M. flexor carpi radialis, M. palmaris longus und M. flexor carpi ulnaris. Zwischen dem M. palmaris longus und dem M. flexor carpi ulnaris sowie zwischen den Ansatzsehnen der einzelnen Muskeln sind Teile des M. flexor digitorum superficialis sichtbar, der die mittlere Schicht einnimmt. Radial der oberflächlichen Beuger liegt die radiale Muskelgruppe des Unterarms, die nach ihrer Innervation und ihrer Wirkung auf die Handgelenke zu den Streckmuskeln zählt.

→ T 31

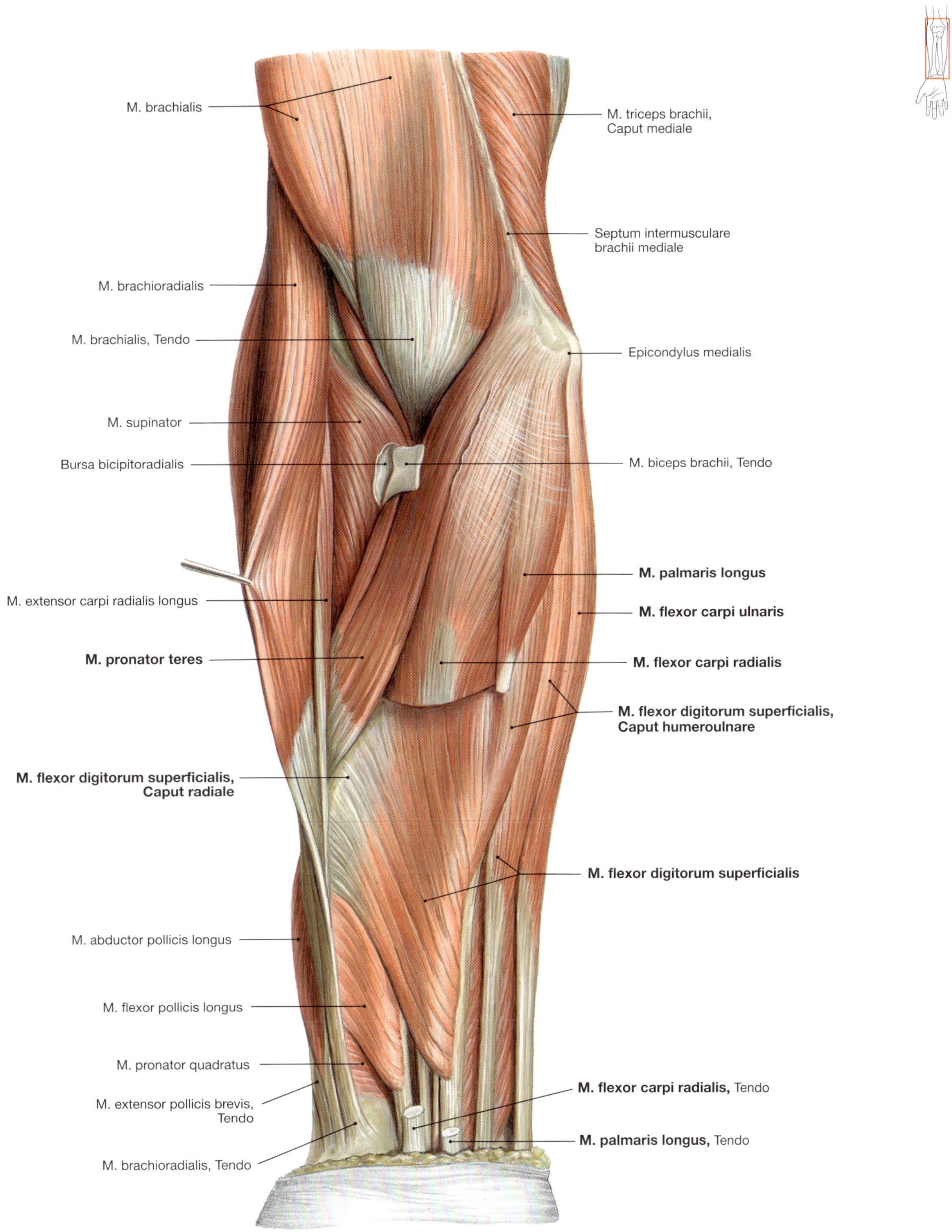

Abb. 3.80 Mittlere Schicht der ventralen Muskeln des Unterarms, rechts; Ansicht von ventral; nach teilweisem Absetzen von M. flexor carpi radialis und M. palmaris longus.

Nach Entfernung der Aponeurosis musculi bicipitis brachii und Wegklappen des M. brachioradialis wird der M. pronator teres in seiner ganzen Ausdehnung sichtbar. Auf die oberflächlichen Beuger folgt die mittlere Schicht der ventralen Unterarmmuskeln, die von den vier Bäuchen des M. flexor digitorum superficialis gebildet wird. Die gesamte Breite dieses Muskels wird erst dann deutlich, wenn der M. flexor carpi radialis und der M. palmaris longus auseinandergedrängt oder abgesetzt werden, wie hier dargestellt. Der M. flexor digitorum superficialis entspringt mit seinem Caput humeroulnare vom Epicondylus medialis des Humerus und vom Proc. coronoideus der Ulna. Das Caput radiale hat an der Vorderfläche des Radius seinen Ursprung.

Bei genauerer Betrachtung wird deutlich, dass auch die Bäuche des M. flexor digitorum nicht in einer Ebene liegen. Daher sind hier nur die Muskelteile für den dritten und vierten Finger sichtbar, da sie die Muskelbäuche für die Finger zwei und fünf bedecken.

→ T 31

Unterarmmuskeln

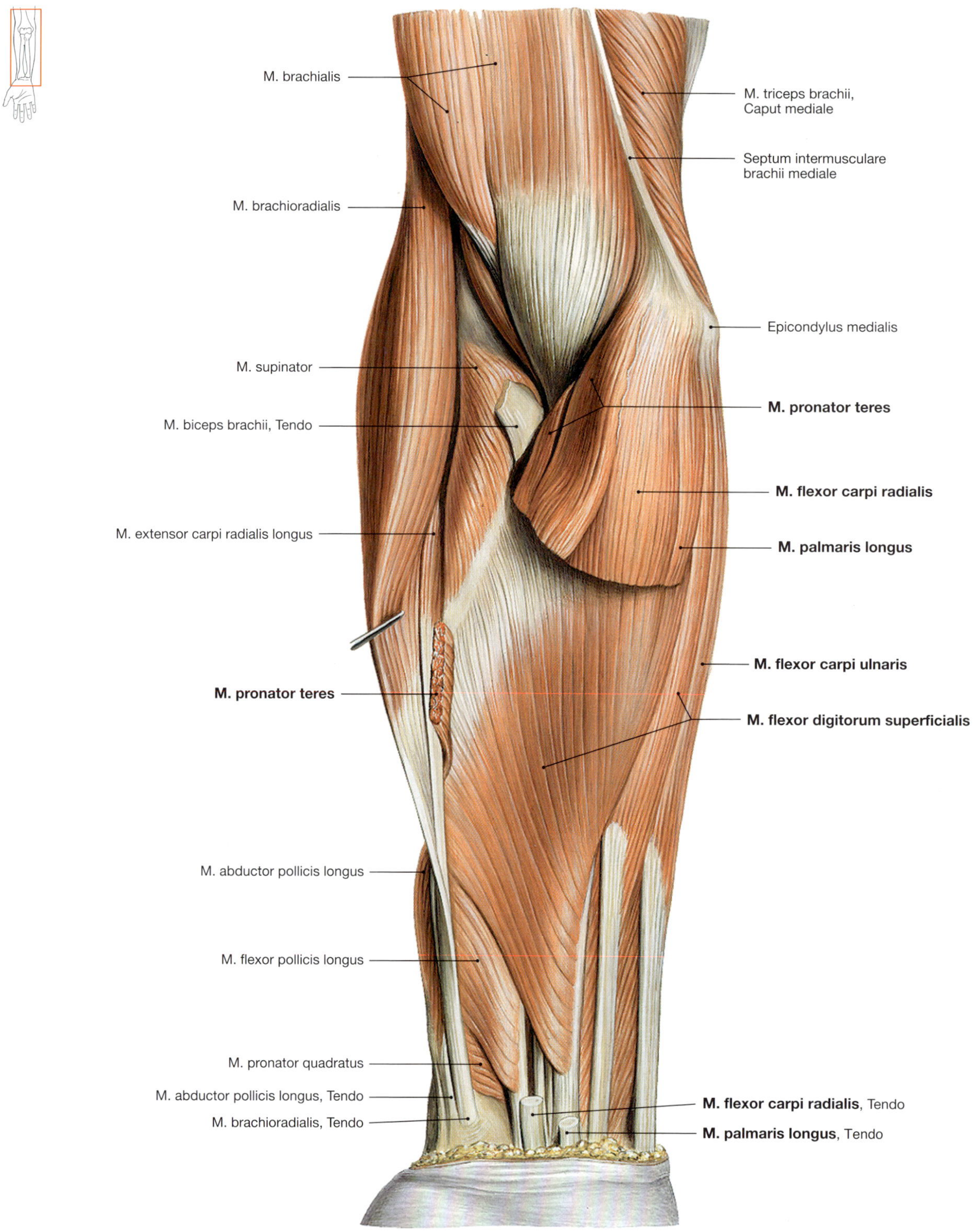

Abb. 3.81 Mittlere Schicht der ventralen Muskeln des Unterarms, rechts; Ansicht von ventral; nach weitgehendem Absetzen von M. flexor carpi radialis, M. palmaris longus und M. pronator teres.
Im Unterschied zu → Abbildung 3.80 wurde hier zusätzlich der M. pronator teres gespalten, um die Ursprünge des M. flexor digitorum superficialis darzustellen. Das Caput humeroulnare entspringt vom Epicondylus medialis des Humerus und vom Proc. coronoideus der Ulna. Das Caput radiale entspringt von der Vorderfläche des Radius.

→ T 31

Klinik

Krankhafte Tonuserhöhungen können nach Schlaganfällen oder Schädigungen des ZNS in Form einer **Spastik** oder auch ohne größere Schädigung bei **Dystonien** auftreten. Spastiken betreffen oft ganze Muskelgruppen. Dystonien manifestieren sich dagegen manchmal wie z. B. beim Schreibkrampf selektiv an einzelnen Beugemuskeln und manchmal auch nur an einzelnen Muskelbäuchen, z. B. des M. flexor digitorum superficialis. Um eine gezielte Behandlung, z. B. durch Hemmung der Signalübertragung an den motorischen Endplatten durch Injektion von Botulinustoxin, zu ermöglichen, ist eine sehr genaue Kenntnis von Funktion und Topographie der Muskeln notwendig.

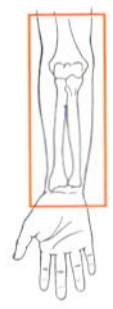

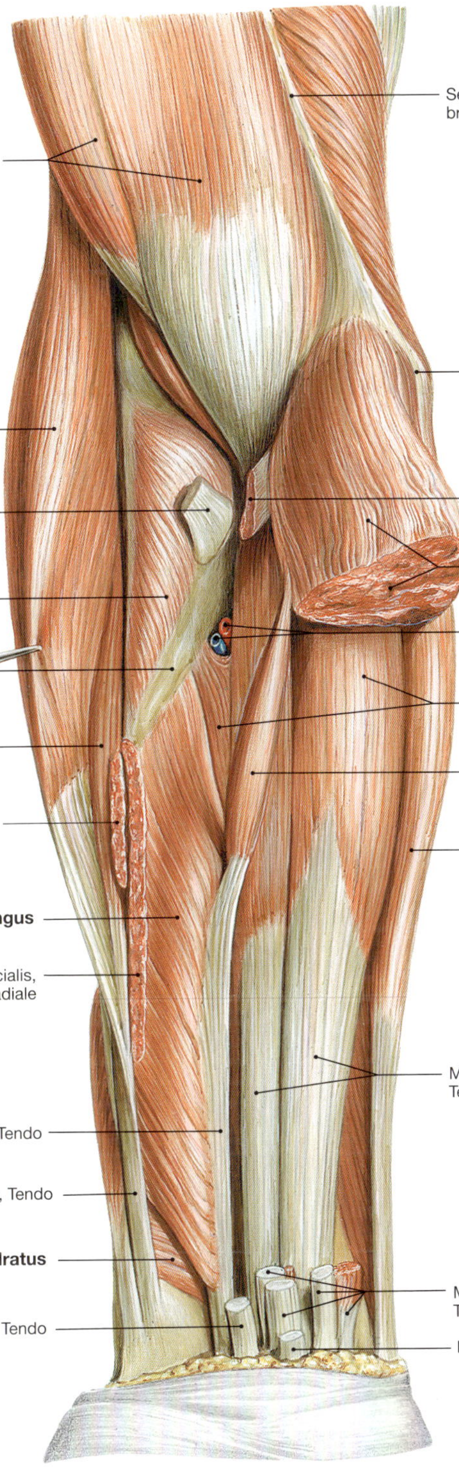

Abb. 3.82 Tiefe und tiefste Schicht der ventralen Muskeln des Unterarms, rechts; Ansicht von ventral; nach Absetzen der oberflächlichen Beuger.

Wenn alle oberflächlichen Beuger auseinandergedrängt oder entfernt werden, wie hier dargestellt, werden die tiefen Beuger sichtbar. Der M. flexor digitorum profundus entspringt von der Vorderseite der Ulna und von der Membrana interossea antebrachii. Der M. flexor pollicis longus nimmt seinen Ursprung von der Vorderfläche des Radius und in bis zu 40% der Fälle mit einem zusätzlichen Caput humeroulnare vom Epicondylus medialis und vom Proc. coronoideus. Am distalen Unterarm liegt unter den Sehnen der Beugemuskeln der M. pronator quadratus, der auf der Vorderfläche der beiden Unterarmknochen von der Ulna zum Radius zieht.

→ T 32

Unterarmmuskeln

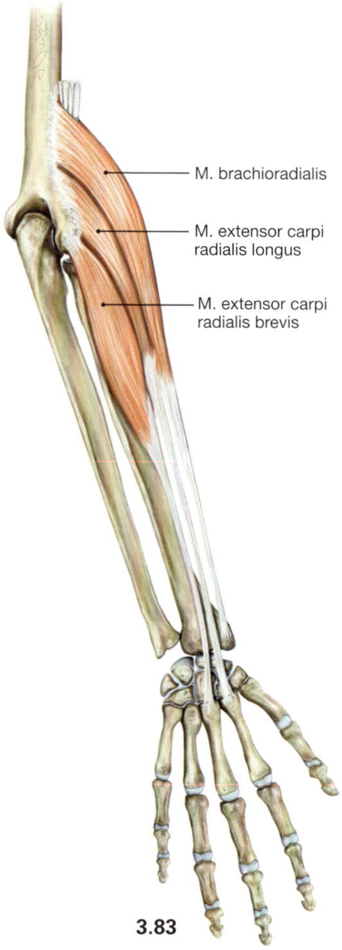

3.83

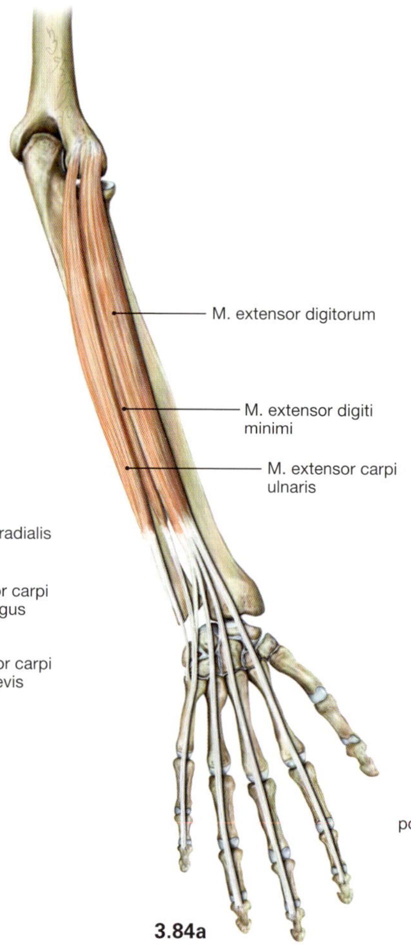

3.84a

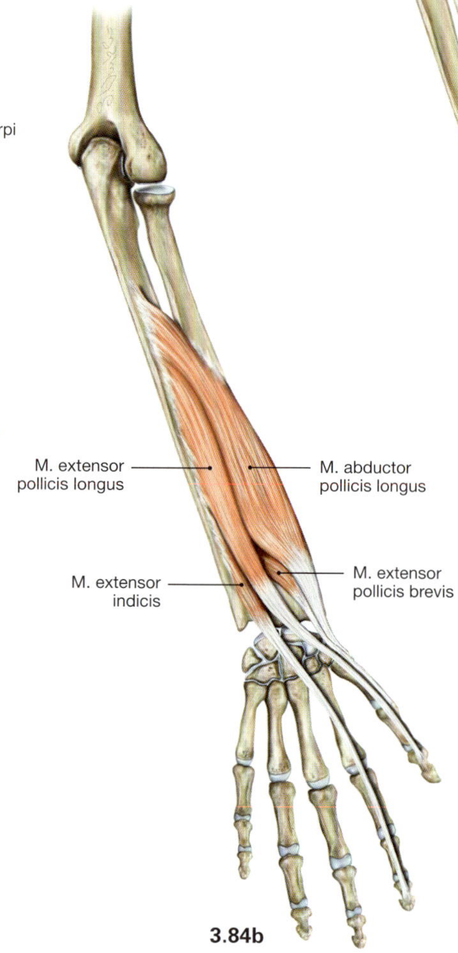

3.84b

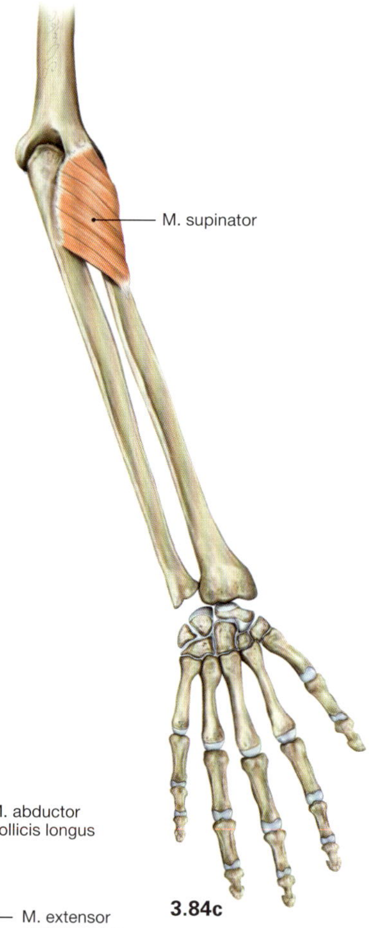

3.84c

Abb. 3.83 Radiale Muskeln des Unterarms, rechts; Ansicht von dorsal.
Zur radialen Muskelgruppe zählen von proximal nach distal der M. brachioradialis und die Mm. extensores carpi radialis longus und brevis. Diese Muskeln entspringen auf der Außenseite des Humerus und liegen vor der Transversalachse des Ellenbogengelenks, so dass sie hier beugende Funktion haben. Der M. brachioradialis setzt am distalen Radius an und ist daher nur ein eingelenkiger Muskel. Er kann aus jeweils entgegengesetzter Stellung die Pronation und Supination des Unterarms unterstützen. Die Mm. extensores carpi radialis longus und brevis sind Strecker in den Handgelenken und dienen der Radialabduktion.

→T 33

Abb. 3.84a bis c Dorsale Muskeln des Unterarms, rechts; Ansicht von dorsal.

a oberflächliche Schicht

Die oberflächlichen Strecker haben ihren gemeinsamen Ursprung am Epicondylus lateralis. Eine Überbelastung dieser Ursprungssehnen kann zu sehr unangenehmen Schmerzen führen („Tennisellenbogen"). Von radial nach ulnar zählen zu dieser Gruppe der M. extensor digitorum, der M. extensor digiti minimi und der M. extensor carpi ulnaris. M. extensor digitorum und M. extensor digiti minimi ziehen zur Dorsalaponeurose der Finger zwei bis fünf. Die Muskeln strecken daher in den Handgelenken und in den Grund- und Mittelgelenken der Finger. Da der mittlere Zug der Dorsalaponeurose auf den Mittelphalangen endet, sind die Muskeln nicht an der Streckung im Endgelenk beteiligt.

b und c tiefe Schicht

Distal liegen in der tiefen Schicht von radial nach ulnar M. abductor pollicis longus, M. extensor pollicis brevis, M. extensor pollicis longus und M. extensor indicis (→ Abb. 3.84b). Der M. abductor pollicis longus dient der Abduktion im Daumensattelgelenk, während die Mm. extensores pollicis brevis und longus im Grund- bzw. im Endgelenk strecken. Der M. extensor indicis streckt das Grund- und Mittelgelenk des Zeigefingers. Die tiefe Schicht der Strecker im Handgelenk besteht proximal aus dem M. supinator (→ Abb. 3.84c), der sich um den Radius windet. Er ist der stärkste Supinator bei gestrecktem Ellenbogengelenk.

→T 34, 35

Unterarmmuskeln

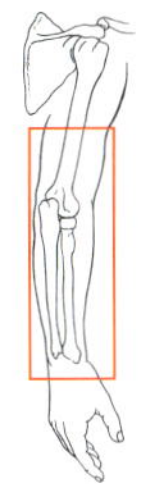

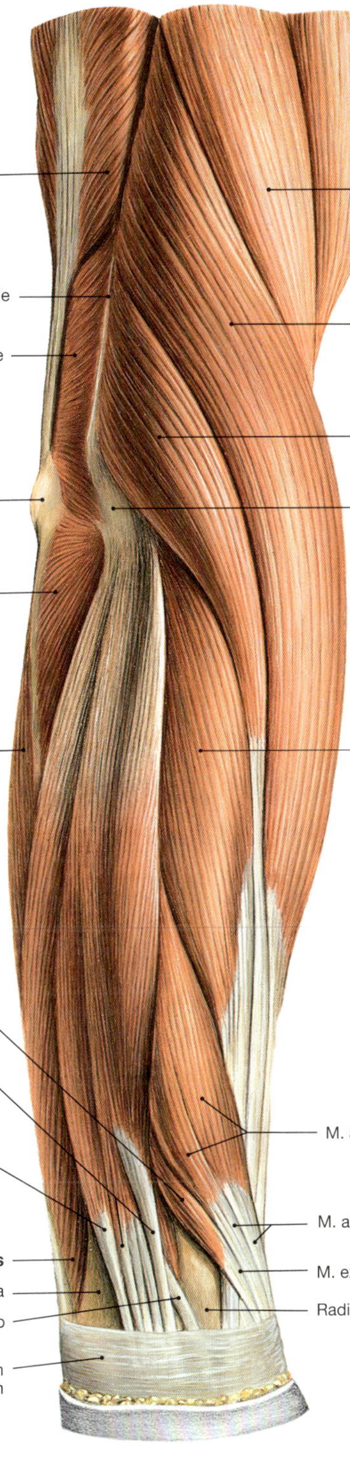

Abb. 3.85 Oberflächliche Schicht der dorsalen Muskeln von Unterarm und distalem Anteil des Oberarms, rechts; Ansicht von lateral.

In der Ansicht von lateral sind die Muskeln der **radialen Muskelgruppe** besonders gut sichtbar. Hier liegen von proximal nach distal der M. brachioradialis und die Mm. extensores carpi radialis longus und brevis. Es schließen sich nach ulnar die **oberflächlichen Strecker** (M. extensor digitorum, M. extensor digiti minimi und M. extensor carpi ulnaris) an. Distal kommen zwischen diesen beiden Gruppen die distalen Anteile der **tiefen Streckmuskeln** zum Vorschein (die Muskeln liegen also nicht in ihrem ganzen Verlauf unter den oberflächlichen Muskeln). Am distalen Oberarm ist der M. anconeus von seiner Faszie befreit worden. Dieser Muskel gehört zur Streckmuskulatur des Oberarms.

→ T 33–35

Unterarmmuskeln

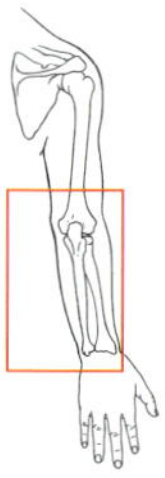

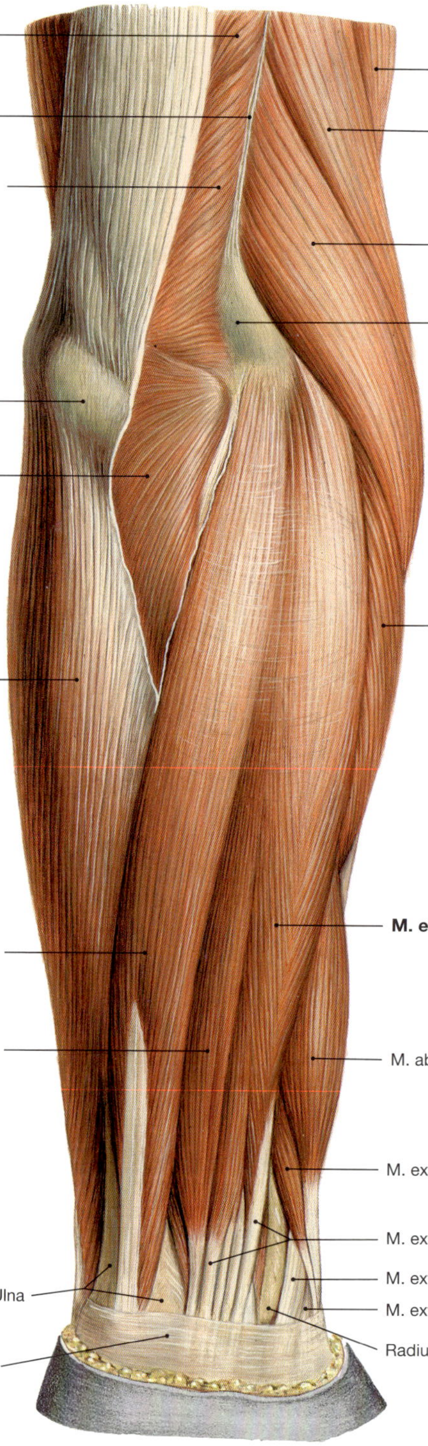

Abb. 3.86 Oberflächliche Schicht der dorsalen Muskeln von Unterarm und distalem Anteil des Oberarms, rechts; Ansicht von dorsal.
Zu den **oberflächlichen Streckern** des Unterarms gehören M. extensor digitorum, M. extensor digiti minimi und M. extensor carpi ulnaris.

An den M. extensor carpi ulnaris schließt sich ulnar der M. flexor carpi ulnaris der oberflächlichen Beugergruppe an.

→T 34

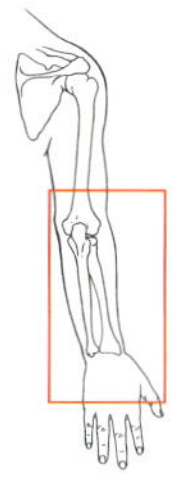

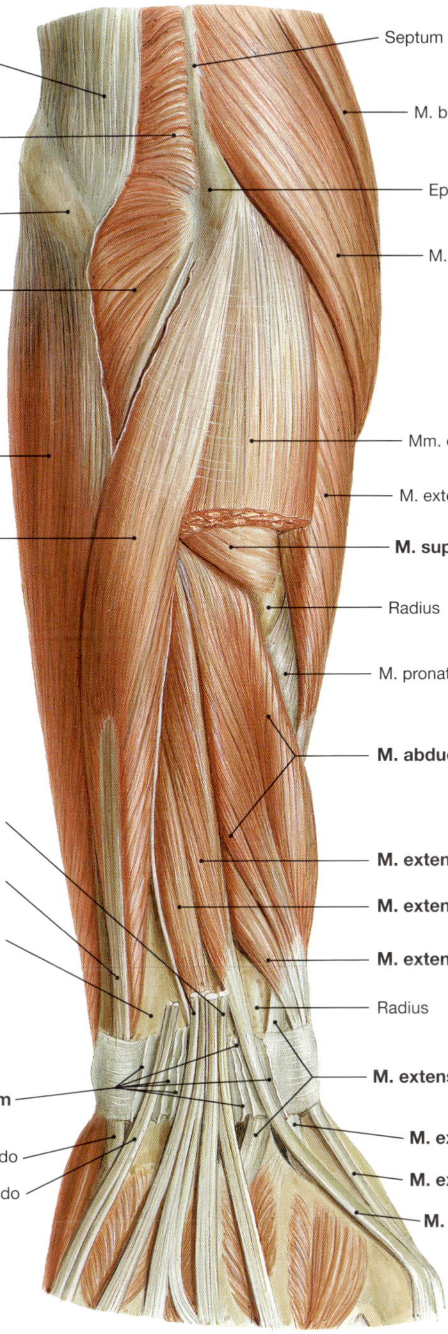

Abb. 3.87 Tiefe Schicht der dorsalen Muskeln des Unterarms, rechts; Ansicht von dorsal; nach partieller Entfernung der Mm. extensores digitorum und digiti minimi.
Nach Entfernung der oberflächlichen Strecker des Unterarms werden die proximalen Abschnitte der daruntergelegenen tiefen Streckmuskeln sichtbar. In der tiefen Schicht liegen proximal der M. supinator und distal von diesem von radial nach ulnar M. abductor pollicis longus, M. extensor pollicis brevis, M. extensor pollicis longus und M. extensor indicis.
Das Retinaculum musculorum extensorum bildet **sechs Sehnenfächer,** durch die die Sehnen der Streckmuskeln zum Handrücken ziehen. In diesem Präparat sind das dritte, vierte und fünfte Sehnenfach eröffnet worden.

Sehnenfächer des Handrückens von radial nach ulnar:
- erstes Fach: M. abductor pollicis longus und M. extensor pollicis brevis
- zweites Fach: Mm. extensores carpi radialis longus und brevis
- drittes Fach: M. extensor pollicis longus
- viertes Fach: M. extensor digitorum und M. extensor indicis
- fünftes Fach: M. extensor digiti minimi
- sechstes Fach: M. extensor carpi ulnaris

→ T 35

Unterarmmuskeln

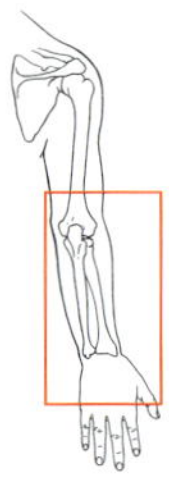

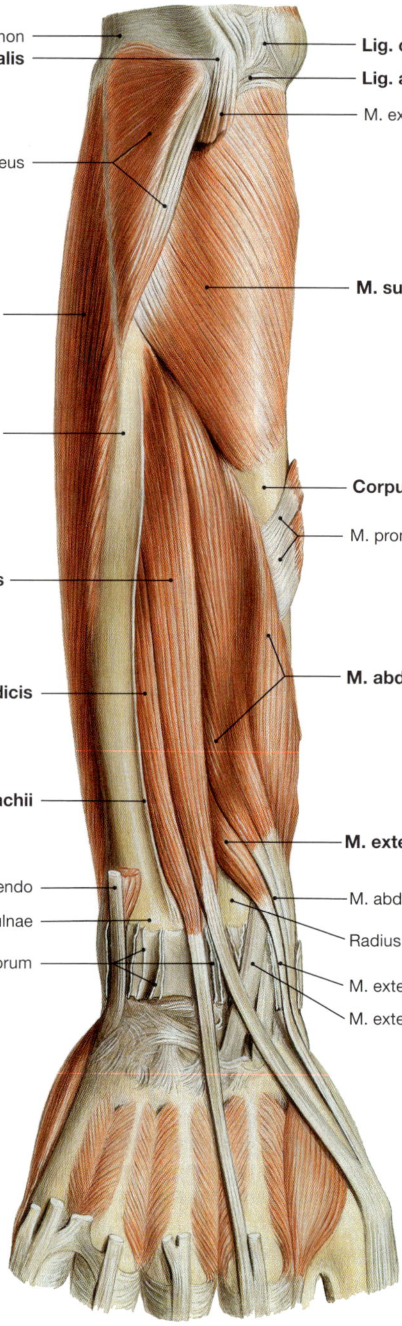

Abb. 3.88 Tiefe Schicht der dorsalen Muskeln des Unterarms, rechts; Ansicht von dorsal; nach kompletter Entfernung der oberflächlichen Streckmuskeln.

In der Abbildung sind alle oberflächlichen Streckmuskeln entfernt worden, um die Ursprünge der tiefen Strecker darzustellen. Der M. supinator entspringt am Epicondylus lateralis des Humerus, an den radialen Bändern (Lig. collaterale radiale und Lig. anulare radii) sowie an der Crista m. supinatoris der Ulna und umgreift mit seinem Ansatz den Radius oberhalb und unterhalb der Tuberositas radii. Die beiden radial liegenden Muskeln (M. abductor pollicis longus, M. extensor pollicis brevis), deren Sehnen durch das erste Sehnenfach ziehen, entspringen auf der Dorsalseite von Radius und Ulna sowie an der Membrana interossea antebrachii. Dagegen haben die beiden ulnar gelegenen Muskeln (M. extensor pollicis longus und M. extensor indicis) ihren Ursprung nur an der Ulna und an der Membrana interossea. Ihre Ansatzsehnen ziehen durch das dritte und vierte Sehnenfach. In diesem Präparat sind alle sechs Sehnenfächer unter dem Retinaculum musculorum extensorum eröffnet worden.

→ T 35

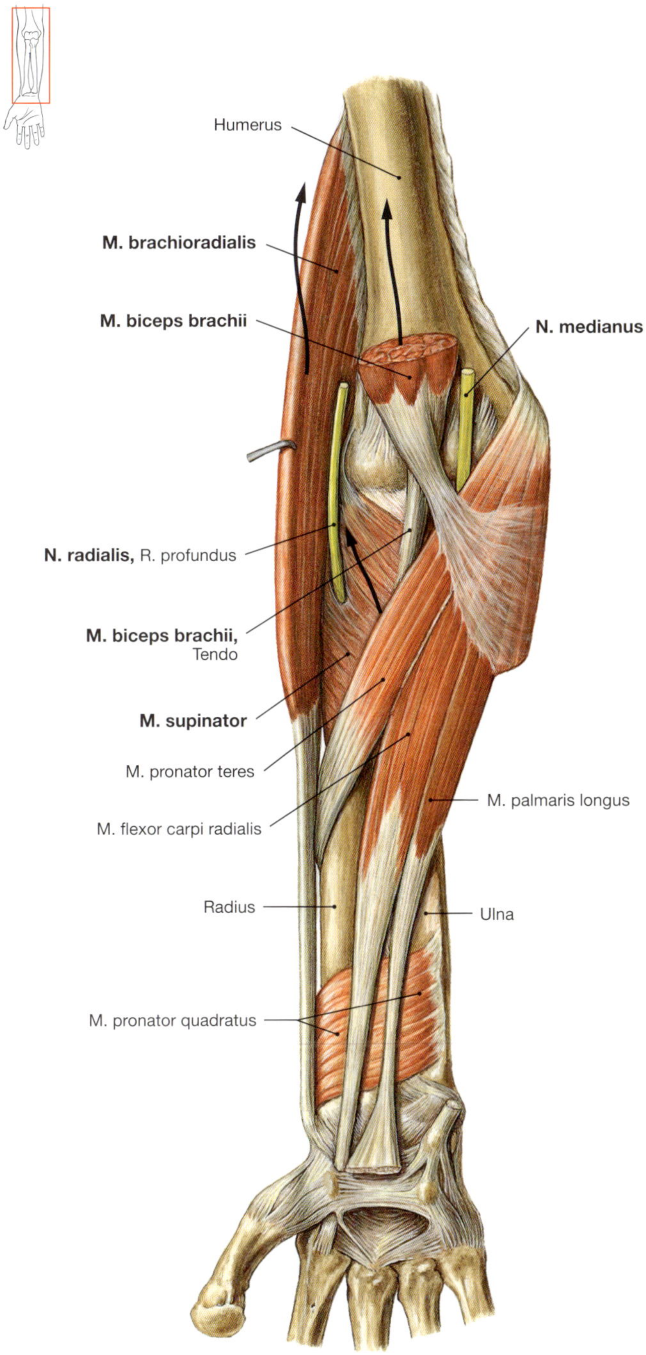

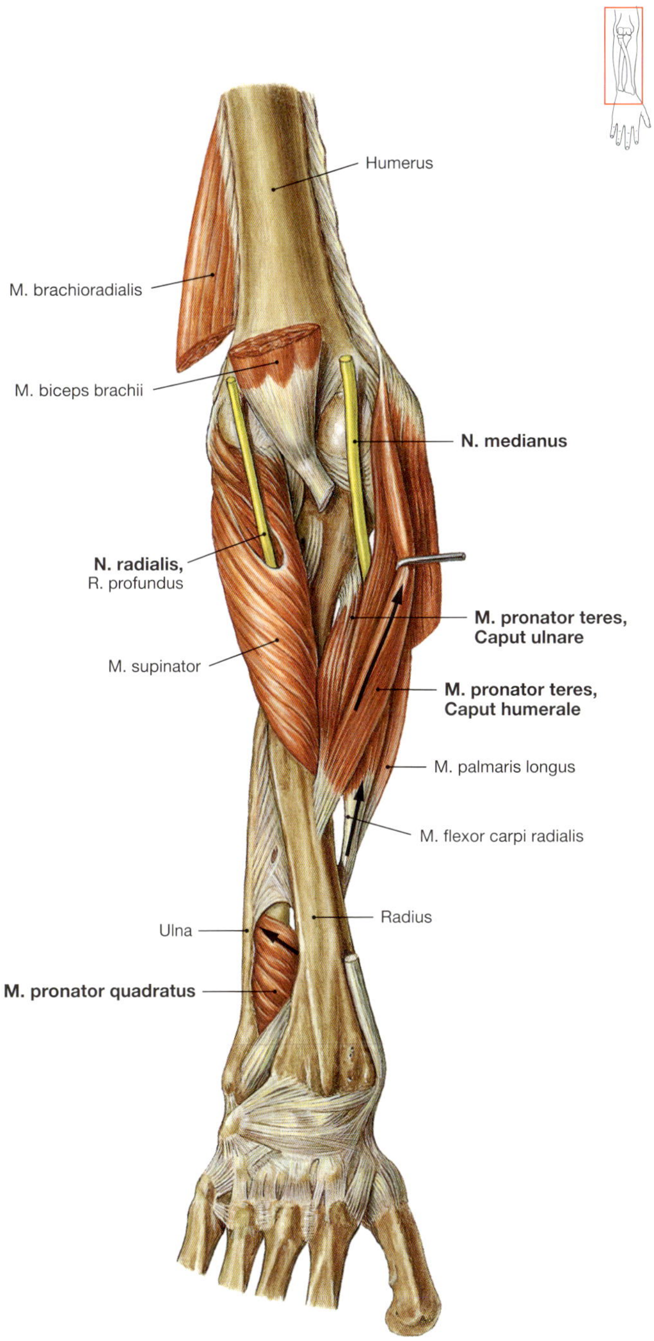

Abb. 3.89 Unterarm, Antebrachium, in Supinationsstellung, rechts; Ansicht von ventral palmar. Die Pfeile geben die Zugrichtung der wichtigsten Supinatoren an.

Allgemein gilt, dass alle Muskeln, die als Supinatoren oder Pronatoren wirken können, die **Diagonalachse des Unterams überkreuzen** (→ Abb. 3.8), um die die Wendebewegung ausgeführt wird. Darüber hinaus kann man sich merken, dass alle wesentlichen Supinatoren und Pronatoren ihren **Ansatz am Radius** haben. Die wichtigsten Supinatoren sind M. biceps brachii (insbesondere bei gebeugtem Arm), M. supinator (bei gestrecktem Arm) und M. brachioradialis (aus Pronationsstellung). Der M. supinator wird vom R. profundus des N. radialis durchbohrt. Hier kann dieser Nerv ein Kompressionssyndrom entwickeln, das u. a. zu Lähmung der tiefen Strecker führen kann (→ S. 77).

Abb. 3.90 Unterarm, Antebrachium, in Pronationsstellung, rechts; Ansicht von ventral im Ellenbogenbereich bzw. von dorsal im Handbereich. Die Pfeile geben die Zugrichtung der wichtigsten Pronatoren an.

Die wichtigsten Pronatoren sind M. pronator teres, M. pronator quadratus und M. brachioradialis (aus Supinationsstellung). Auch der M. flexor carpi radialis und der M. palmaris longus besitzen schwache pronatorische Wirkung.

Zwischen den beiden Köpfen des M. pronator teres tritt der N. medianus hindurch, der hier in seltenen Fällen ebenfalls komprimiert werden kann (→ S. 79).

→ T 32, 33, 35

Sehnen des Handrückens

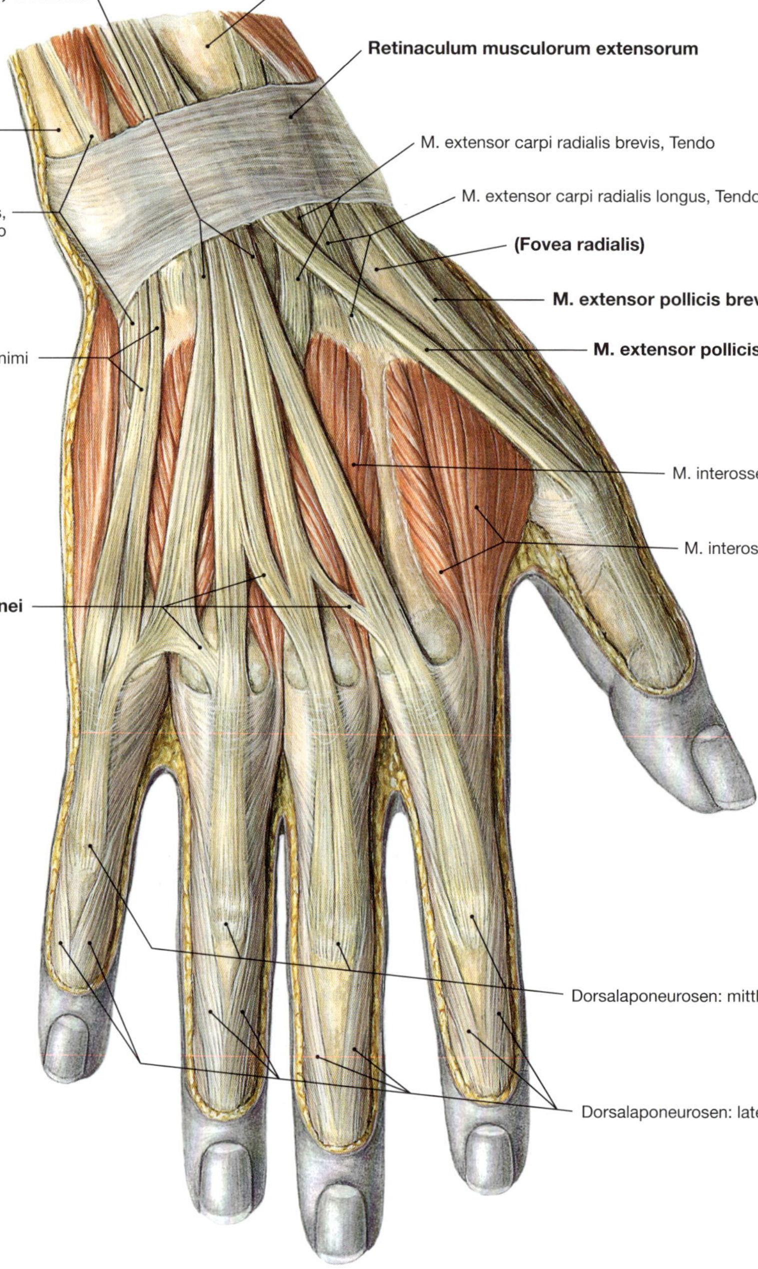

Abb. 3.91 Sehnen des Handrückens, Dorsum manus, rechts; Ansicht von dorsal.
Die Ansatzsehnen der Streckmuskeln verlaufen unter dem Retinaculum musculorum extensorum hindurch zur Dorsalseite des Daumens und zu den Dorsalaponeurosen der Finger. Die einzelnen Sehnen des M. extensor digitorum sind durch Sehnenbrücken (Connexus intertendinei) verbunden, die die selektive Streckung der einzelnen Finger etwas einschränken. Eigene Muskeln besitzt der Handrücken nicht.

Die unter den Strecksehnen sichtbaren Mm. interossei dorsales zählen nach ihrer Anlage und Innervation zu den Muskeln der Handfläche. Die Sehnen von M. extensor pollicis brevis und M. extensor pollicis longus begrenzen eine flache Vertiefung, die als Fovea radialis **(Tabatière)** bezeichnet wird.

→ T 34, 35, 37

Sehnenscheiden des Handrückens

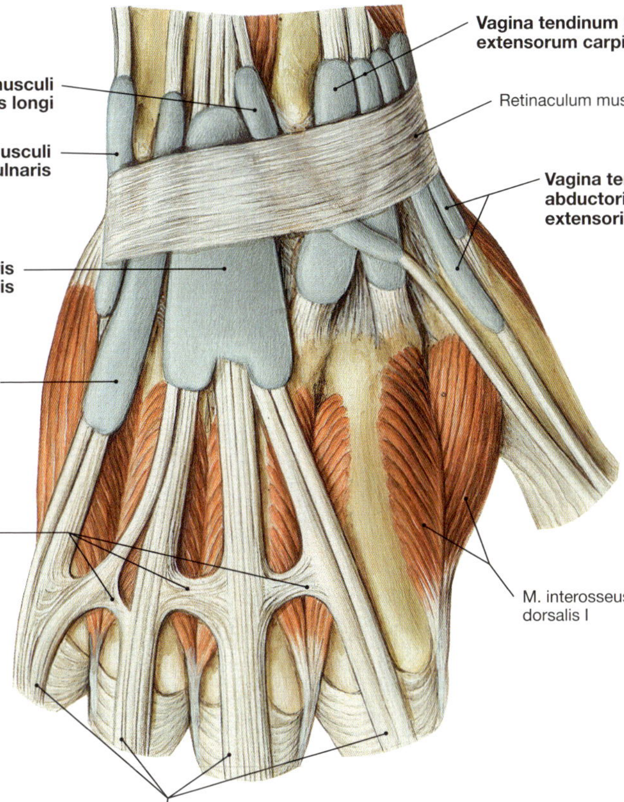

Abb. 3.92 Dorsale karpale Sehnenscheiden, Vaginae tendinum, des Handrückens, rechts; Ansicht von dorsal.
Unter dem Retinaculum musculorum extensorum verlaufen die Sehnen der Streckmuskeln in sechs Sehnenfächern (→ Abb. 3.87). Die einzelnen Sehnen besitzen meist jeweils eigene Sehnenscheiden, die das Gleiten der Sehnen zwischen Retinaculum und Handskelett erleichtern.

Streckmuskeln der Fingergelenke:
Nur die Sehne des M. extensor pollicis longus reicht bis zur Endphalanx, die Sehnen der Mm. extensores digitorum, extensor digiti minimi und extensor indicis enden mit dem mittleren Trakt der Dorsalaponeurosen (→ Abb. 3.91) an der Mittelphalanx und können daher die Endgelenke der Finger nicht strecken. Dagegen strahlen die Mm. lumbricales und mit geringeren Anteilen auch die Mm. interossei palmares und dorsales in die lateralen Trakte der Dorsalaponeurosen ein. Sie gelangen damit auf die Dorsalseite der transversalen Achse der Fingerendgelenke und können diese daher strecken. So wird verständlich, dass die Mm. lumbricales die Hauptstrecker der Endgelenke sind.
- **Grund- und Mittelgelenke der Finger:** M. extensor digitorum, M. extensor digiti minimi, M. extensor indicis
- **Endgelenke der Finger:** Mm. lumbricales, schwächer auch Mm. interossei palmares und dorsales
- **Grundgelenk des Daumens:** M. extensor pollicis brevis
- **Mittel- und Endgelenk des Daumens:** M. extensor pollicis longus

Handmuskeln

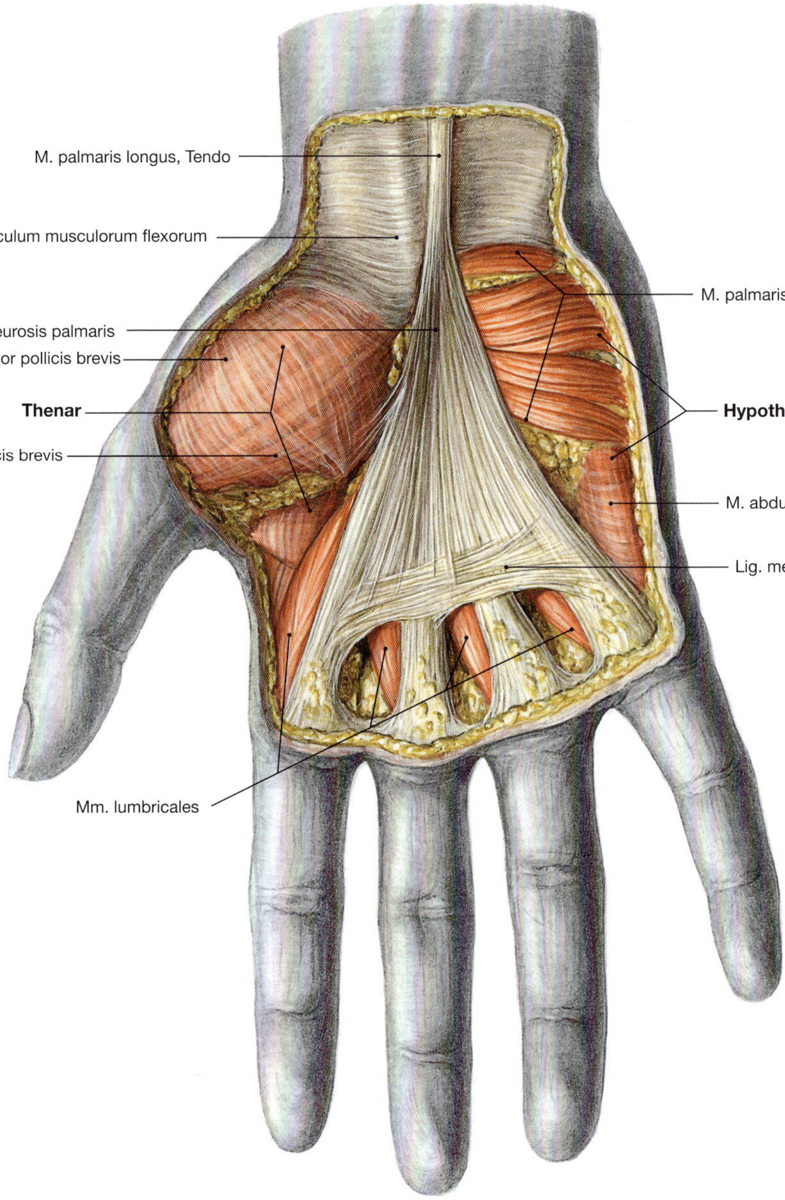

Abb. 3.93 Oberflächliche Schicht der Muskeln der Hohlhand, Palma manus, rechts; Ansicht von palmar.

Die Muskeln der Hohlhand bilden **drei Gruppen.** Die beiden randständigen Finger (Daumen und Kleinfinger) besitzen jeweils eine eigene Muskelgruppe. Die Muskulatur des Daumens bildet den Daumenballen (Thenar), die des Kleinfingers den Kleinfingerballen (Hypothenar). Dazwischen liegen die Muskeln des Handtellers. Diese drei Gruppen bilden **drei übereinandergelagerte Schichten.** Bei der Präparation ist zu beachten, dass zwischen den einzelnen Schichten auch Leitungsbahnen verlaufen (→ S. 109–111). Ganz oberflächlich liegt in der Handfläche die **Palmaraponeurose** (Aponeurosis palmaris). Diese besteht aus Längszügen und besonders proximal der Fingergrundgelenke stark ausgebildeten Querzügen (Lig. metacarpale transversum superficiale). Die Palmaraponeurose ist proximal am Retinaculum musculorum flexorum befestigt und wird durch den M. palmaris longus gespannt. Distal ist sie an den Sehnenscheiden der Fingerbeuger und an den Bändern der Grundgelenke fixiert.

Am Daumenballen liegt radial der M. abductor pollicis brevis und ulnar von diesem der M. flexor pollicis brevis. Am Kleinfingerballen liegen der M. palmaris brevis und der M. abductor digiti minimi oberflächlich.

→ T 31, 36–38

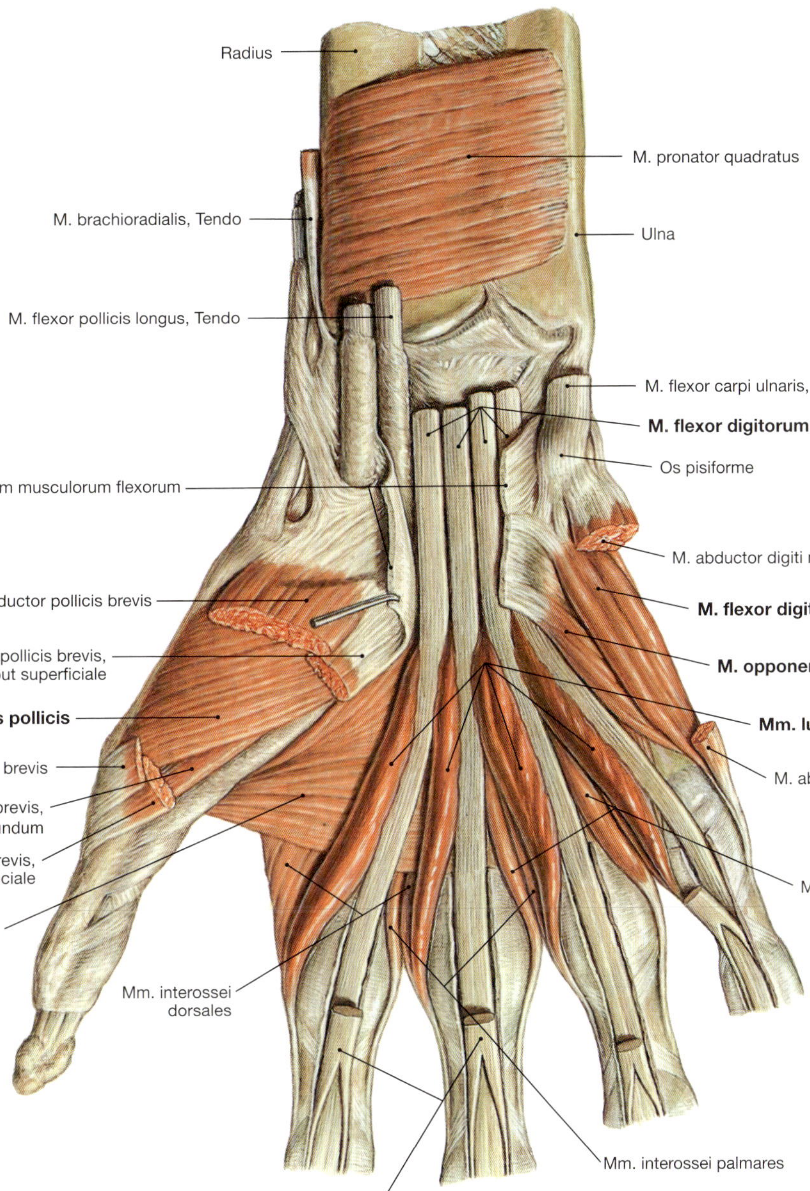

Abb. 3.94 Mittlere Schicht der Muskeln der Hohlhand, Palma manus, rechts; Ansicht von palmar; nach Entfernung der Palmaraponeurose und der oberflächlichen Muskeln.

Die drei Muskelgruppen der Hohlhand (Palma manus) bilden drei übereinandergelagerte Schichten. Nach Entfernung der oberflächlichen Muskeln lassen sich die Muskeln der mittleren Schicht abgrenzen. Dazu zählen am Daumenballen der M. opponens pollicis und der M. adductor pollicis sowie am Kleinfingerballen der M. flexor digiti minimi und der M. opponens digiti minimi, die beide radial des oberflächlichen M. abductor digiti minimi gelegen sind. Im Handteller verlaufen die Sehnen des M. flexor digitorum superficialis zu den Mittelphalangen und die Sehnen des M. flexor digitorum profundus zu den Endphalangen der Finger. Dabei durchbohren die Sehnen des tiefen Beugers die oberflächlichen Beugersehnen (hier abgesetzt). Von den Sehnen des M. digitorum profundus entspringen die Mm. lumbricales (vier Muskeln), die ebenfalls zur mittleren Schicht zählen (zur Funktion der Mm. lumbricales → Abb. 3.101). Die Sehne des M. flexor pollicis longus zieht zur Endphalanx des Daumens.

→ T 32, 36–38

Sehnenscheiden der Hohlhand

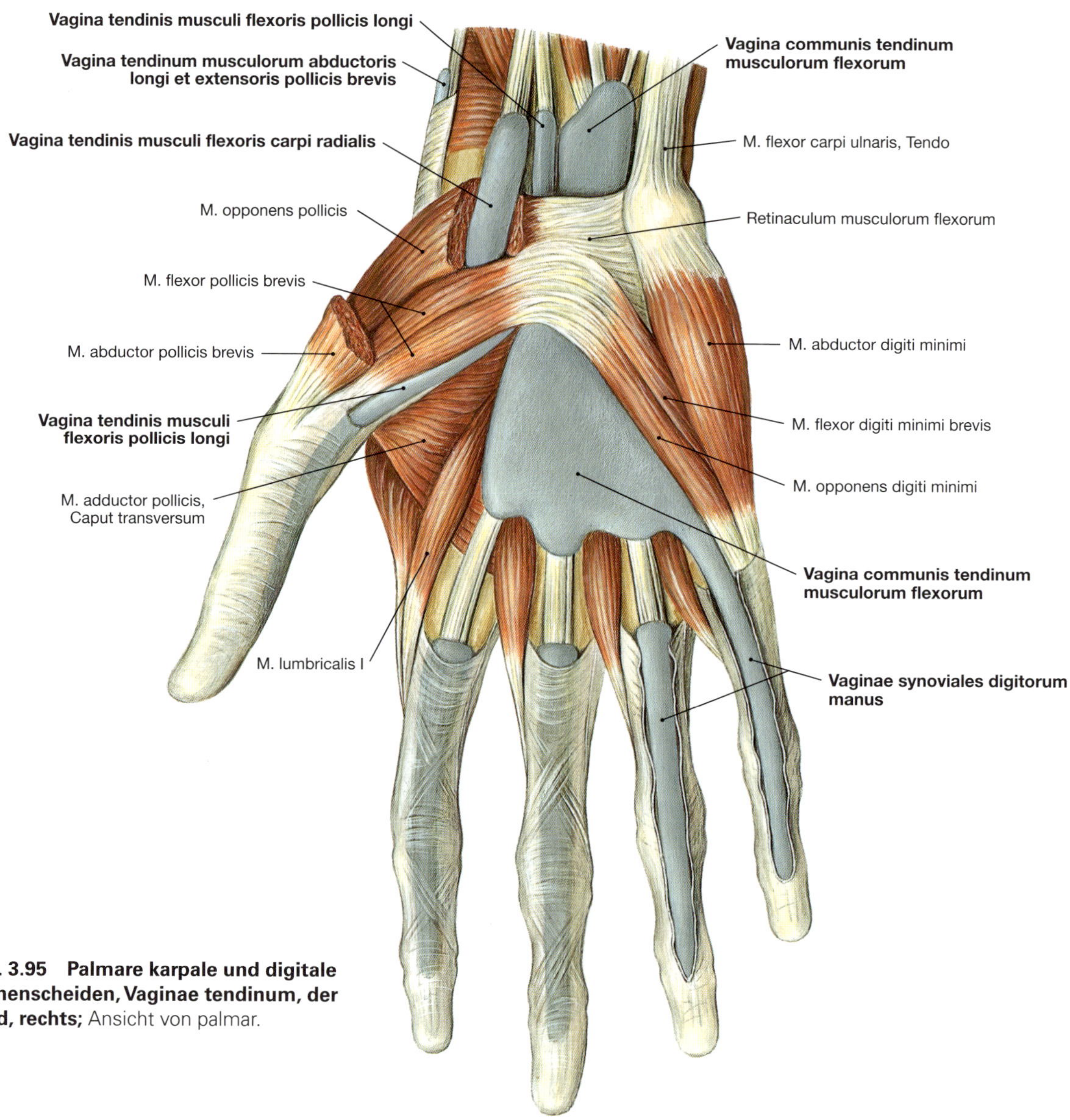

Abb. 3.95 Palmare karpale und digitale Sehnenscheiden, Vaginae tendinum, der Hand, rechts; Ansicht von palmar.

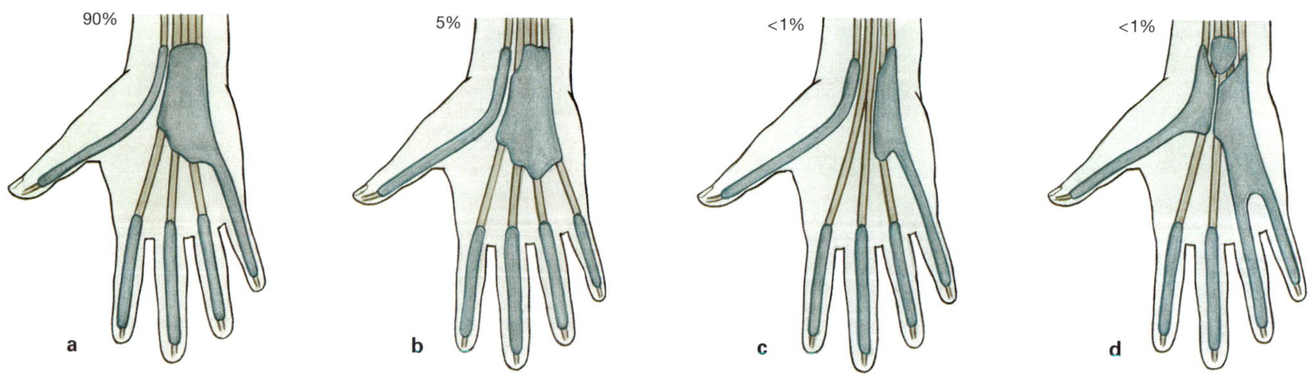

Abb. 3.96a bis d Varianten der palmaren Sehnenscheiden. Im Unterschied zum Handrücken gibt es für die Sehnen der Fingerbeuger meist nur zwei Sehnenscheiden. Die **radiale** Sehnenscheide umgibt die Sehne des M. flexor pollicis longus und erstreckt sich bis zur Endphalanx. Die **ulnare** Sehnenscheide umfasst an den Handgelenken alle Sehnen der Mm. flexores digitorum superficialis und profundus und reicht nur am Kleinfinger bis zur Endphalanx. An den übrigen Fingern existieren im Bereich der Phalangen eigene Sehnenscheiden.

Klinik

Die Anordnung der Sehnenscheiden ist von klinischer Bedeutung, da sich **bakterielle Infektionen** in den Sehnenscheiden schnell ausbreiten können (Phlegmone). Eine Entzündung kann sich nach Übergreifen auf die ulnare Sehnenscheide bis zum Kleinfinger ausbreiten und bei ungenügender antibiotischer Therapie zur Versteifung der gesamten Hand führen.

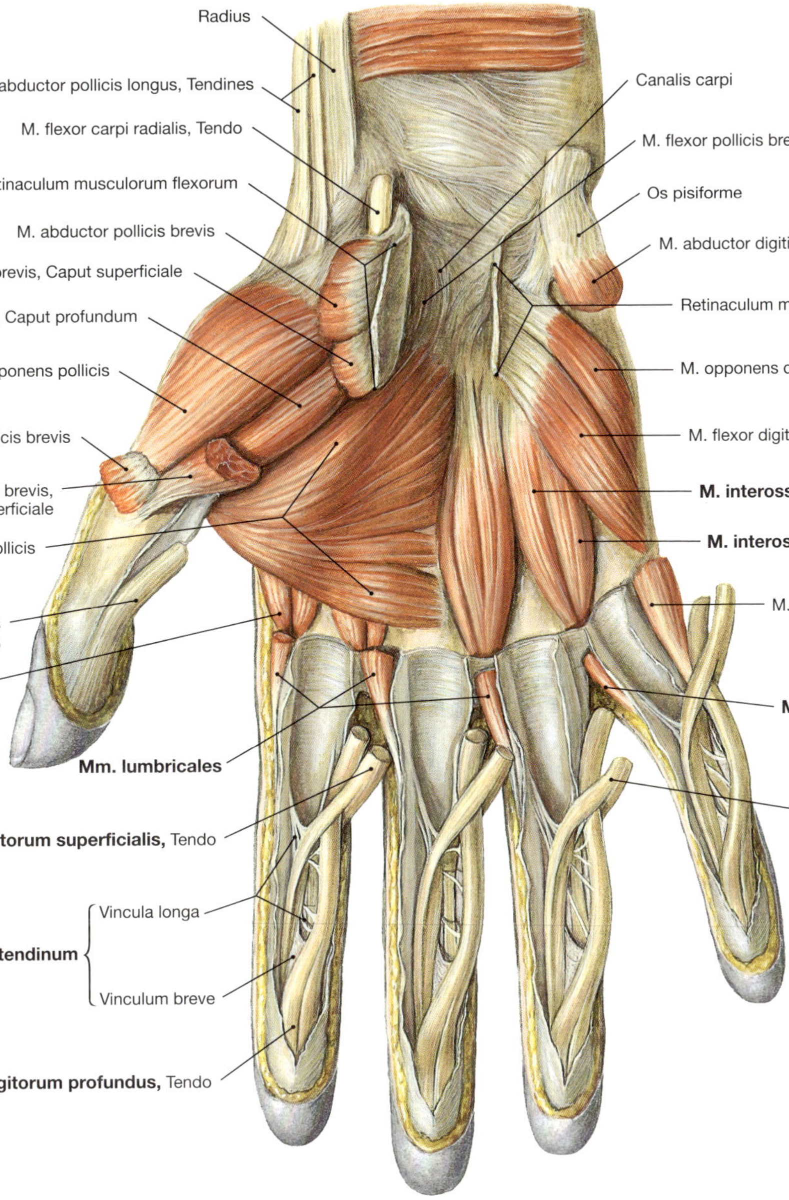

Abb. 3.97 Tiefe Schicht der Muskeln der Hohlhand, Palma manus, rechts; Ansicht von palmar; nach Entfernung der Sehnen der langen Fingerbeuger.

Die drei Muskelgruppen der Hohlhand bilden drei übereinandergelagerte Schichten. Nach Entfernung der langen Beugesehnen sind die Muskeln der tiefen Schicht erkennbar. Die Mm. interossei und die Mm. lumbricales sind Beuger der Fingergrundgelenke (zu Verlauf und Funktion der Mm. interossei → Abb. 3.98 bis 3.100). Die Ansatzsehnen der Mm. interossei und der Mm. lumbricales verlaufen palmar der Transversalachse der Fingergrundgelenke. Daher sind die Mm. interossei – und etwas schwächer auch die Mm. lumbricales – die Hauptbeuger der Fingergrundgelenke.

Die dargestellte Präparation zeigt, wie die Sehnen des tiefen Beugers die oberflächlichen Beugersehnen durchbohren. Die Sehnen werden dabei durch Aufhängebänder (Vincula tendinum) an den Phalangen fixiert.

→ T 31, 36, 37

Klinik

Die Kenntnis der Funktion und des Verlaufs der Beugemuskeln an den Fingern ist bei der **Untersuchung von Schnittverletzungen** wichtig. Ist keine Beugung der Endgelenke möglich, ist der M. flexor digitorum profundus betroffen. Wenn dagegen die Beugung der Mittelgelenke herabgesetzt ist, während die Endgelenke gebeugt werden können, spricht dies für eine isolierte Verletzung des M. flexor digitorum superficialis.

Handmuskeln

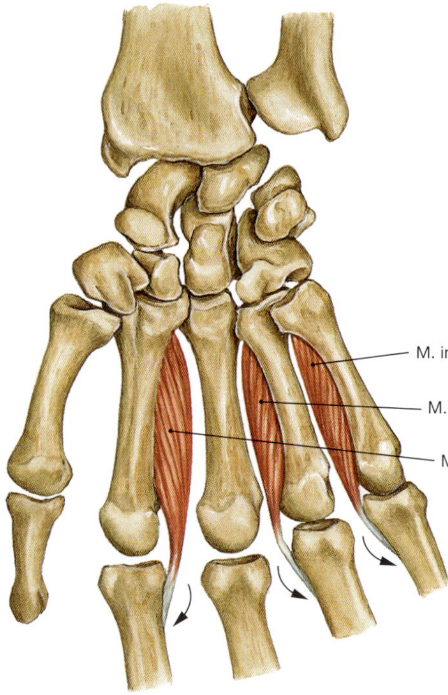

Abb. 3.98 Mm. interossei palmares, rechts; Ansicht von palmar.
Die drei Mm. interossei palmares entspringen an der ulnaren Seite des Os metacarpi II und an der radialen Seite der Ossa metacarpi IV und V. Sie setzen auf der jeweils gleichen Seite an der Grundphalanx der Finger an und strahlen mit ihren Ansatzsehnen zusätzlich in die lateralen Züge der Dorsalaponeurose der Finger ein (Pfeile).

→T 37

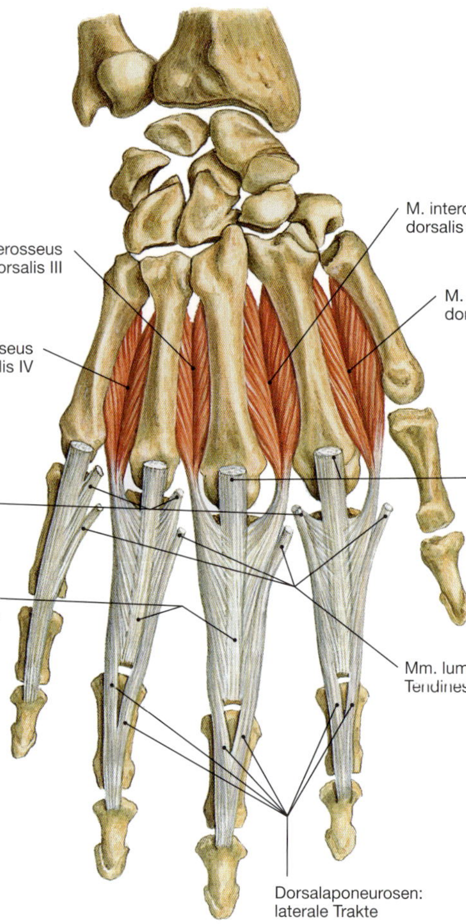

Abb. 3.99 Mm. interossei dorsales, rechts; Ansicht von dorsal.
Die vier Mm. interossei dorsales entspringen zweiköpfig an den einander zugewandten Flächen der Ossa metacarpi I bis V. Sie setzen an beiden Seiten der Grundphalanx des Mittelfingers, an der ulnaren Seite des Ringfingers und an der radialen Seite des Zeigefingers an und strahlen mit einem geringen Teil ihrer Ansatzsehnen zusätzlich in die lateralen Trakte der Dorsalaponeurose der Finger ein. Daher beugen sie die Grundgelenke der Finger und strecken ein wenig die Mittel- und Endgelenke.

Beugemuskeln der Fingergelenke:
Für jedes Gelenk gibt es einen hauptsächlich zuständigen Muskel. Im Endgelenk beugt allein der M. flexor digitorum profundus.

- **Grundgelenke:** Mm. interossei palmares und dorsales, schwächer auch Mm. lumbricales
- **Mittelgelenke:** Mm. flexor digitorum superficialis
- **Endgelenke:** M. flexor digitorum profundus

→T 37

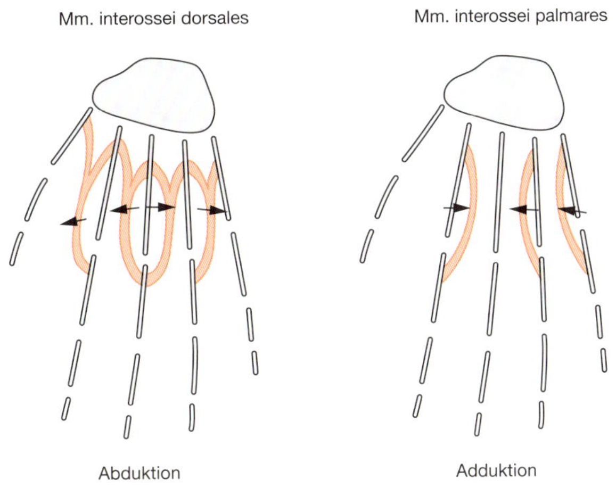

Abb. 3.100 Schema der Lage der Mm. interossei und ihre Wirkung auf Abduktion und Adduktion der Finger. (nach [1])
Aus dem auf → Seite 66 beschriebenen Verlauf ergibt sich, dass die Mm. interossei dorsales die Finger spreizen (abduzieren) und den Mittelfinger nach medial und lateral bewegen können. Die Mm. interossei palmares dienen dagegen der Zusammenführung (Adduktion) der Finger. Ihre Wirkung auf die Beugung und Streckung der Fingergelenke wird aus dem Verlauf der Ansatzsehnen in Bezug zur transversalen Achse der Fingergelenke deutlich und ist auf → Seite 65 und 66 erläutert.

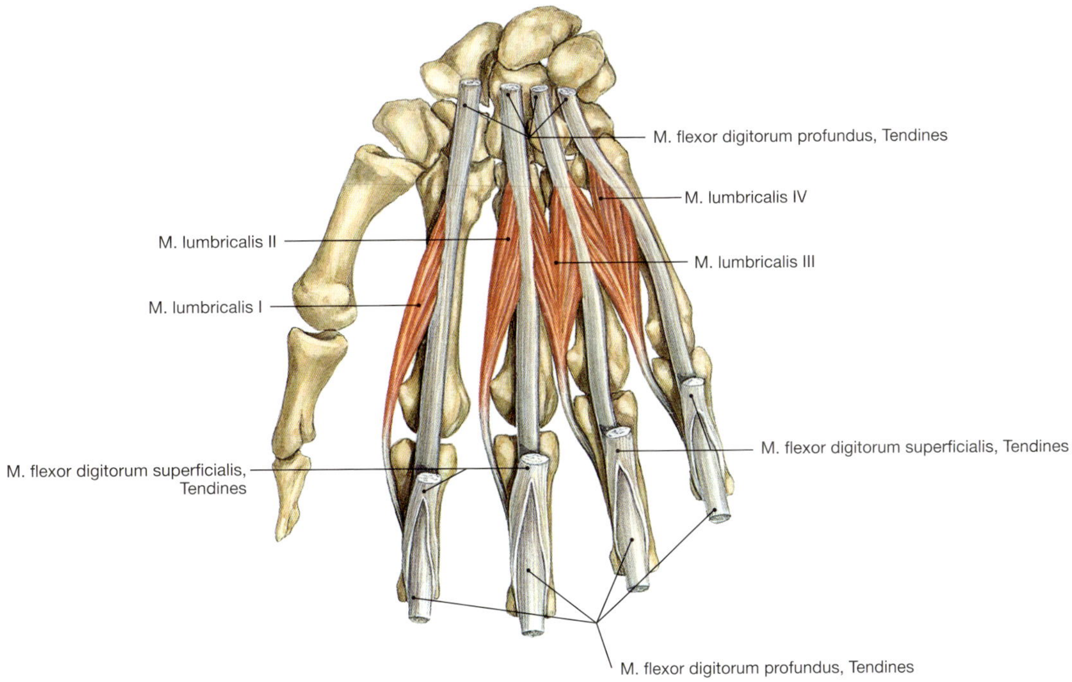

Abb. 3.101 Mm. lumbricales, rechts; Ansicht von palmar.
Die beiden radialen Mm. lumbricales entspringen einköpfig, die beiden ulnaren Muskeln zweiköpfig an den Sehnen des M. flexor digitorum profundus. Alle Muskeln setzen an der radialen Seite der Grundphalanx des zweiter bis fünfter Fingers an und strahlen mit ihren Ansatzsehnen in die lateralen Züge der Dorsalaponeurose der Finger ein. Daher beugen sie ein wenig die Grundgelenke der Finger und strecken die Mittel- und Endgelenke.

→ T 37

Plexus brachialis

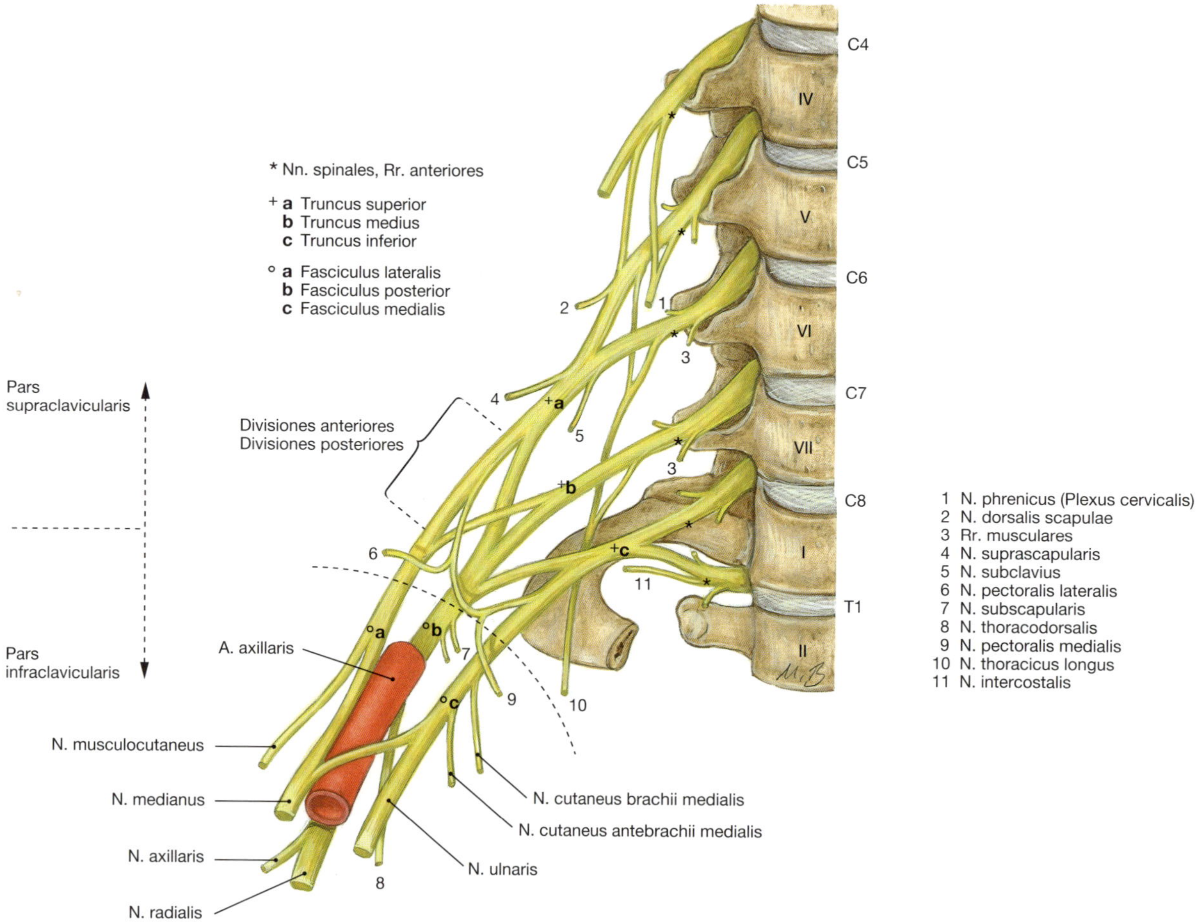

Abb. 3.102 Armgeflecht, Plexus brachialis (C5–T1): segmentaler Aufbau der Nerven, rechts; Ansicht von ventral.

Die obere Extremität wird vom Plexus brachialis innerviert. Dieser wird von den Rr. anteriores der Spinalnerven der unteren zervikalen und oberen thorakalen Rückenmarksegmente (C5–T1) gebildet. Die Rr. anteriores vereinigen sich zunächst zu drei in Etagen angeordneten **Stämmen** (Trunci) und gruppieren sich auf Höhe des Schlüsselbeins zu **Faszikeln** (Fasciculi) um, die nach ihrer Lage in Bezug auf die A. axillaris benannt werden. Der Truncus superior enthält Nervenfasern aus C5 bis C6, der Truncus medius aus C7 und der Truncus inferior aus C8 bis T1. Die dorsalen Anteile (Divisiones posteriores) aller drei Trunci bilden den Fasciculus posterior (Fasern aus C5–T1). Die ventralen Anteile (Divisiones anteriores) von Truncus superior und Truncus medius speisen den Fasciculus lateralis (lateral der A. axillaris, Fasern aus C5–C7), der vordere Teil des Truncus inferior geht in den Fasciculus medialis (medial der A. axillaris, Fasern aus C8–T1) über. Wenn man sich diesen Aufbau des Plexus brachialis vor Augen führt, ist die Zusammensetzung der einzelnen Nerven bis auf wenige Ausnahmen verständlich. Topographisch lässt sich der Plexus brachialis in zwei Teile untergliedern. Zum **supraklavikulären Teil** (Pars supraclavicularis) gehören die Trunci und die aus ihnen oder aus den Rr. anteriores der Spinalnerven (C5–T1) hervorgehenden Nerven. Der **infraklavikuläre Teil** (Pars infraclavicularis) besteht aus den Faszikeln. Aus dem infraklavikulären Teil gehen die Nerven des Arms hervor (→ Abb. 3.103), während der supraklavikuläre Teil für die Innervation der Schulter zuständig ist.

Pars supraclavicularis:

- Muskeläste für Mm. scaleni und M. longus colli (C5–C8)
- N. dorsalis scapulae (C3–C5)
- N. thoracicus longus (C5–C7)
- N. suprascapularis (C4–C6)
- N. subclavius (C5–C6)

→ T 22, 23

Klinik

Schwere Verletzungen von Schulter und Arm (Motorradunfälle, Lageanomalien bei Geburt, falsche Lagerung bei Operationen) können zur Läsion des Plexus brachialis führen. Je nach betroffenem Truncus unterscheidet man:

- **Obere Plexuslähmung (ERB, Wurzeln C5–C6)** mit Parese (Lähmung) der Abduktoren und der Außenrotatoren der Schulter und der Oberarmbeuger sowie des M. supinator. Als Folge kommt es zu einer Adduktion und Innenrotation der Schulter mit gestrecktem Ellenbogengelenk und normaler Handfunktion. Pathomechanismus: Vergrößerung des Abstands zwischen Hals und Schulter.
- **Untere Plexuslähmung (KLUMPKE, Wurzeln C8–T1)** mit Parese der langen Fingerbeuger und der kurzen Handmuskeln, z.T. mit HORNER-Syndrom (Miosis, Ptosis, Enophthalmus) durch Läsion des Halssympathikus bei normaler Schulter- und Ellenbogenfunktion. Pathomechanismus: Vergrößerung des Abstands zwischen Rumpf und Schulter.

Sowohl bei der oberen als auch bei der unteren Läsion kann der Truncus medius (C7) beteiligt sein, was sich durch Lähmung des M. triceps brachii und der Fingerstrecker äußert.
Bei der **kompletten Läsion** ist die Bewegung des gesamten Arms einschließlich der Hand beeinträchtigt.

Armnerven des Plexus brachialis

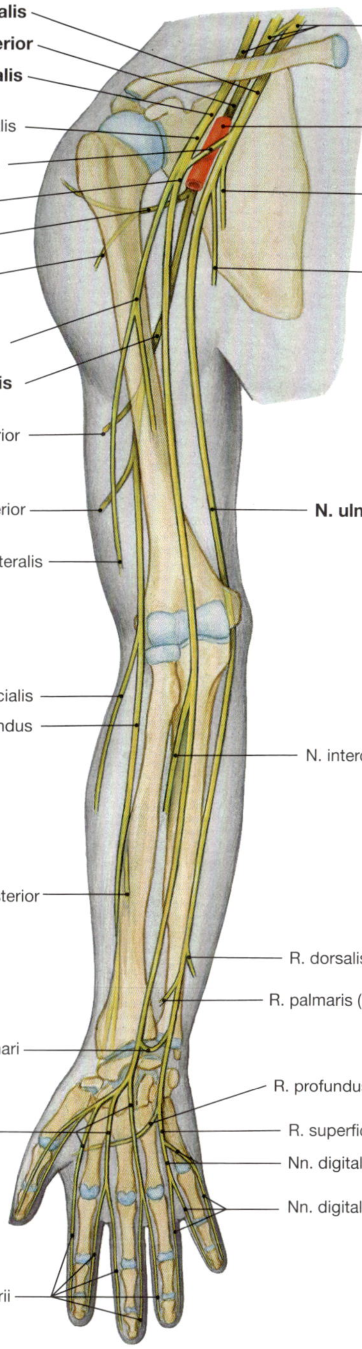

Abb. 3.103 Armgeflecht, Plexus brachialis (C5–T1): Nerven des Arms, rechts; Ansicht von ventral.
Die Nerven des Arms gehen aus dem infraklavikulären Teil des Plexus brachialis hervor. Aus dem Fasciculus posterior treten der N. axillaris und der N. radialis hervor. Aus dem Fasciculus lateralis entspringen der N. musculocutaneus und die laterale Wurzel (Radix lateralis) des N. medianus. Der Fasciculus medialis teilt sich in die mediale Wurzel (Radix medialis) des N. medianus und den N. ulnaris sowie in die sensorischen Nerven der Innenseite des Oberarms (N. cutaneus brachii medialis) und des Unterarms (N. cutaneus antebrachii medialis).

→T 22, 23

Pars infraclavicularis:
Fasciculus posterior (C5–T1):
- N. axillaris (C5–C6)
- N. radialis (C5–T1)
- Nn. subscapulares (C5–C7)
- N. thoracodorsalis (C6–C8)

Fasciculus lateralis (C5–C7):
- N. musculocutaneus (C5–C7)
- N. medianus, Radix lateralis (C6–C7)
- N. pectoralis lateralis (C5–C7)

Fasciculus medialis (C8–T1):
- N. medianus, Radix medialis (C8–T1)
- N. ulnaris (C8–T1)
- N. cutaneus brachii medialis (C8–T1)
- N. cutaneus antebrachii medialis (C8–T1)
- N. pectoralis medialis (C8–T1)

Innervation der Haut

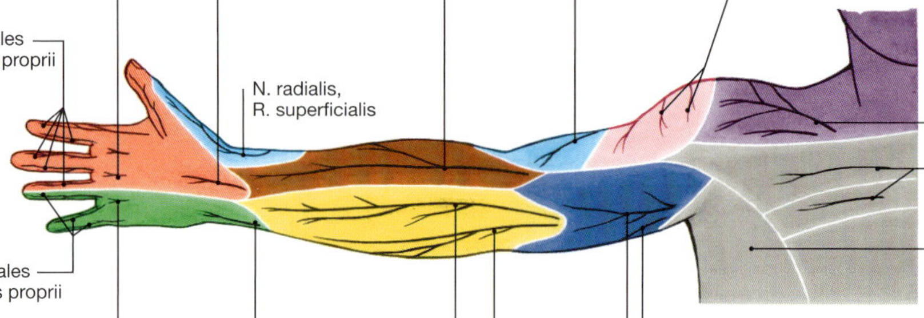

3.104

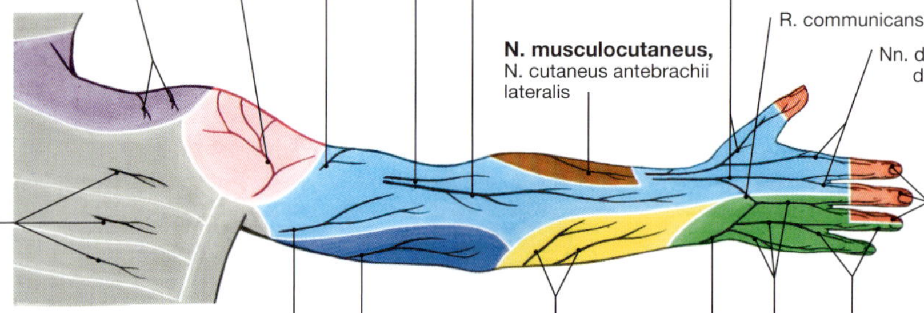

3.105

Abb. 3.104 und Abb. 3.105 Hautnerven der oberen Extremität, rechts; Ansicht von ventral (→ Abb. 3.104) und von dorsal (→ Abb. 3.105).

An der sensorischen Innervation von **Schulter** und **Arm** beteiligen sich **alle Nerven** des infraklavikulären Teils des **Plexus brachialis.** Die Außenseite der Schulter wird vom N. axillaris innerviert. Außen- und Rückseite des Oberarms, die Rückseite des Unterarms und die Rückseite der radialen 2½ Finger sind Innervationsgebiet des N. radialis. Der N. musculocutaneus versorgt die Außenseite des Unterarms. N. cutaneus brachii medialis und N. cutaneus antebrachii medialis innervieren die Innenseite des Arms. Der N. medianus (Palmarseite der radialen 3½ Finger) und der N. ulnaris (Palmarseite der ulnaren 1½ Finger und Dorsalseite der ulnaren 2½ Finger) versorgen die Hand.

→T 23

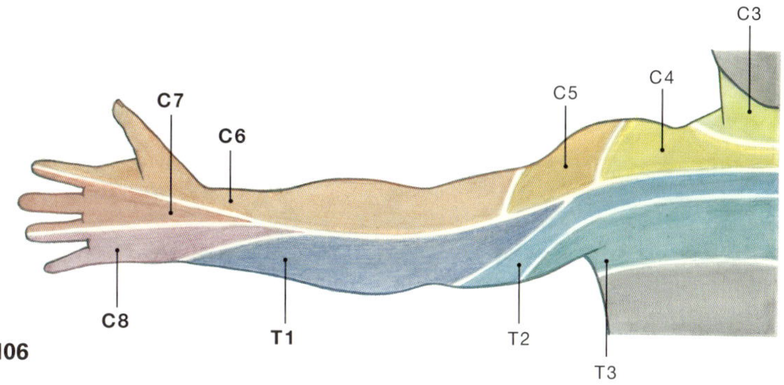

3.106

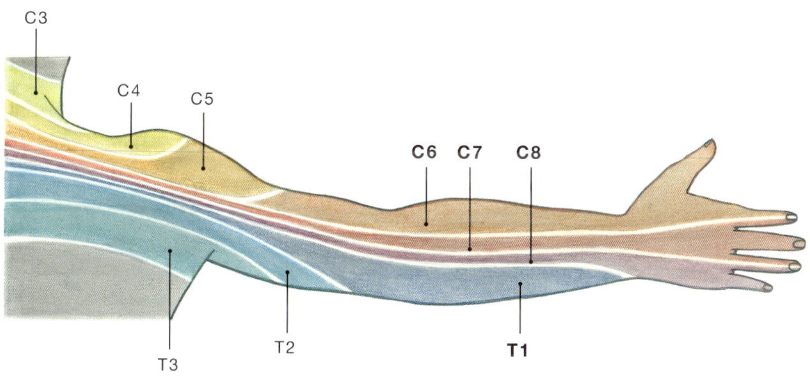

3.107

Abb. 3.106 und Abb. 3.107 Segmentale Hautinnervation (Dermatome) der oberen Extremität, rechts; Ansicht von ventral (→ Abb. 3.106) und von dorsal (→ Abb. 3.107).
Bestimmte Hautgebiete werden von einem einzelnen Rückenmarksegment sensorisch innerviert. Diese Hautwurzelfelder werden als **Dermatome** bezeichnet. Da die einzelnen Hautnerven des Arms Nervenfasern aus mehreren Rückenmarksegmenten enthalten, stimmen die Grenzen der Dermatome nicht genau mit den Versorgungsgebieten der Hautnerven überein (→ S. 70). Im Unterschied zum Rumpf, an dem die Dermatome gürtelförmig angeordnet sind, verlaufen sie am Arm weitgehend **entlang der Längsachse** (s. Entwicklung, → Abb. 3.7).

→ T 23

Klinik

Der Verlauf der Dermatomgrenzen ist bei der Diagnostik von **Bandscheibenvorfällen** und von Engstellen **(Stenosen) von Wirbelkanal** und Austrittsöffnungen der Spinalnerven von großer Bedeutung: Während das Segment C6 den radialen Unterarm und den Daumen innerviert, versorgt C7 den Mittelfinger und die angrenzenden Hälften von Ring- und Zeigefinger. Der Kleinfinger wird durch das Segment C8, die Ulnarseite des Unterams von T1 sensorisch innerviert.

Schulternerven aus der Pars supraclavicularis des Plexus brachialis

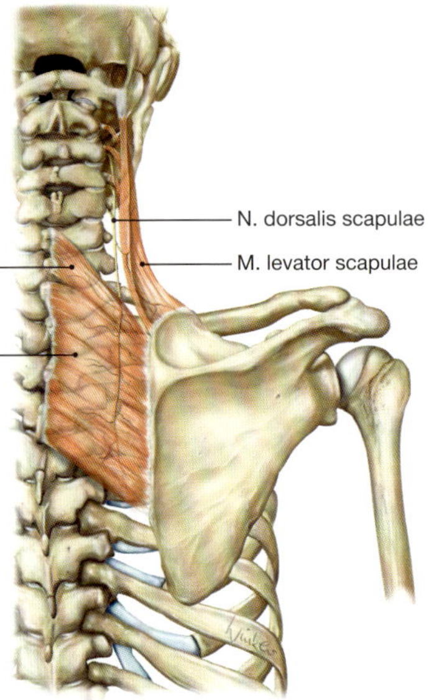

Abb. 3.108 N. dorsalis scapulae (C3–C5), rechts; Ansicht von dorsal.
Der N. dorsalis scapulae innerviert die Mm. rhomboidei und den M. levator scapulae, die beide die Scapula am Rumpf fixieren und nach medial oben ziehen. Er tritt am weitesten kranial aus dem Plexus brachialis aus, durchbohrt den M. scalenus medius und zieht am Unterrand des M. levator scapulae (Leitmuskel!) nach dorsal.

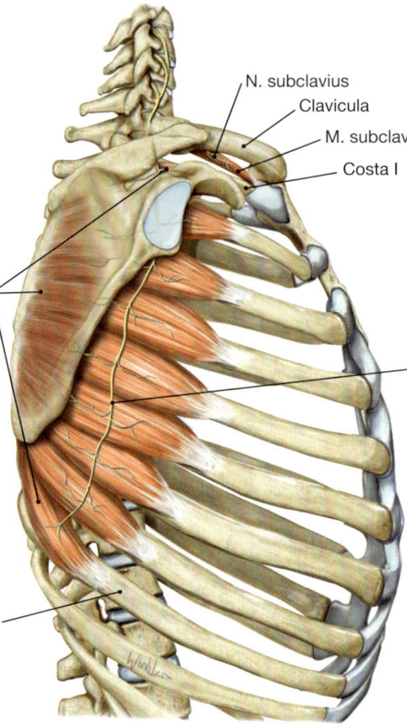

Abb. 3.109 N. thoracicus longus (C5–C7) und N. subclavius (C5–C6), rechts; Ansicht von lateral rechts.
Der N. thoracicus longus innerviert den M. serratus anterior, der für die Elevation des Arms notwendig ist. Dieser Nerv durchbohrt den M. scalenus medius und zieht dann unter Plexus brachialis und Clavicula zur Außenseite des Thorax, wo er auf dem M. serratus anterior absteigt.
Der N. subclavius innerviert den gleichnamigen Muskel, der aktiv das Sternoklavikulargelenk stabilisiert. Er lagert sich dem M. subclavius an und gibt oft einen Ast zum N. phrenicus ab („Nebenphrenikus").
Die Schulternerven entspringen sowohl der Pars supraclavicularis (→ Abb. 3.108 bis 3.110) als auch der Pars infraclavicularis (→ Abb. 3.111 bis 3.113) des Plexus brachialis.

Schulternerven aus der Pars supraclavicularis:
- N. dorsalis scapulae (C3–C5)
- N. thoracicus longus (C5–C7)
- N. suprascapularis (C4–C6)
- N. subclavius (C5–C6)

→ T 22, 23

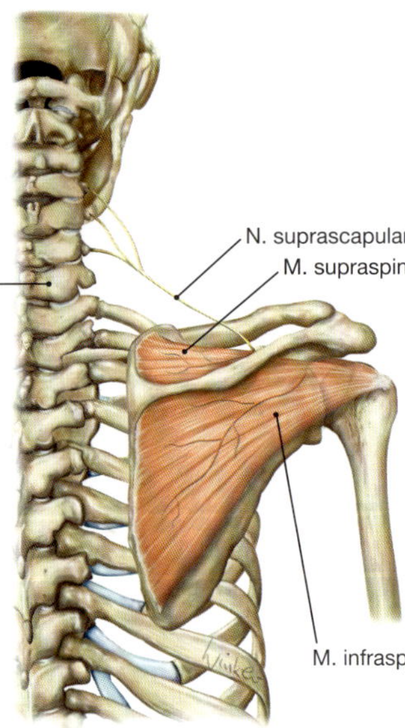

Abb. 3.110 N. suprascapularis (C4–C6), rechts; Ansicht von dorsal.
Der N. suprascapularis innerviert den M. supraspinatus (unterstützt die Abduktion) und den M. infraspinatus (wichtigster Außenrotator der Schulter!). Der N. suprascapularis entspringt dem Truncus superior und zieht entlang der Clavicula nach dorsal. Er tritt unter dem Lig. transversum scapulae superius durch die Incisura scapulae auf die Dorsalseite des Schulterblatts.

Klinik

Läsionen der Schulternerven aus der Pars supraclavicularis:
- **N. dorsalis scapulae:** Scapula nach lateral verschoben und leicht vom Thorax abstehend. Eine isolierte Schädigung ist wegen der geschützten Lage selten.
- **N. thoracicus longus:** Elevation unmöglich! Medialer Rand der Scapula steht flügelartig vom Rumpf ab **(Scapula alata).** Diese Läsion ist bei Tragen von schweren Lasten auf dem Rücken („Rucksack-Läsion") relativ häufig, da dabei der Nerv unter der Clavicula eingeklemmt werden kann.
- **N. suprascapularis:** Beeinträchtigung der Außenrotation (M. infraspinatus ist wichtigster Muskel) und – schwächer – auch der Abduktion (M. supraspinatus). Neben Verletzungen im Bereich der seitlichen Halsregion sind auch Einklemmungen in der Incisura scapulae möglich.
- Die isolierte Läsion des N. subclavius kommt nahezu nicht vor und hat keine eindeutigen klinischen Symptome.

Schulternerven aus der Pars infraclavicularis des Plexus brachialis

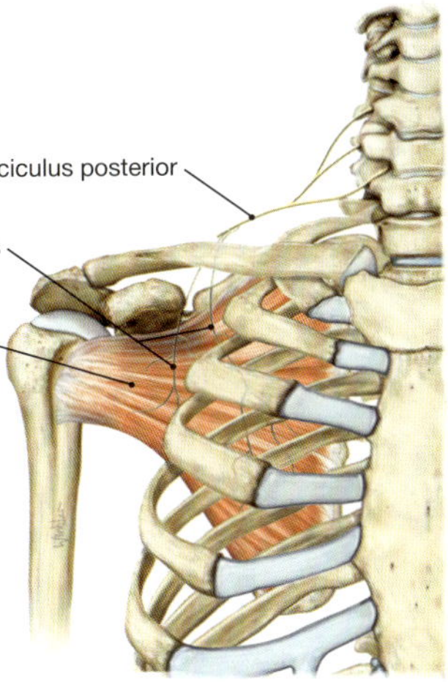

Abb. 3.111 Nn. subscapulares (C5–C7), rechts; Ansicht von ventral.
Diese beiden Nerven innervieren den M. subscapularis (wichtigster Innenrotator im Schultergelenk!). Da die Nn. subscapulares direkt aus dem hinteren Faszikel zur Vorderseite der Scapula absteigen, sind sie sehr gut geschützt.

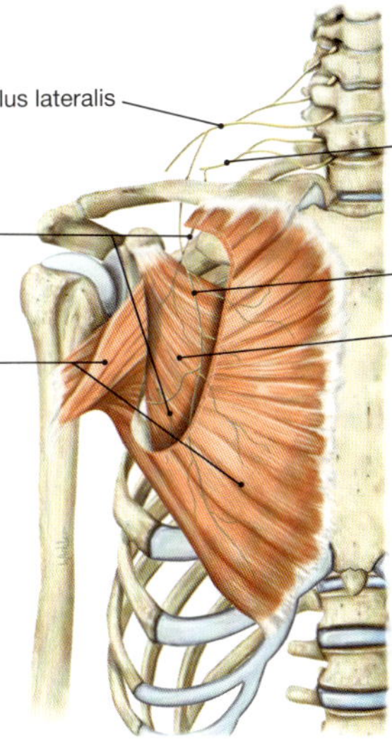

Abb. 3.112 Nn. pectorales lateralis (C5–C7) und medialis (C8–T1), rechts; Ansicht von ventral.
Die Bezeichnung ist abgeleitet von dem Ursprung aus dem jeweiligen Faszikel, nicht von der Lage (der N. pectoralis medialis liegt meist lateral!). Beide Nerven innervieren die Mm. pectorales major und minor. Der M. pectoralis major ist der wichtigste Adduktor und antevertierende Muskel des Schultergelenks.

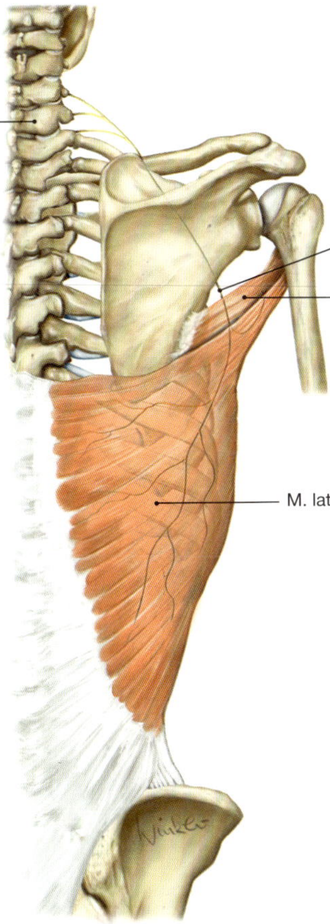

Abb. 3.113 N. thoracodorsalis (C6–C8), rechts; Ansicht von dorsal.
Der Nerv zieht zusammen mit der gleichnamigen Arterie zur Innenseite des M. latissimus dorsi, den er neben dem M. teres major innerviert.
Die Schulternerven entspringen sowohl der Pars supraclavicularis (→ Abb. 3.108 bis 3.110) als auch der Pars infraclavicularis (→ Abb. 3.111 bis 3.113) des Plexus brachialis.

Schulternerven aus der Pars infraclavicularis:

- Nn. subscapulares (C5–C7) aus Fasciculus posterior
- N. thoracodorsalis (C6–C8) aus Fasciculus posterior
- N. pectoralis lateralis (C5–C7) aus Fasciculus lateralis
- N. pectoralis medialis (C8–T1) aus Fasciculus medialis

→ T 22, 23

Klinik

Läsionen der Schulternerven aus der Pars infraclavicularis: Allgemein gilt, dass isolierte Verletzungen einzelner infraklavikulärer Schulternerven aufgrund ihrer geschützten Lage selten sind.

- **Nn. subscapulares:** Innenrotationsschwäche
- **N. thoracodorsalis:** Gestörte Adduktion des retrovertierten Arms. Arme können nicht **hinter** dem Rücken überkreuzt werden. Die hintere Achselfalte ist eingefallen. Die Symptome sind in Anbetracht der Größe des M. latissimus dorsi meist gering!
- **Nn. pectorales:** Beeinträchtigung der Adduktion und Anteversion. Die Arme können nicht **vor** dem Rumpf überkreuzt werden. Die vordere Achselfalte ist eingefallen.

N. axillaris

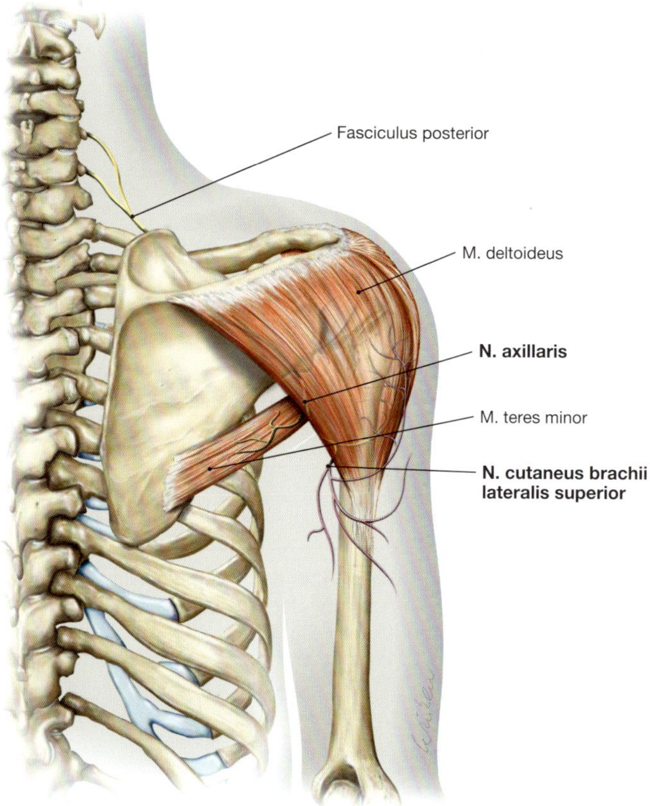

Abb. 3.114 Verlauf und Versorgungsgebiet des N. axillaris (C5–C6), rechts; Ansicht von dorsal.
Der N. axillaris entspringt dem Fasciculus posterior, tritt gemeinsam mit der A. circumflexa humeri posterior **durch die laterale Achsellücke** und gelangt um das Collum chirurgicum des Humerus auf die Dorsalseite des Arms. Hier innerviert er den M. deltoideus (wichtigster Abduktor im Schultergelenk!) und den M. teres minor. Sein sensorischer Endast (N. cutaneus brachii lateralis superior [violett]) tritt hinten am Unterrand des M. deltoideus hervor und versorgt die Außenseite der Schulter.

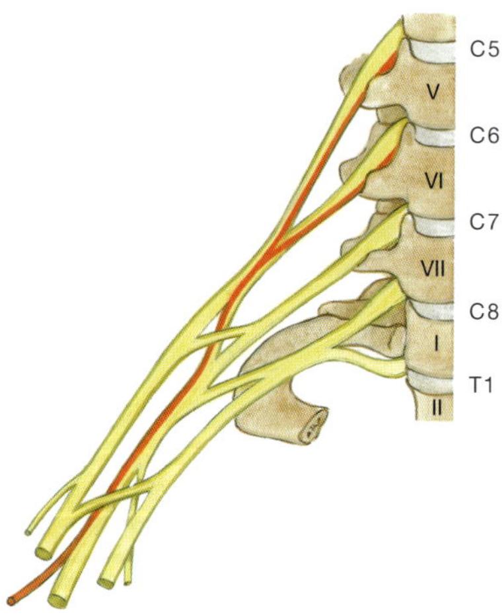

Abb. 3.115 Segmentaler Aufbau des N. axillaris, rechts; Ansicht von ventral.

→T 22, 23

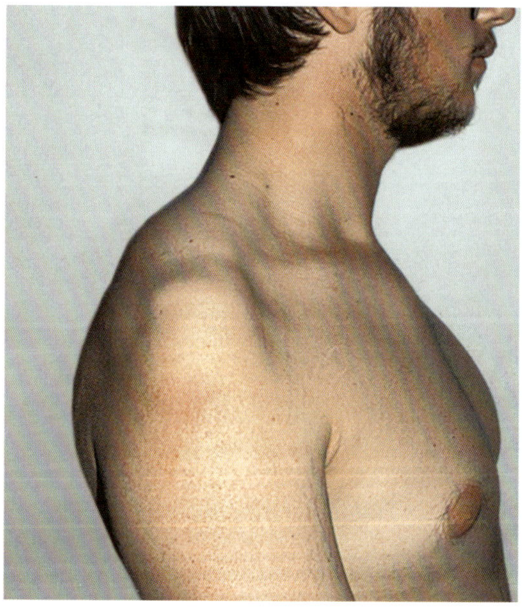

Abb. 3.116 Läsion des N. axillaris: Lähmung und Atrophie des M. deltoideus.

Klinik

Läsion des N. axillaris: Der N. axillaris kann bei proximalen Humerusfrakturen und Schulterluxationen verletzt werden. Die Abduktion des Arms ist stark beeinträchtigt und die Sensorik an der Außenseite der Schulter aufgehoben. Bei länger andauernder Schädigung atrophiert der Muskel, so dass die Rundung der Schulter aufgehoben ist (→ Abb. 3.116).

N. musculocutaneus

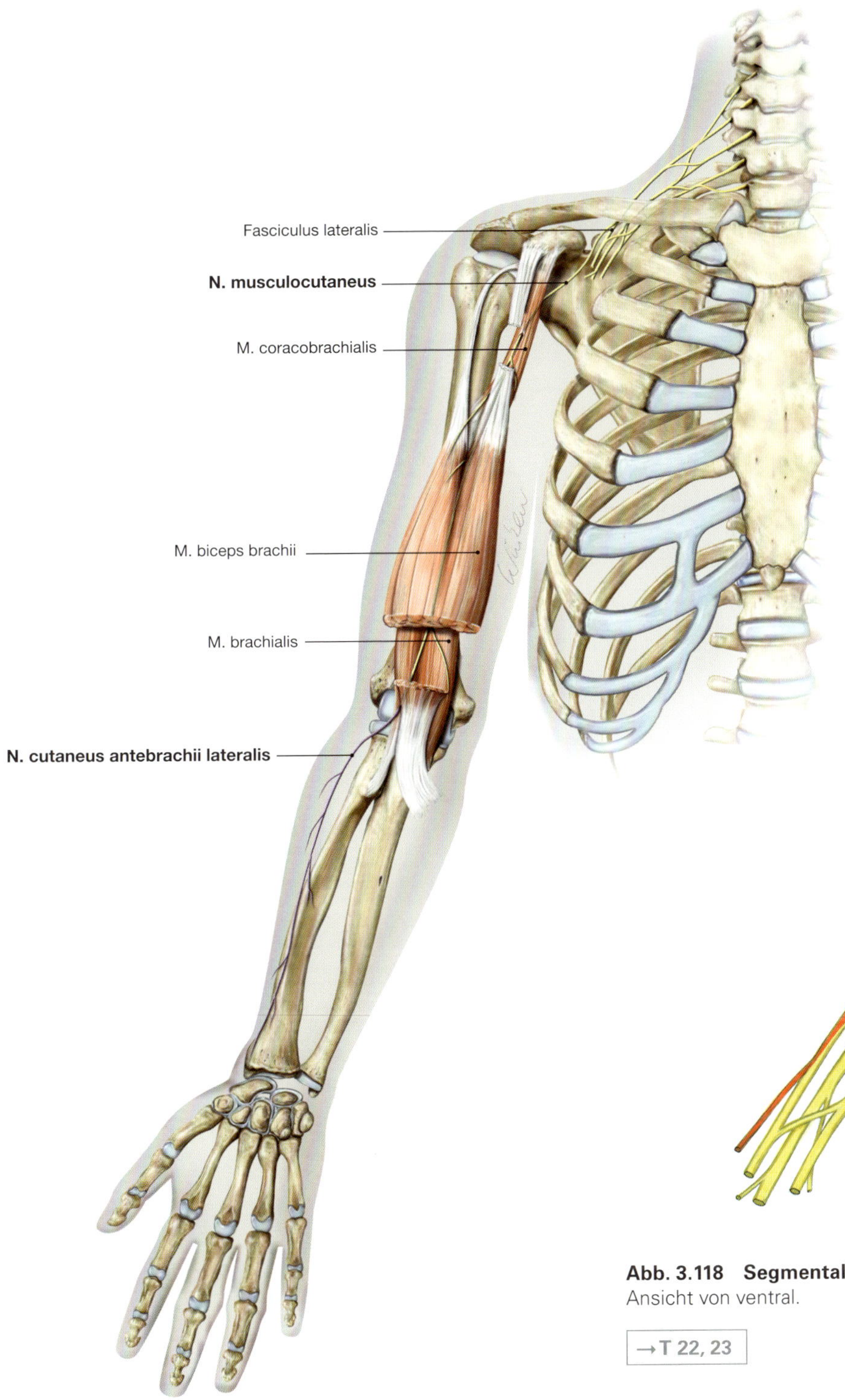

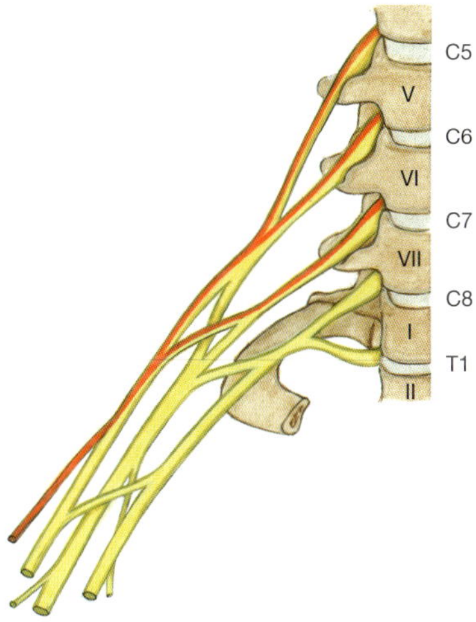

Abb. 3.118 Segmentaler Aufbau des N. musculocutaneus, rechts; Ansicht von ventral.

→T 22, 23

Abb. 3.117 Verlauf und Versorgungsgebiet des N. musculocutaneus (C5–C7), rechts; Ansicht von ventral.
Der N. musculocutaneus geht aus dem Fasciculus lateralis hervor. Er **durchbohrt den M. coracobrachialis,** verläuft zwischen M. biceps brachii und dem M. brachialis nach distal, tritt mit seinem sensorischen Endast (N. cutaneus antebrachii lateralis [violett]) zwischen diesen beiden Muskeln aus und gelangt von lateral in die Ellenbeuge. Er innerviert die drei ventralen Muskeln des Oberarms motorisch und den radialen Unterarm sensorisch.
Da der N. musculocutaneus den M. coracobrachialis durchbohrt, erleichtert das Auffinden des N. musculocutaneus die Orientierung bei der Präparation des Plexus brachialis (→ Abb. 3.148 und 3.149).

Klinik

Läsion des N. musculocutaneus: Der N. musculocutaneus ist bei Schulterluxationen gefährdet. Bei seiner Schädigung ist die Beugung im Ellenbogen deutlich eingeschränkt, bleibt aber schwach erhalten, weil auch die radiale Gruppe der Unterarmstrecker (innerviert durch N. radialis) und die oberflächlichen Beuger des Unterarms (innerviert durch N. medianus) beugende Funktion im Ellenbogengelenk haben. Die Supination bei gebeugtem Arm und der Bizepsreflex sind aufgrund der Lähmung des M. biceps brachii abgeschwächt. Das sensorische Defizit am radialen Unterarm kann gering ausgeprägt sein, da Überschneidungen mit dem Innervationsgebiet der medialen und der dorsalen sensorischen Nerven vorkommen.

N. radialis

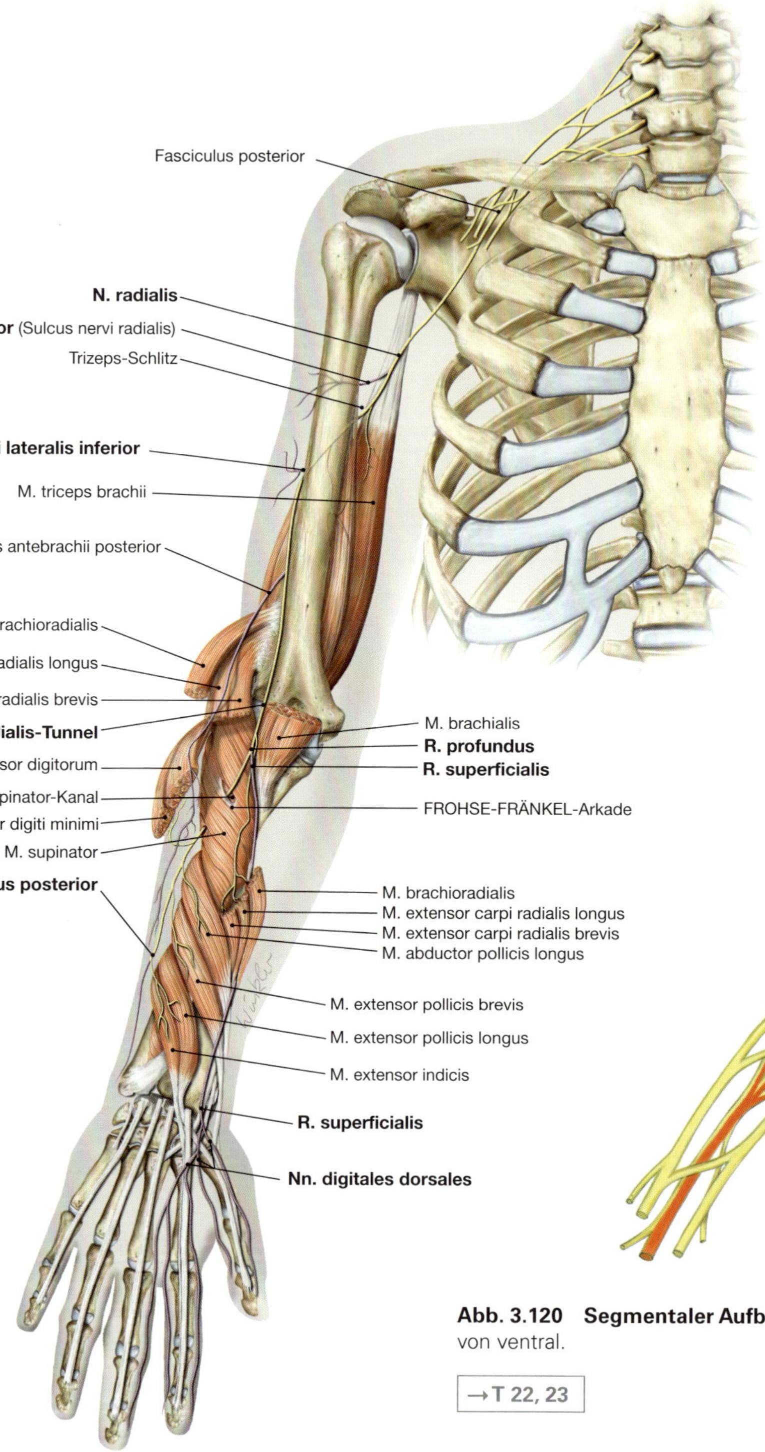

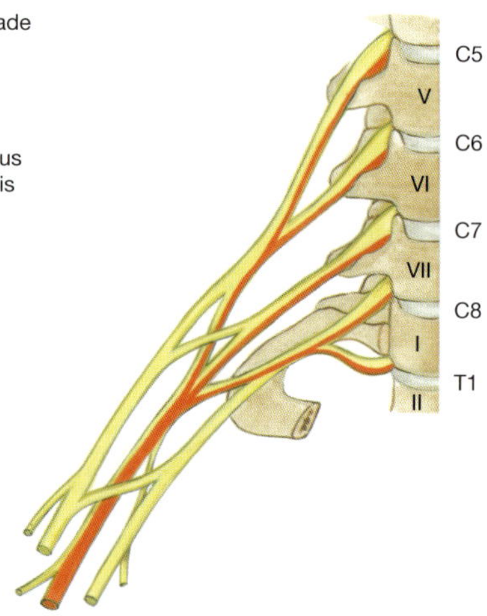

Abb. 3.120 Segmentaler Aufbau des N. radialis, rechts; Ansicht von ventral.

→T 22, 23

Abb. 3.119 Verlauf und Versorgungsgebiet des N. radialis (C5–T1), rechts; Ansicht von dorsal. Die sensorischen Hautäste sind violett gefärbt.

Der N. radialis entspringt dem Fasciculus posterior und gelangt durch den **„Trizeps-Schlitz"** (→ Abb. 3.77) zwischen Caput longum und Caput laterale des M. triceps brachii auf die Dorsalseite des Humerus, um den er sich im Sulcus nervi radialis windet. **Vor** dem Sulcus gibt er die motorischen Äste für den M. triceps brachii und den sensorischen Ast für die Rückseite des Oberarms ab. Der sensorische Ast für die Rückseite des Unterarms geht dagegen im Sulcus nervi radialis ab. Der N. radialis tritt dann von lateral zwischen M. brachioradialis und M. brachialis **(Radialis-Tunnel)** in die Ellenbeuge ein, wo er sich in R. superficialis und R. profundus teilt. Vor der Teilung entsendet er Muskeläste zum M. brachioradialis und zu den Mm. extensores carpi radialis longus et brevis.

Der **R. superficialis** läuft zunächst zusammen mit der A. radialis unter dem M. brachioradialis, wechselt jedoch distal auf die Dorsalseite der Hand, wo er den ersten Zwischenfingerraum (Spatium interosseum) zwischen Daumen und Zeigefinger (Autonomiegebiet!) und die Rückseite der radialen 2½ Finger sensorisch versorgt.

Der **R. profundus** dagegen durchbohrt unterhalb der Ellenbeuge den M. supinator **(Supinator-Kanal)** und gelangt auf die Dorsalseite des Unterarms, wo er Muskeläste für alle Strecker des Unterarms abgibt. Beim Eintritt in den Supinator-Kanal bildet der Muskel einen scharfkantigen Sehnenbogen **(FROHSE-FRÄNKEL-Arkade).** Der Endast ist der N. interosseus antebrachii posterior, der sensorisch die Handgelenke von dorsal innerviert.

Sensorisches Autonomiegebiet: erster Zwischenfingerraum

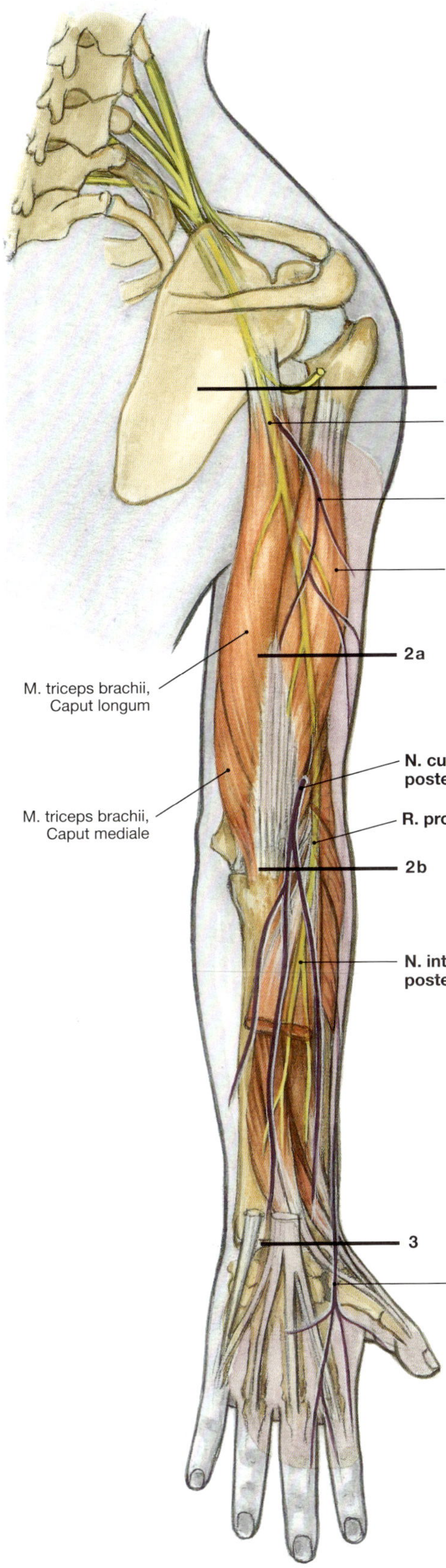

Abb. 3.121 Läsionsorte des N. radialis (C5–T1); rechts; Ansicht von dorsal (durch Balken markiert). Die sensorisch innervierten Hautareale sind hervorgehoben (violette Schattierung).
Sensorisches Autonomiegebiet: 1. Zwischenfingerraum
1 **Proximale Läsion** im Bereich der **Achselhöhle**
2 **Mittlere Läsion** im Bereich von **Humerusschaft (a)** oder **Ellenbeuge (b)**
3 **Distale Läsion** im Bereich der **Handgelenke**

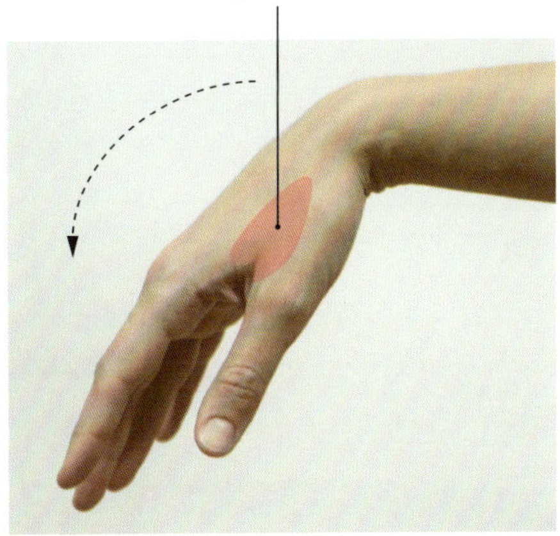

Abb. 3.122 Proximale Läsion des N. radialis: „Fallhand" mit sensorischen Störungen im ersten Zwischenfingerraum.

Klinik

Läsionen des N. radialis: Man unterscheidet drei Läsionen:

- **Proximale Läsion** im Bereich der **Achselhöhle:** Früher häufig durch Krücken entstanden, heute eher durch falsche Lagerung im OP. Nur bei proximaler Läsion findet sich (zusätzlich zu den Symptomen bei Schädigung im Bereich des Humerusschafts) ein Ausfall des M. triceps mit Abschwächung der Ellenbogenstreckung und des Trizeps-Reflexes sowie Ausfall der Sensorik an der Rückseite des Oberarms, da diese Nervenfasern bereits vor Eintritt in den Sulcus nervi radialis abgehen.
- **Mittlere Läsion** im Bereich von **Humerusschaft oder Ellenbeuge:** Ursachen sind eine Humerusschaftfraktur oder eine Quetschung („Parkbank-Läsion") gegen den Humerus. Im Bereich der Ellenbeuge können Radius-Luxationen oder hohe Frakturen ebenso ursächlich sein wie Druck durch die FROHSE-FRÄNKEL-Arkade. Bei Läsion im Bereich des **Humerusschafts** (→ Abb. 3.121, 2a) kommt es durch Ausfall aller Unterarmstrecker einschließlich der radialen Gruppe zur **„Fallhand"** (→ Abb. 3.122) und zum Ausfall der Finger- und Daumenstreckung sowie der Supination bei gestrecktem Arm. Zusätzlich tritt ein sensorisches Defizit an der Rückseite des Unterams, im ersten Zwischenfingerraum (Autonomiegebiet) und an der Rückseite der radialen 2½ Finger auf. Wird nur der **R. profundus** beim Durchtritt durch den M. supinator eingeklemmt (→ Abb. 3.121, 2b), kommt es nicht zu sensorischen Ausfällen, die fehlende Innervation der Handgelenke ist vernachlässigbar. Eine **„Fallhand"** tritt **nicht** auf, da nur die Fingerstrecker ausfallen, während die Mm. extensores carpi radiales als Anteile der weiterhin intakten radialen Muskelgruppe für eine Stabilisierung des Handgelenks ausreichen. Aufgrund der aktiven Insuffizienz der Beuger, die nicht durch Streckung der Handgelenke ausgeglichen werden kann, ist **kein kräftiger Faustschluss** möglich.
- **Distale Läsion** des **R. superficialis** im Bereich der **Handgelenke** durch eine distale Radiusfraktur (häufigste Fraktur des Menschen): Hier besteht nur ein sensorisches Defizit im ersten Zwischenfingerraum und an der Rückseite der radialen 2½ Finger. Motorische Ausfälle fehlen!

N. medianus

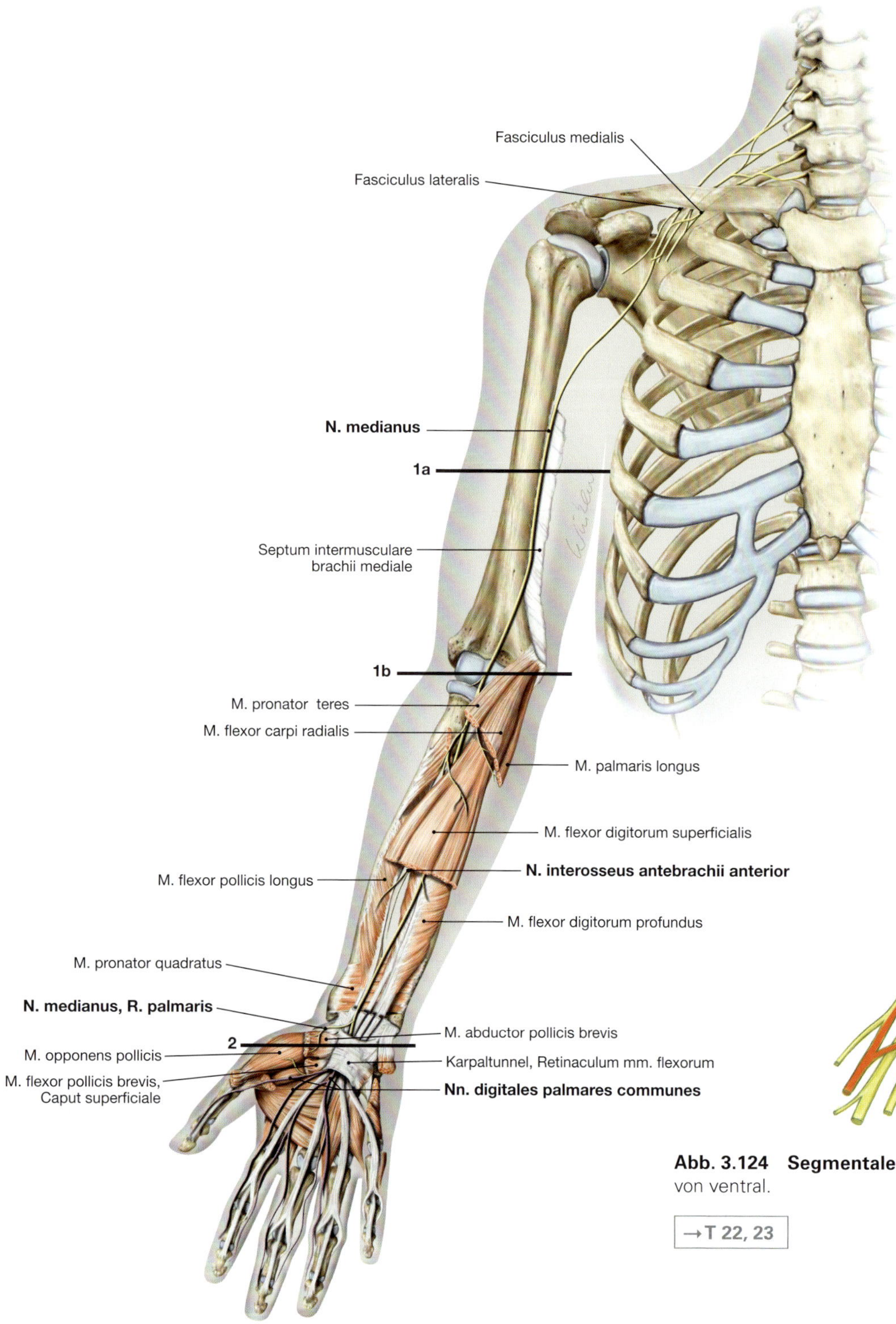

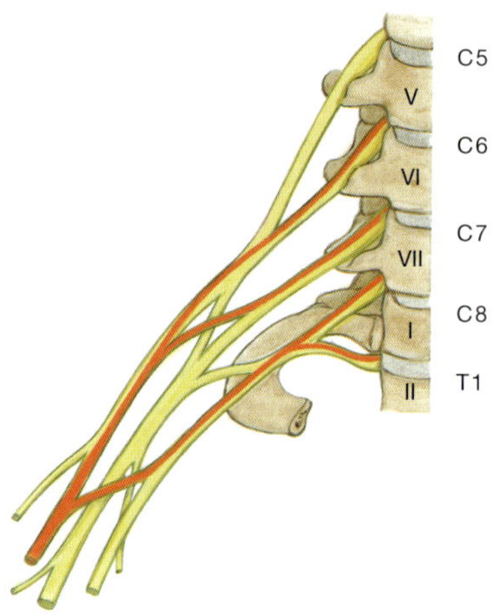

Abb. 3.124 Segmentaler Aufbau des N. medianus, rechts; Ansicht von ventral.

→T 22, 23

Abb. 3.123 Verlauf, Versorgungsgebiet und Läsionsorte des N. medianus (C6–T1), rechts; Ansicht von ventral. Die sensorischen Hautäste sind violett gefärbt.

Der N. medianus setzt sich aus einer lateralen und einer medialen Wurzel zusammen, die aus den jeweiligen Faszikeln hervorgehen. Er verläuft zunächst am medialen Oberarm im Sulcus bicipitalis medialis. Er gibt am Oberarm keine Äste ab, tritt von medial in die Ellenbeuge ein und zieht **zwischen den beiden Köpfen des M. pronator teres** hindurch in den Verschieberaum zwischen den oberflächlichen und tiefen Beugern des Unterarms. Hier innerviert er alle Beugemuskeln, abgesehen vom M. flexor carpi ulnaris und vom ulnaren Teil des M. flexor digitorum profundus, wobei die tiefen Muskeln durch den N. interosseus antebrachii anterior versorgt werden. Dieser Nerv innerviert zusätzlich sensorisch die Handgelenke von palmar. Der N. medianus tritt dann zwischen den Sehnen der Fingerbeuger **durch den Karpaltunnel** (Canalis carpi) in die Hohlhand ein, wo er sich in drei Nn. digitales palmares communes aufzweigt. Diese geben Muskeläste für die Daumenmuskulatur (abgesehen vom M. adductor pollicis und dem Caput profundum des M. flexor policis brevis) und die beiden radialen Mm. lumbricales ab und teilen sich in die sensorischen Endäste für die jeweilige Palmarseite der radialen 3½ Finger, die auch die Dorsalseite der Endglieder mitversorgen.

Sensorisches Autonomiegebiet: Endglieder von Zeige- und Mittelfinger

Häufige Läsionsorte (durch Balken markiert):

1 **Proximale Läsion** im Bereich des **Sulcus bicipitalis medialis (a)** oder der **Ellenbeuge (b)**

2 **Distale Läsion** im Bereich der **Handgelenke** und des **Karpaltunnels**

N. medianus

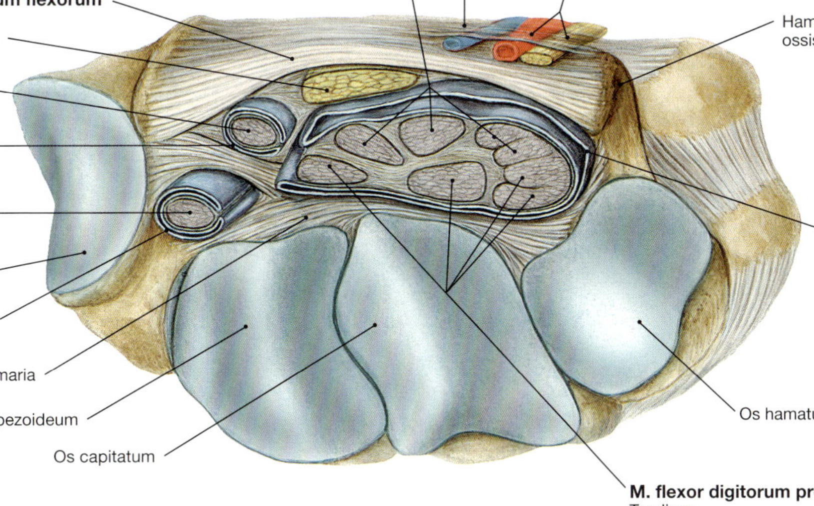

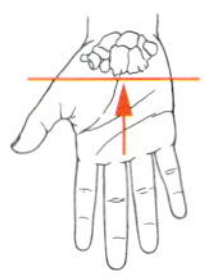

Abb. 3.125 Karpaltunnel, Canalis carpi, rechts; Ansicht von distal; Transversalschnitt auf Höhe der Karpometarkarpalgelenke.
Das Retinaculum musculorum flexorum bildet mit den Handwurzelknochen den Karpaltunnel, durch den der N. medianus zusammen mit den Sehnen der langen Fingerbeuger zieht (→ Abb. 3.164). Sehnenscheidenentzündungen oder Schwellungen im Bereich des Karpaltunnels können zu einer Kompression des N. medianus führen. Eine Funktionsstörung des N. medianus durch Kompression im Canalis carpi wird als **Karpaltunnel-Syndrom** bezeichnet.

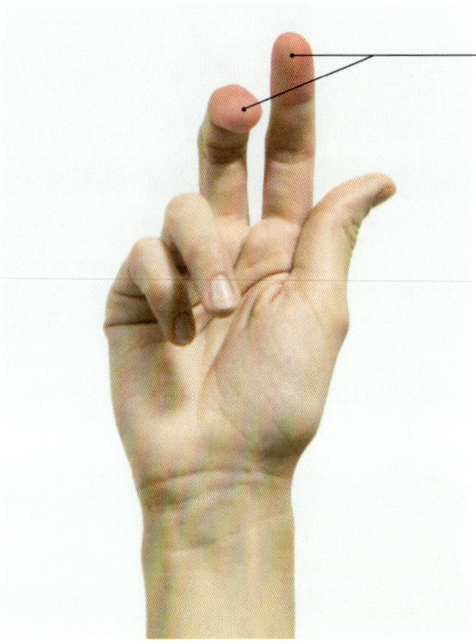

Abb. 3.126 Proximale Läsion des N. medianus: „Schwurhand" mit sensorischer Störung an den Endgliedern des Zeige- und Mittelfingers.

Klinik

Läsionen des N. medianus:
Man unterscheidet proximale und distale Läsionen:

- **Proximale Läsion** im Bereich des Sulcus bicipitalis medialis (→ Abb. 3.123, 1a; z. B. bei Schnittverletzungen) oder im Bereich der Ellenbeuge (→ Abb. 3.123, 1b): Im Bereich der Ellenbeuge kann der N. medianus durch distale Humerusfrakturen, bei falscher Blutentnahme bzw. intravenöser Injektion oder bei seinem Durchtritt zwischen den Köpfen des M. pronator teres (Pronator-teres-Syndrom) eingeklemmt werden. Nur bei der proximalen Läsion kommt es zur „**Schwurhand"**-Stellung, bei der Daumen, Zeige- und Mittelfinger nicht mehr in den Mittel- und Endgelenken gebeugt werden können (→ Abb. 3.126). Ursache ist die fehlende Innervation des oberflächlichen Fingerbeugers sowie des radialen Anteils des tiefen Fingerbeugers. Die übrigen Symptome gleichen denen bei der distalen Läsion.
- **Distale Läsion** im Bereich der **Handgelenke** (z. B. bei „Aufschneiden der Pulsadern" in suizidaler Absicht) oder durch Kompression des N. medianus im Karpaltunnel **(Karpaltunnel-Syndrom):** Hier kommt es nicht zu einer Schwurhand, weil die motorischen Äste für die Fingerbeuger bereits am Unterarm abgehen! Dagegen besteht eine **Affenhand,** da der Daumenballen atrophiert und der Daumen durch überwiegende Wirkung des M. adductor pollicis (vom N. ulnaris innerviert) in Adduktionsstellung steht. Die **Daumen-Kleinfinger-Probe** ist **negativ,** weil der Daumen durch Ausfall des M. opponens pollicis nicht opponiert werden kann und sich die Endglieder von Daumen und Zeigefinger daher nicht berühren können. Das **Flaschenzeichen** wird hervorgerufen, weil aufgrund mangelnder Abduktionsfähigkeit des Daumens (M. abductor pollicis brevis) ein Gegenstand nicht völlig umschlossen werden kann. **Sensorische Ausfälle** kommen auf der Palmarseite der 3½ Finger vor. Typischerweise treten nächtliche Schmerzen auf, die nach proximal ausstrahlen.

N. ulnaris

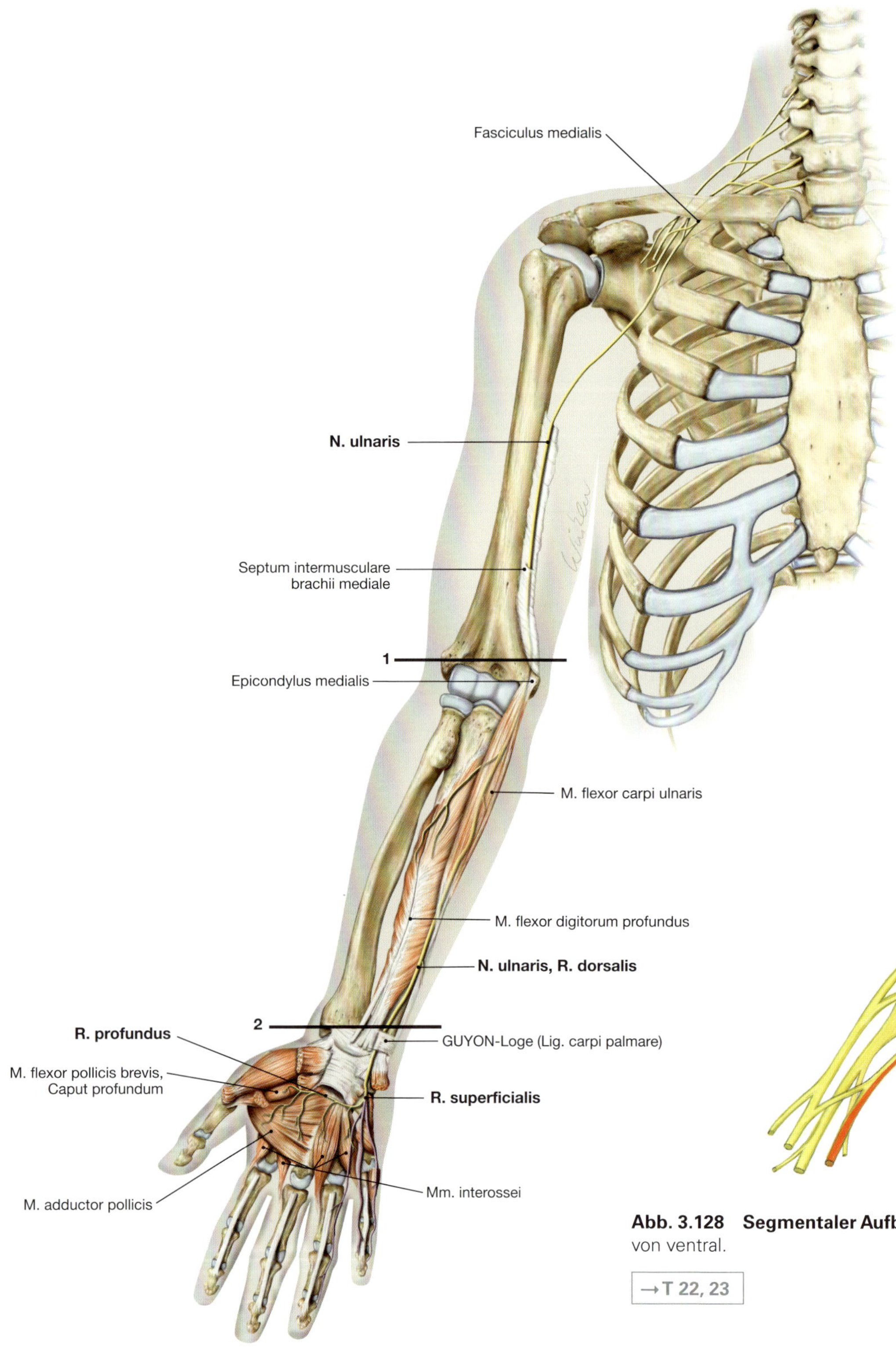

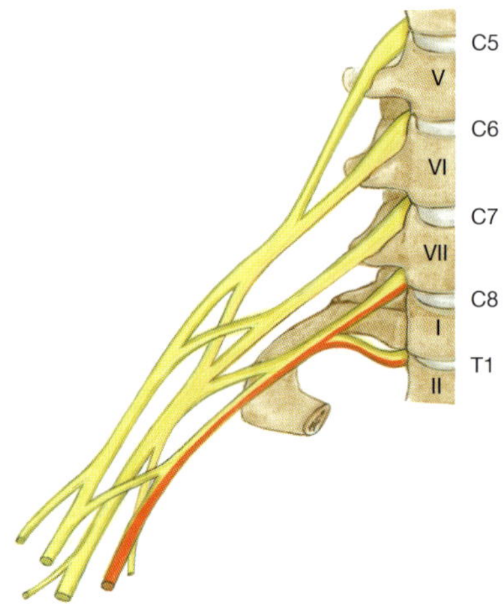

Abb. 3.128 Segmentaler Aufbau des N. ulnaris, rechts; Ansicht von ventral.

→ T 22, 23

Abb. 3.127 Verlauf, Versorgungsgebiet und Läsionsorte des N. ulnaris (C8–T1), rechts; Ansicht von ventral. Die sensorischen Hautäste sind violett gefärbt.

Der N. ulnaris entspringt dem Fasciculus medialis und verläuft am medialen Oberarm im Sulcus bicipitalis medialis, durchsetzt das Septum intermusculare brachii mediale und gelangt auf die Dorsalseite des Epicondylus medialis, wo er im **Sulcus nervi ulnaris („Musikantenknochen")** unmittelbar dem Knochen aufliegt. Er gibt am Oberarm keine Äste ab. Am Unterarm zieht der N. ulnaris mit der A. ulnaris unter dem M. flexor carpi ulnaris zum Handgelenk, wo er durch die **GUYON-Loge** in die Hohlhand eintritt. Der R. dorsalis gelangt auf die Rückseite der Hand und versorgt die ulnaren 2½ Finger sensorisch. Motorisch innerviert der N. ulnaris am Unterarm den M. flexor carpi ulnaris und den ulnaren Teil des M. flexor digitorum profundus. In der Hohlhand zweigt der motorische R. profundus ab, der dem arteriellen tiefen Hohlhandbogen folgt und neben der Kleinfingermuskulatur alle Mm. interossei, die beiden ulnaren Mm. lumbricales, den M. adductor pollicis und den tiefen Kopf des M. flexor pollicis brevis versorgt. Der R. superficialis innerviert motorisch nur den M. palmaris brevis und setzt sich in den sensorischen R. digitalis palmaris communis fort, der sich in die Endäste für die Innervation der Palmarflächen (und der Endglieder von dorsal) der ulnaren 1½ Finger teilt.

Sensorisches Autonomiegebiet: Endglied des Kleinfingers

Häufige Läsionsorte (durch Balken markiert):

1 **Proximale Läsion** im Bereich des Epicondylus medialis („Musikantenknochen")

2 **Distale Läsion** im Bereich der **GUYON-Loge**

N. ulnaris

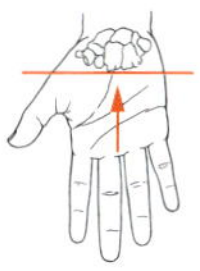

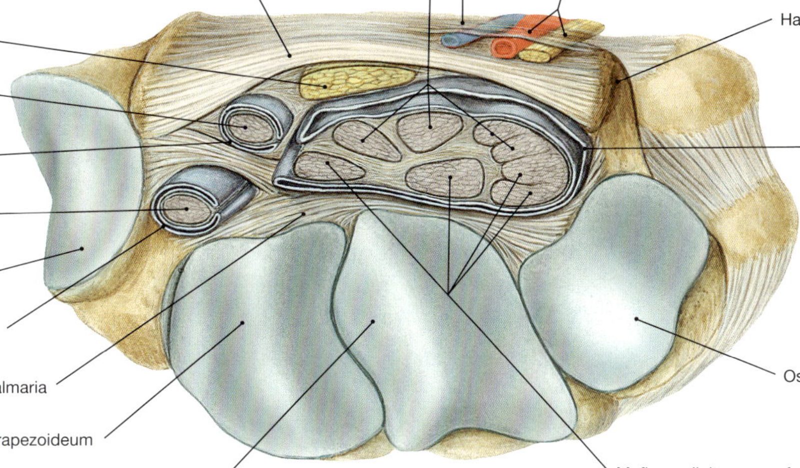

Abb. 3.129 GUYON-Loge, rechts; Ansicht von distal; Transversalschnitt auf Höhe der Karpometarkarpalgelenke.
Das Retinaculum musculorum flexorum bildet zusammen mit seiner oberflächlichen Abspaltung („Lig. carpi palmare") die GUYON-Loge. Durch diese zieht der N. ulnaris zusammen mit der A. und V. ulnaris (→ Abb. 3.164). Schwellungen und chronische Druckbeanspruchung können hier zu einer Kompression des N. ulnaris führen **(GUYON-Logen-Syndrom).**

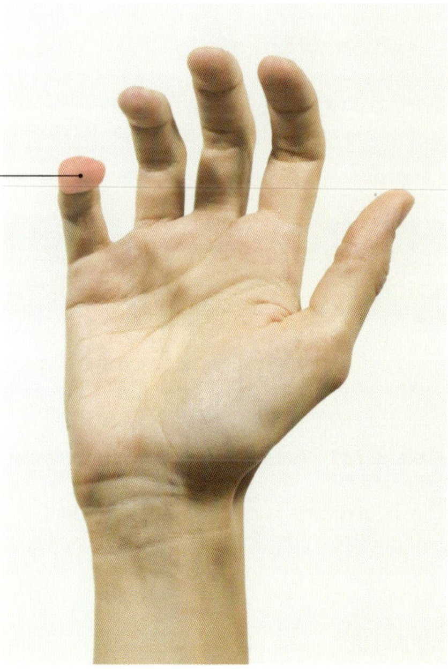

Abb. 3.130 Proximale und distale Läsion des N. ulnaris: „Krallenhand" mit sensorischer Störung am Endglied des Kleinfingers.

Klinik

Läsionen des N. ulnaris: Man unterscheidet proximale und distale Läsionen, die allerdings klinisch nicht eindeutig voneinander abgegrenzt werden können:

- **Proximale Läsion** im Bereich des Sulcus nervi ulnaris **(„Musikantenknochen"),** meist durch chronische Druckbelastung bei aufgestütztem Arm: Dabei handelt es sich um die häufigste Nervenläsion der oberen Extremität.
- **Distale Läsion** im Bereich der **GUYON-Loge,** meist durch chronische Druckbelastung. In beiden Fällen kommt es zur **„Krallenhand"**, da die Finger durch Atrophie der Mm. interossei (sichtbar) und der beiden ulnaren Mm. lumbricales besonders in den Grundgelenken nicht gebeugt und in den Endgelenken nicht gestreckt werden können. Die **Daumen-Kleinfinger-Probe** ist **negativ,** weil der Kleinfinger durch Ausfall des M. opponens digiti minimi nicht opponiert werden kann und sich die Endglieder von Daumen und Zeigefinger daher nicht berühren können. Das **FROMENT-Zeichen** beim Halten eines Blatts zwischen Daumen und Zeigefinger zeigt, dass die mangelnde Adduktion des Daumens durch Beugung seines Endglieds kompensiert wird (der M. flexor pollicis longus wird vom N. medianus innerviert). **Sensorische Ausfälle** treten in den palmaren ulnaren 1½ Fingern auf. Wenn die Druckschädigung in der Hohlhand auftritt (Presslufthammer) und nur den R. profundus betrifft, können sensorische Symptome fehlen.

Arterien des Arms

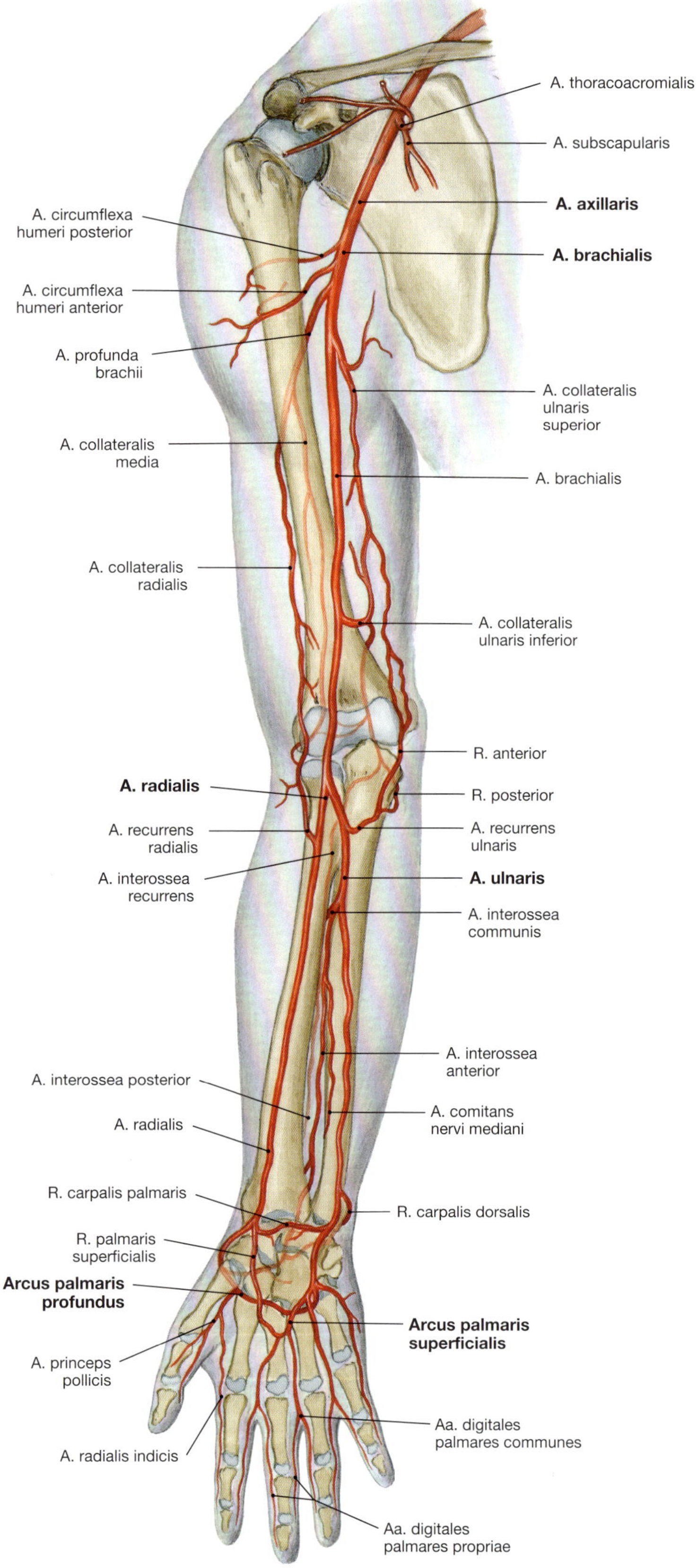

Arterien der oberen Extremität

Äste der A. axillaris:
- A. thoracica superior (inkonstant)
- A. thoracoacromialis
- A. thoracica lateralis
- A. subscapularis
  - A. circumflexa scapulae
  - A. thoracodorsalis
- A. circumflexa humeri anterior
- A. circumflexa humeri posterior

Äste der A. brachialis:
- A. profunda brachii
  - A. collateralis media
  - A. collateralis radialis
- A. collateralis ulnaris superior
- A. collateralis ulnaris inferior

Äste der A. radialis:
- A. recurrens radialis
- R. carpalis palmaris
- R. carpalis dorsalis → Rete carpale dorsale → Aa. metacarpales dorsales → Aa. digitales dorsales
- R. palmaris superficialis → Arcus palmaris superficialis
- A. princeps pollicis
- A. radialis indicis
- Arcus palmaris profundus → Aa. metacarpales palmares

Äste der A. ulnaris:
- A. recurrens ulnaris
- A. interossea communis
  - A. interossea anterior
    - A. comitans nervi mediani
  - A. interossea posterior mit A. interossea recurrens
- R. carpalis dorsalis
- R. carpalis palmaris
- R. palmaris profundus → Arcus palmaris profundus
- Arcus palmaris superficialis → Aa. digitales palmares

Rete articulare cubiti:
Die **Kollateralarterien** (A. collateralis media, A. collateralis radialis, A. collateralis ulnaris superior, A. collateralis ulnaris inferior) und die **Recurrensarterien** (A. recurrens radialis, A. recurrens ulnaris, A. interossea recurrens) bilden einen Kollateralkreislauf in der Ellenbogenregion (Rete articulare cubiti).

Abb. 3.131 Arterien der oberen Extremität, rechts; Ansicht von ventral.
Die **A. axillaris** ist die Fortsetzung der A. subclavia und reicht von der I. Rippe bis zum Unterrand des M. pectoralis major. Sie liegt zwischen den drei Faszikeln des Plexus brachialis und den beiden Wurzeln des N. medianus. Am Oberarm geht sie in die **A. brachialis** über, die mit dem N. medianus im Sulcus bicipitalis medialis verläuft und medial in die Ellenbeuge eintritt. Dort teilt sie sich in die A. radialis und die A. ulnaris. Die **A. radialis** folgt zwischen oberflächlichen und tiefen Beugern dem Radius bis zu den Handgelenken, wo sie durch die Fovea radialis (Tabatière) nach dorsal und dann zwischen den Köpfen des M. interosseus dorsalis I wieder in die Hohlhand gelangt. Dort bildet sie den Hauptzufluss des tiefen Hohlhandbogens **(Arcus palmaris profundus).** Die **A. ulnaris** gibt die A. interossea communis ab, zieht mit dem N. ulnaris unter dem M. flexor carpi ulnaris zu den Handgelenken und weiter durch die GUYON-Loge in die Hohlhand, wo sie sich in den oberflächlichen Hohlhandbogen **(Arcus palmaris superficialis)** fortsetzt.

Klinik

Bei einer vollständigen körperlichen Untersuchung werden die **Pulse** der A. radialis und A. ulnaris jeweils radial und ulnar am proximalen Handgelenk getastet, um Verschlüsse der Gefäße durch **Arteriosklerose** oder verschleppte Blutgerinnsel **(Emboli)** auszuschließen.

Die Kollateralarterien und die Rekurrensarterien des kubitalen Gefäßnetzes ermöglichen es, bei Verletzung die **A. brachialis in der Ellenbeuge abzubinden,** ohne die Blutversorgung des Unterarms zu gefährden.

Venen und Lymphgefäße des Arms

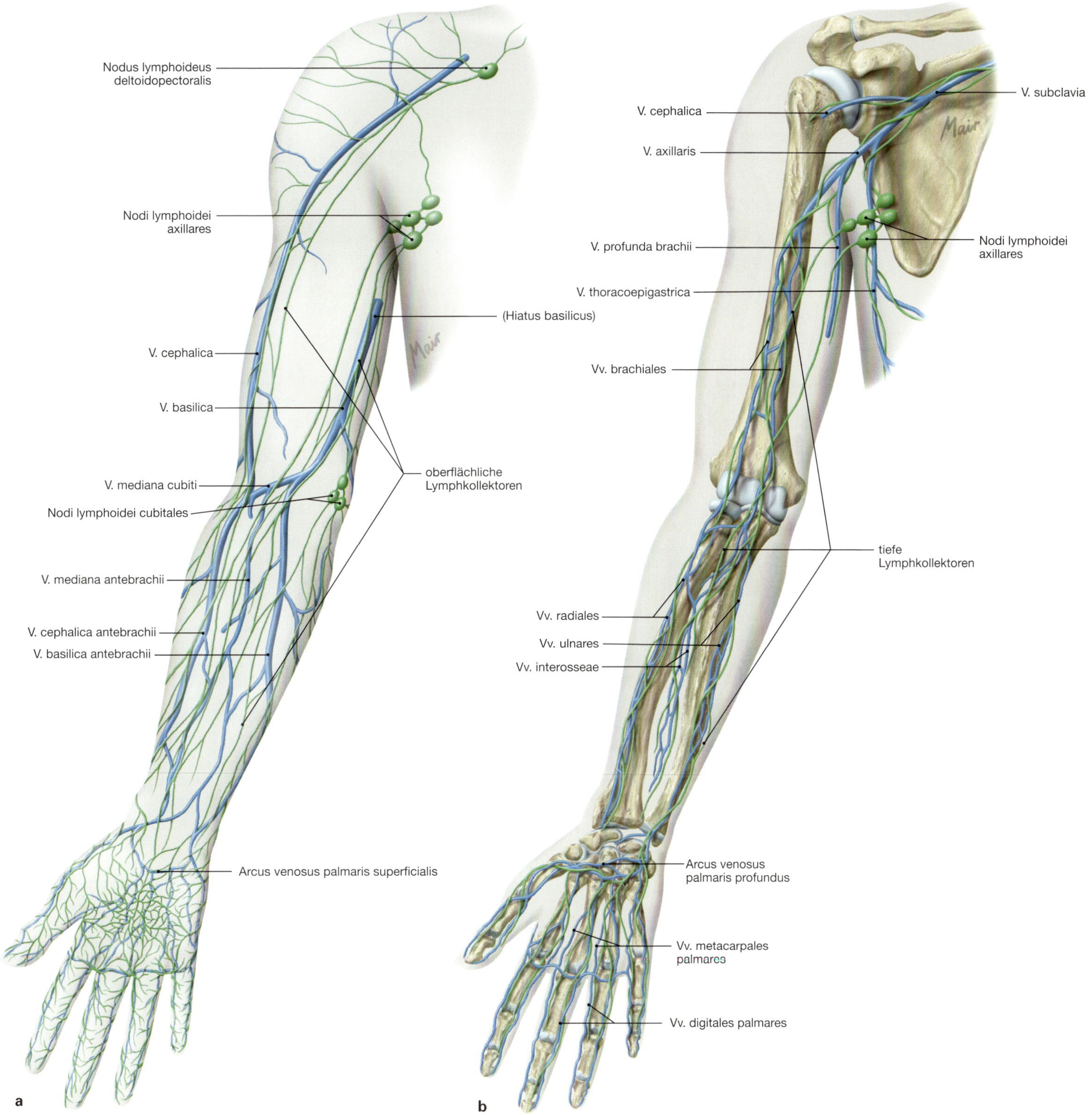

Abb. 3.132a und b Oberflächliche (a) und tiefe (b) Venen und Lymphgefäße, rechts; Ansicht von ventral.

Das **oberflächliche Venensystem** des Arms besteht aus **zwei Hauptstämmen,** die das Blut der Hand aufnehmen:

Auf der Dorsalseite des Daumens nimmt die **V. cephalica antebrachii** das Blut aus dem Venennetz des Handrückens auf und gelangt dann zur radialen Beugeseite, wo sie sich in der Ellenbeuge über die V. mediana cubiti mit der V. basilica antebrachii verbindet. Am Oberarm verläuft die V. cephalica im Sulcus bicipitalis lateralis und mündet im Trigonum clavipectorale (MOHRENHEIM-Grube) in die V. axillaris. Am Oberarm kann das Gefäß auch sehr schwach sein oder fehlen.

Die **V. basilica antebrachii** beginnt am ulnaren Handrücken, wechselt dann auf die ulnare Beugeseite und mündet schließlich im Hiatus basilicus an der unteren Hälfte des Oberarms in die Vv. brachiales.

Die **oberflächlichen, epifaszialen Lymphkollektoren** bilden am Unterarm ein radiales, ein ulnares und ein mediales Bündel. Am Oberarm folgt das mediale Oberarmbündel der V. basilica und drainiert in die axillären Lymphknoten, während das dorsolaterale Oberarmbündel entlang der V. cephalica zusätzlich an die supraklavikulären Lymphknoten Anschluss erhält.

Für beide Lymphsysteme liegen die ersten regionären Lymphknotenstationen überwiegend in der Achselhöhle (Nodi lymphoidei axillares), einzelne Lymphknoten sind jedoch auch in der Ellenbeuge (Nodi lymphoidei cubitales) vorhanden.

Das **tiefe Venensystem** und die tiefen subfaszialen Lymphkollektoren begleiten die entsprechenden Arterien.

Lymphknoten und Lymphgefäße der Achselhöhle

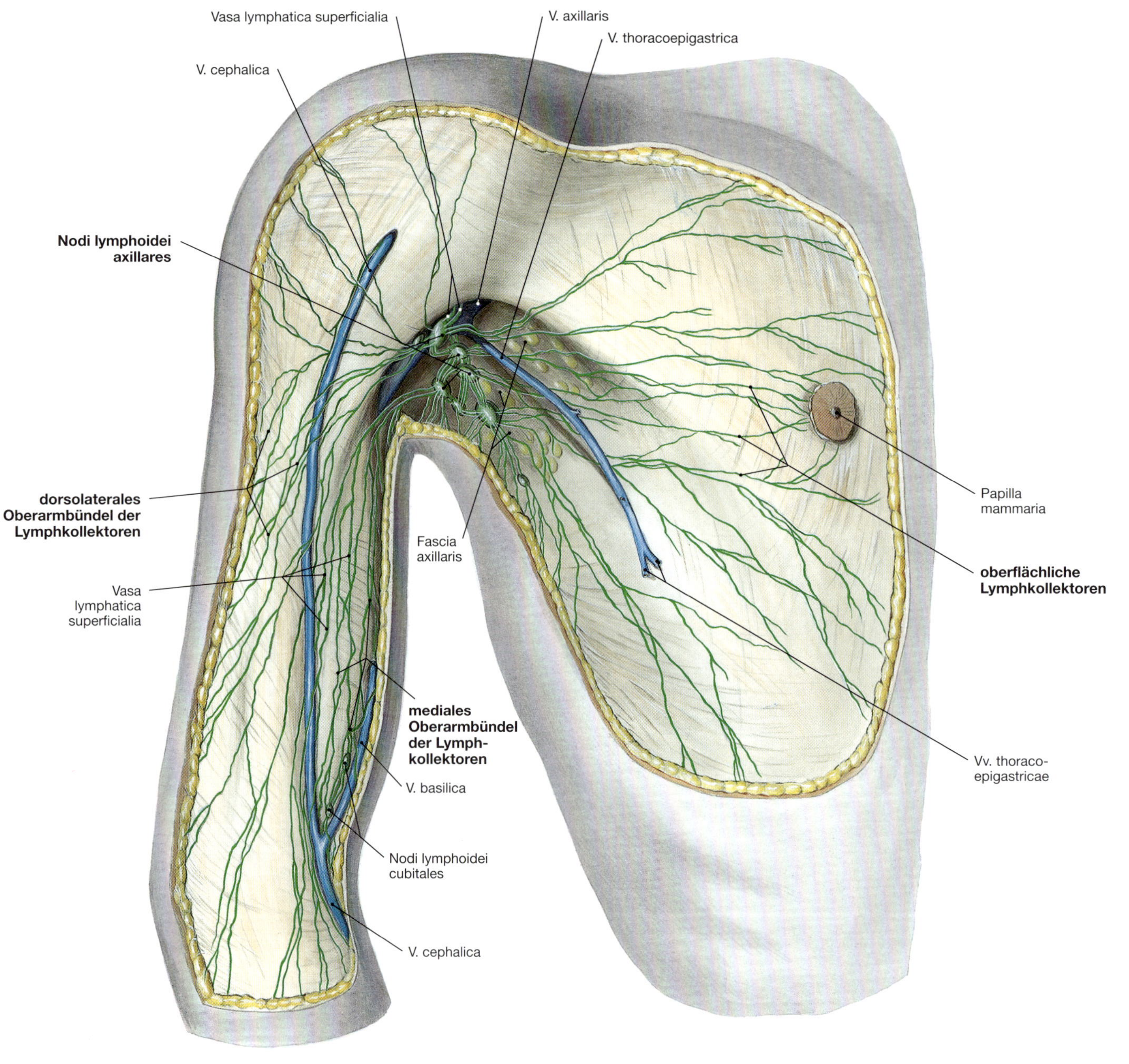

Abb. 3.133 Oberflächliche Lymphgefäße und Lymphknoten im Bereich der Achselhöhle, Fossa axillaris, und der seitlichen Brustwand, Regio thoracica lateralis, rechts; Ansicht von ventral.
Die oberflächlichen epifaszialen Lymphkollektoren bilden am Oberarm ein mediales Bündel entlang der V. basilica und ein dorsolaterales Bündel entlang der V. cephalica, die beide vor allem Anschluss an die axillären Lymphknoten erhalten. Die axillären Lymphknoten (Nodi lymphoidei axillares) sind aber nicht nur die regionären Lymphknoten für den Arm, sondern nehmen auch Lymphe aus den oberen Quadranten der Rumpfwand von Rücken und Brustwand auf.

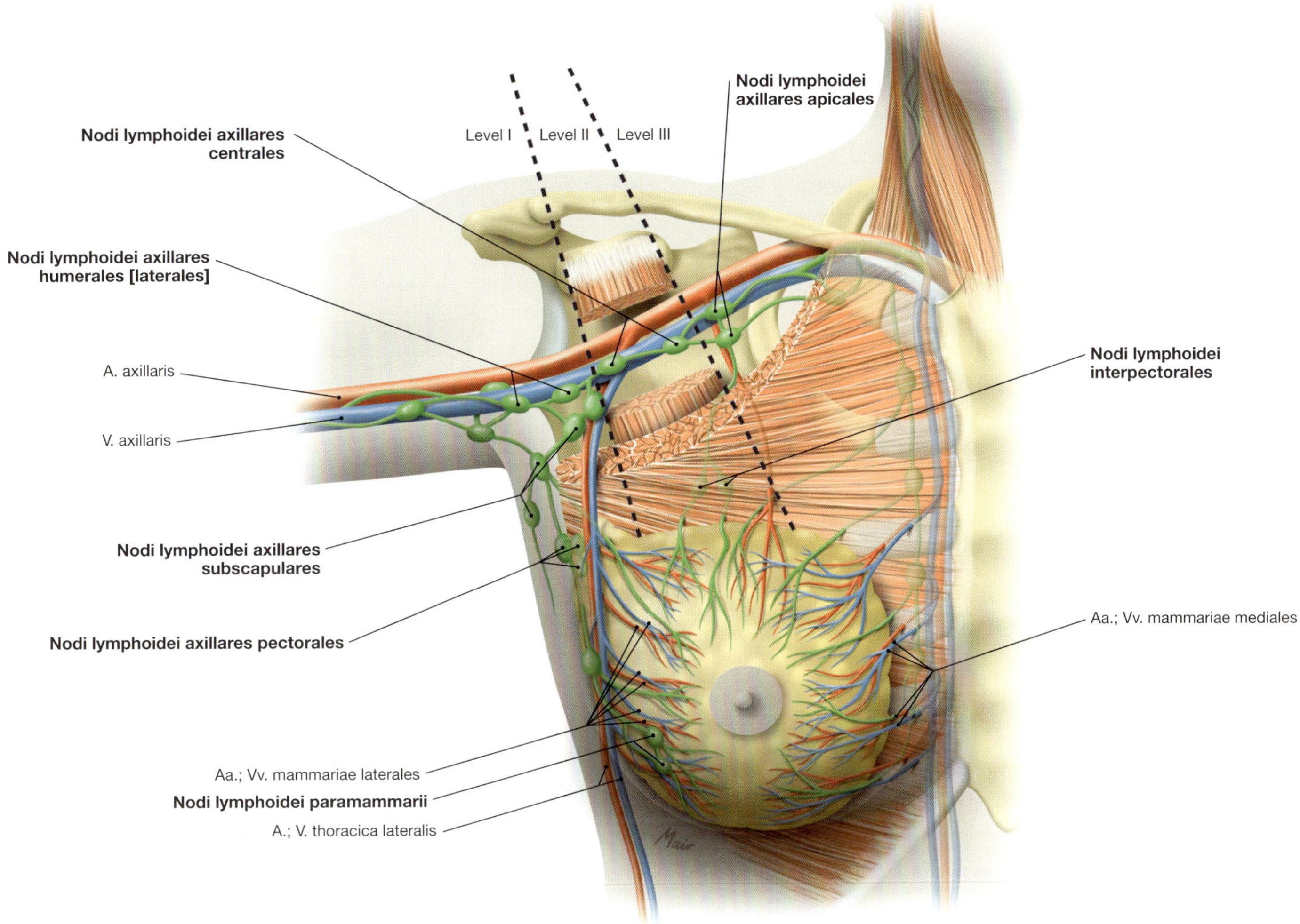

Abb. 3.134 Stockwerke (Levels) der Lymphknoten der Achselhöhle, Fossa axillaris, rechts; Ansicht von ventral.
Im Fettgewebe der Achselhöhle liegen bis zu **50 Lymphknoten** (Nodi lymphoidei axillares), die Lymphe aus dem Arm, der oberen Brustwand einschließlich der Brustdrüse und vom oberen Rücken aufnehmen. Die Lymphknoten werden in **drei Stockwerke (Levels)** eingeteilt, die für die Klinik des Brustdrüsenkrebses wichtig sind. Diese Einteilung erfolgt in Bezug auf die Lage des **M. pectoralis minor.** In allen drei Levels liegen oberflächliche und tiefe Lymphknoten, die jedoch oft nicht eindeutig einer der beiden Gruppen zugeordnet werden können. Die apikalen Lymphknoten von Level III erhalten jedoch Lymphe aus allen anderen Lymphknotengruppen und stellen die letzte Lymphknotenstation vor dem Truncus subclavius dar, der die Lymphe dem Ductus thoracicus (links) oder dem Ductus lymphaticus dexter (rechts) zuführt (zur Topographie der axillären Lymphknoten → Abb. 3.147).

Levels der axillären Lymphknoten: Level I, untere Gruppe lateral des M. pectoralis minor:
- Nodi lymphoidei paramammarii (lateral der Brustdrüse)
- Nodi lymphoidei axillares pectorales (entlang der A. und V. thoracica lateralis)
- Nodi lymphoidei axillares subscapulares (entlang der A. und V. subscapularis und thoracodorsalis)
- Nodi lymphoidei axillares laterales (entlang der A. und V. axillaris)

Level II, mittlere Gruppe auf und unter dem M. pectoralis minor:
- Nodi lymphoidei interpectorales (zwischen M. pectoralis minor und M. pectoralis major)
- Nodi lymphoidei axillares centrales (unter dem M. pectoralis minor)

Level III, obere Gruppe medial des M. pectoralis minor:
- Nodi lymphoidei axillares apicales (subfaszial im Trigonum clavipectorale = MOHRENHEIM-Grube)

Klinik

Das **Abtasten der Lymphknoten** gehört zu einer vollständigen klinischen Untersuchung. Der Arzt sollte sich vor Augen führen, dass die axillären Lymphknoten sowohl für den Arm als auch die obere Rumpfwand die regionären Lymphknoten darstellen. Aufgrund der Häufigkeit des Brustdrüsenkrebses (ca. jede zehnte Frau erkrankt im Laufe ihres Lebens, aber auch Männer können betroffen sein) gilt daher jede tastbare Vergrößerung eines axillären Lymphknotens bei der Frau als Hinweis auf einen möglichen Brustdrüsenkrebs.
Aktuell ist die therapeutische Entfernung der axillären Lymphknoten **(Lymphadenektomie)** im Rahmen der operativen Therapie des Brustkrebses wieder umstritten, da unklar ist, ob diese zusätzlich zur Entfernung des Primärtumors das Überleben verbessert. Die diagnostische Lymphadenektomie, bei der die Ausbreitung (Staging) des Tumors abgeklärt wird, ist von großer Bedeutung und erfordert die Kenntnis der Topographie der axillären Lymphknoten.

Oberflächliche Gefäße und Nerven der Achselhöhle

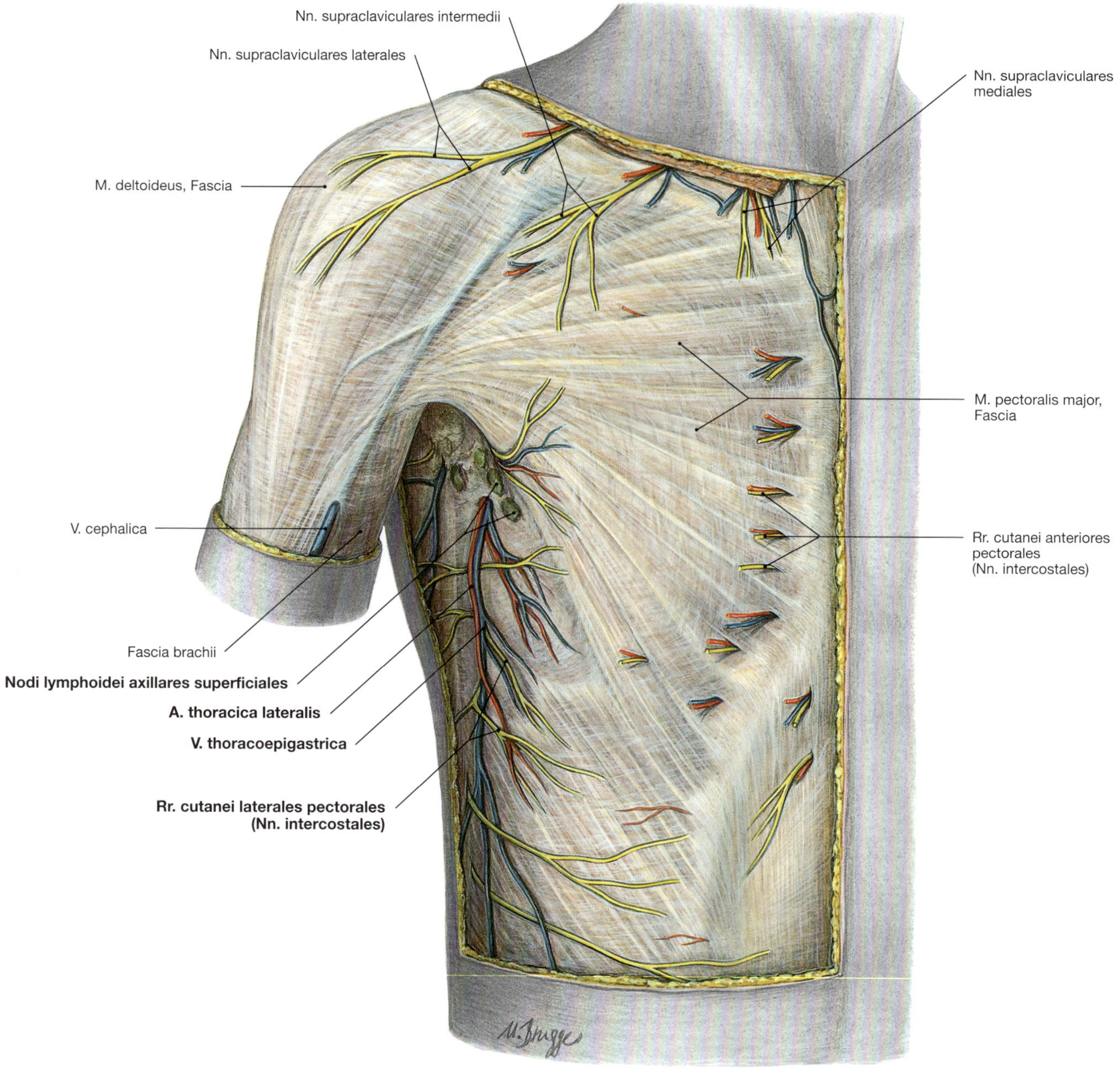

Abb. 3.135 Epifasziale Gefäße und Nerven im Bereich der Achselhöhle, Fossa axillaris, und der seitlichen Brustwand, Regio thoracica lateralis, rechts; Ansicht von ventral.
Neben den oberflächlichen axillären Lymphknoten (Nodi lymphoidei axillares superficiales) liegen in der Achselhöhle und an der seitlichen Brustwand epifasziale Gefäße und Nerven. Die V. thoracoepigastrica ist sehr variabel ausgebildet und liegt ungefähr auf Höhe der vorderen Achselfalte, die vom M. pectoralis major gebildet wird. Sie wird manchmal von einem Ast der A. thoracica lateralis begleitet. In den jeweiligen Zwischenrippenräumen treten die lateralen Hautäste der Nn. intercostales in der Achselhöhle aus (Rr. cutanei laterales pectorales).

Oberflächliche Gefäße und Nerven von Oberarm und Schulter

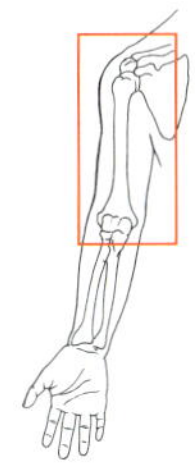

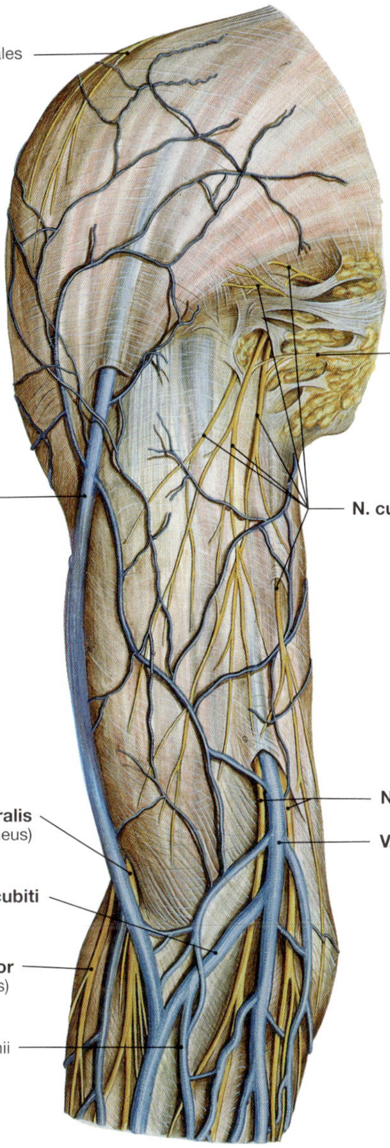

Abb. 3.136 Epifasziale Venen und Nerven von Schulter, Regio deltoidea, Oberarm, Regio brachii anterior, und Ellenbeuge, Regio cubitalis anterior, rechts; Ansicht von ventral.

Die **V. cephalica** steigt am Oberarm im Sulcus bicipitalis lateralis auf und liegt im Bereich der Schulter zwischen den Ursprüngen von M. deltoideus und M. pectoralis major. Sie steht in der Ellenbeuge meist über eine **V. mediana cubiti** mit der V. basilica in Verbindung. Die **V. basilica** tritt im Sulcus bicipitalis medialis in der unteren Hälfte des Oberarms durch die Fascia brachii und mündet in eine der beiden Vv. brachiales. Der **N. cutaneus brachii medialis** tritt in Form mehrerer dünner Hautnerven im Bereich der Achselhöhle durch die Faszie, die sich am medialen Oberarm ausbreiten. Diese gehen z.T. Verbindungen mit den **Nn. intercostobrachiales** aus den Nn. intercostales ein. Am distalen Oberarm treten die Hautnerven für den Unterarm durch die Faszie. Der **N. cutaneus antebrachii medialis** lagert sich dabei der V. basilica an, der **N. cutaneus antebrachii lateralis** der V. cephalica. Da der N. cutaneus antebrachii lateralis der sensorische Endast des N. musculocutaneus ist, tritt er zwischen M. biceps brachii und dem darunterliegenden M. brachialis aus, zwischen denen der N. musculocutaneus verläuft. Der **N. cutaneus antebrachii posterior** kommt etwas weiter lateral zum Vorschein.

Klinik

Aufgrund ihrer guten Zugänglichkeit wird die **V. cephalica** gerne für die Implantation von **Herzschrittmachern** oder **Port-Systemen** (für Chemotherapien oder parenterale Ernährung) genutzt. Es gibt auch **zentrale Venenkathether (ZVK),** die über die V. cephalica bis in die obere Hohlvene eingeführt werden können.

Oberflächliche Gefäße und Nerven von Oberarm und Schulter

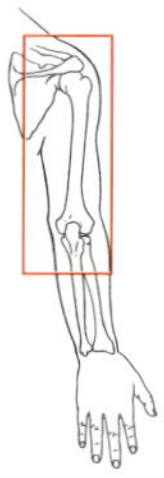

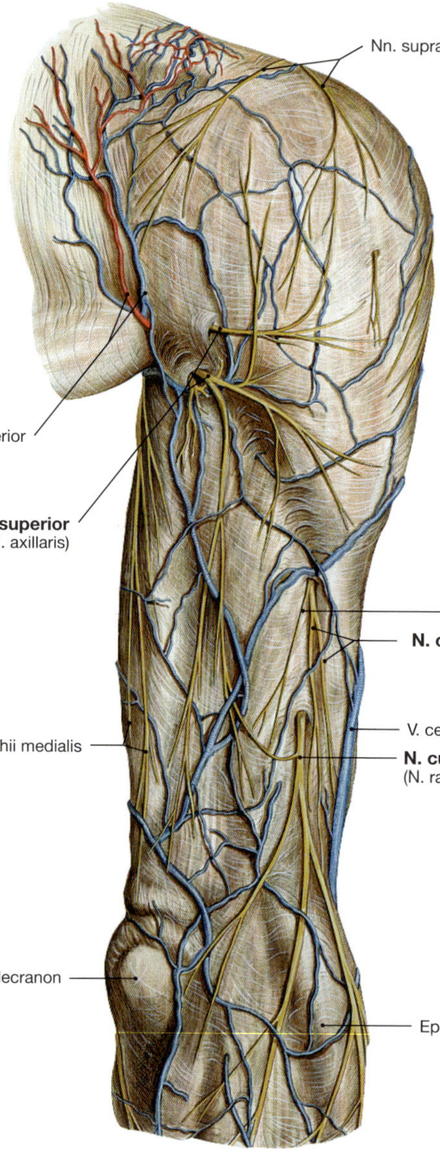

Abb. 3.137 Epifasziale Gefäße und Nerven von Schulter, Regio deltoidea, Oberarm, Regio brachii posterior, und Ellenbogen, Regio cubitalis posterior, rechts; Ansicht von lateral dorsal.
Der **N. cutaneus brachii lateralis superior** ist der sensorische Endast des N. axillaris. Er tritt am Unterrand des M. deltoideus, der vom N. axillaris innerviert wird, durch die Faszie. **N. cutaneus brachii lateralis inferior, N. cutaneus brachii posterior** und **N. cutaneus antebrachii posterior** sind dagegen Äste des N. radialis und durchsetzen die Faszie lateral des M. triceps brachii. Der Austritt des N. cutaneus antebrachii posterior kann meist zwischen dem M. triceps brachii und dem ventral gelegenen M. brachialis gefunden werden.

Venen der Ellenbeuge

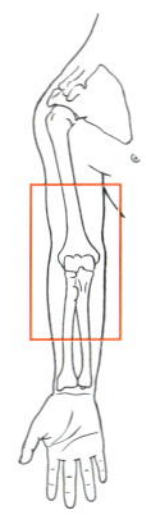

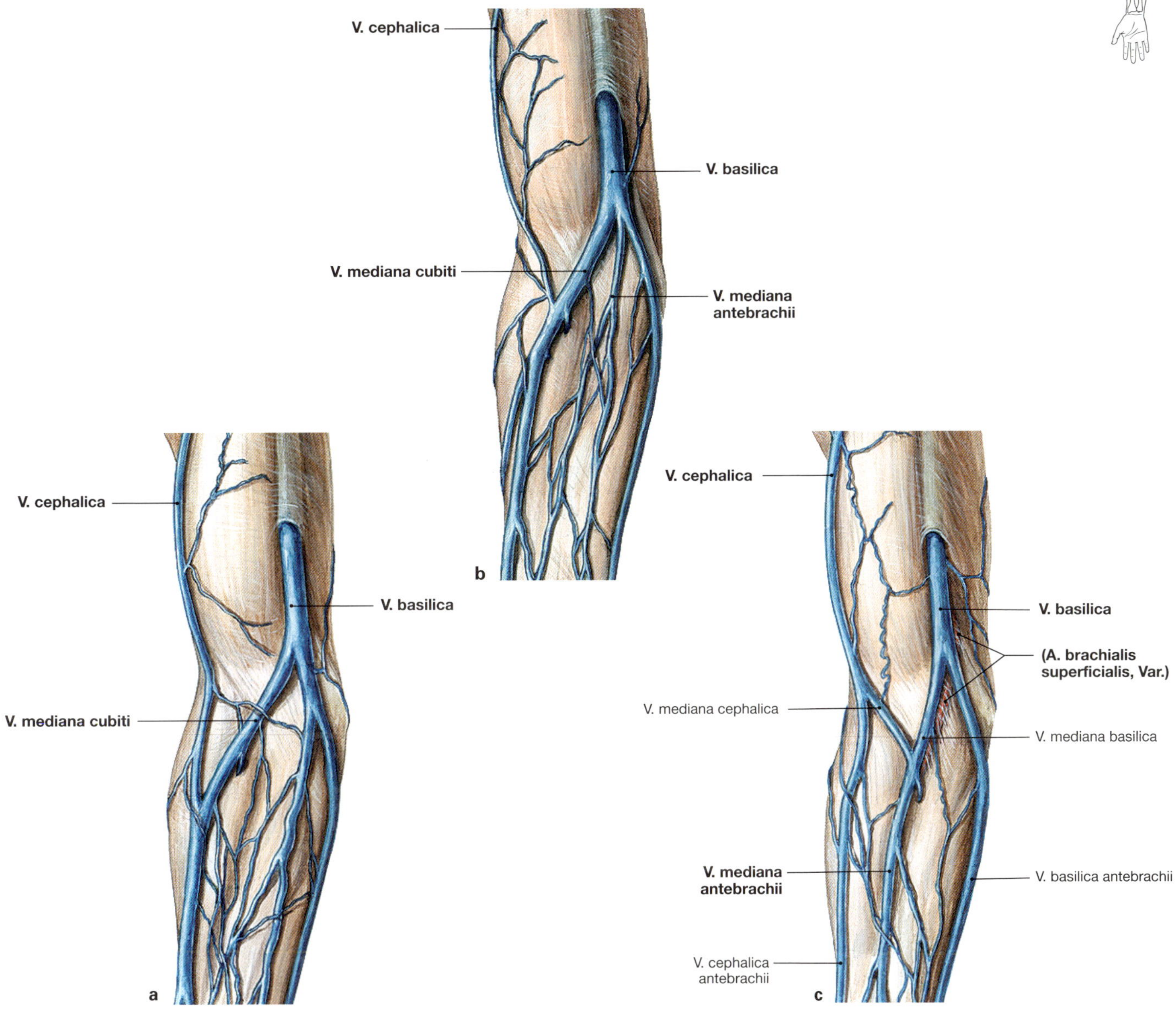

Abb. 3.138a bis c Varietäten der epifaszialen Venen der Ellenbeuge, Regio cubitalis anterior, rechts; Ansicht von ventral.
Die V. cephalica kann am Oberarm sehr unterschiedlich ausgebildet sein (→ Abb. 3.138a und b). Manchmal besteht keine V. mediana cubiti, sondern V. cephalica antebrachii und V. basilica antebrachii kommunizieren indirekt über Verbindungen zu einer V. mediana antebrachii auf der Vorderseite des Unterams (→ Abb. 3.138c). Besonders zu beachten ist die Möglichkeit, dass eventuell eine zusätzliche A. brachialis superficialis in der Ellenbeuge vorhanden ist, die direkt neben den Venen gelegen sein kann.

Klinik

Die Venen in der Ellenbeuge sind für **Blutentnahmen** und die **intravenöse Verabreichung** von Medikamenten wichtig. Wegen der großen Variabilität ist es sinnvoll, den Verlauf der Venen genau zu prüfen und auch zu tasten. Wenn dabei ein arterieller Puls festzustellen ist, sollte eine oberflächliche A. brachialis in Betracht gezogen werden. In die Arterie dürfen keine Medikamente injiziert werden, da manche Substanzen bei intraarterieller Injektion aufgrund mangelnder Verdünnung toxische Wirkungen haben können.

Oberflächliche Gefäße und Nerven des Unterarms

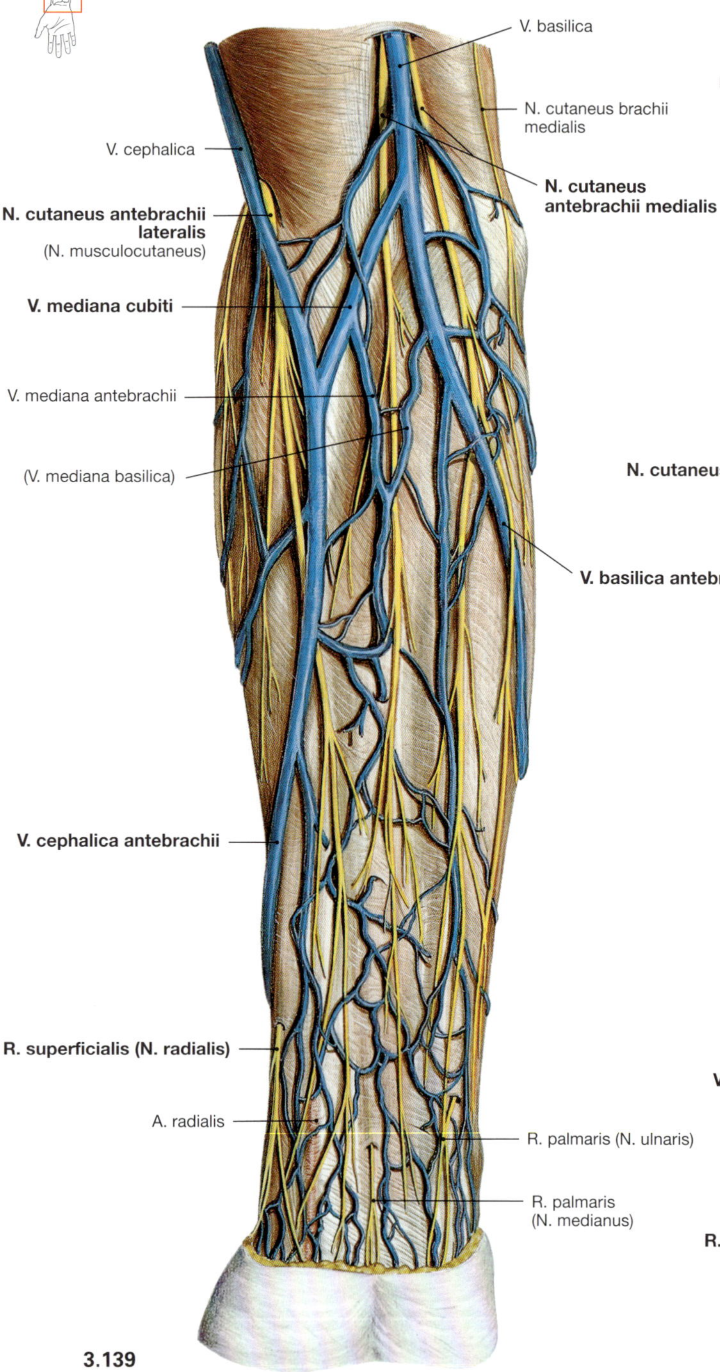

3.139

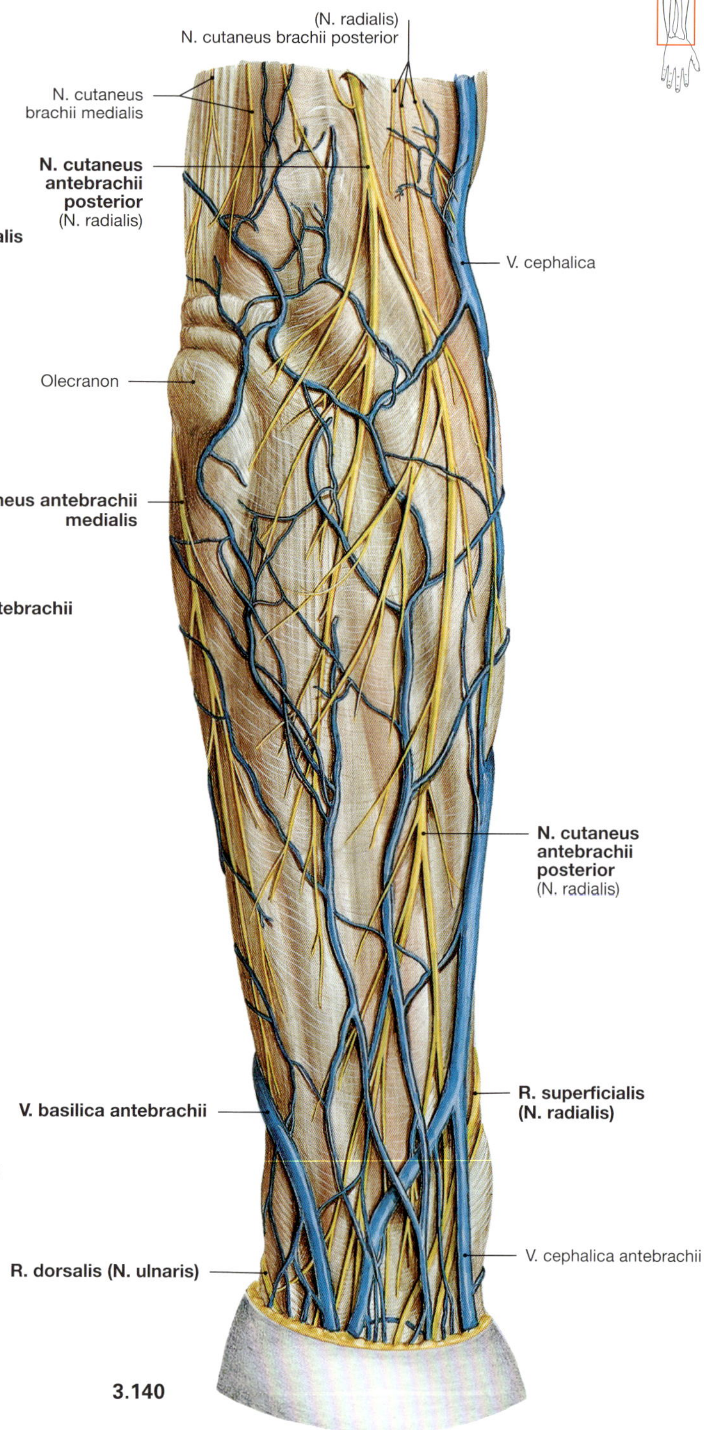

3.140

Abb. 3.139 und Abb. 3.140 Epifasziale Venen und Nerven von Unterarm, Regio antebrachii anterior und Regio antebrachii posterior, und von Ellenbeuge, Regio cubitalis anterior, rechts, Ansicht von ventral (→ Abb. 3.139) und von dorsal (→ Abb. 3.140).

Die **V. cephalica antebrachii** geht auf der Dorsalseite des Daumens aus dem oberflächlichen Venennetz (Rete venosum dorsale manus) hervor und wechselt dann auf die radiale Beugeseite des Unterarms, während die **V. basilica antebrachii** vom ulnaren Handrücken auf die ulnare Beugeseite zieht. Im Bereich der Ellenbeuge kommunizieren die beiden Venen meist über eine **V. mediana cubiti.** Die Hautnerven des Unterarms verbreiten sich mit ihren Ästen fächerförmig am Unterarm.

Der **N. cutaneus antebrachii medialis** lagert sich bei seinem Austritt der V. basilica an, während der **N. cutaneus antebrachii lateralis** zunächst mit der V. cephalica verläuft. Der **N. cutaneus antebrachii posterior** tritt zwischen M. triceps brachii und M. brachialis aus. Am distalen Unterarm tritt der **R. superficialis des N. radialis** unter der Sehne des M. brachioradialis durch die Faszie und gelangt so auf den Handrücken. Ebenso tritt der **R. dorsalis des N. ulnaris** unter der Sehne des M. flexor carpi ulnaris nach dorsal. Die palmaren Äste von N. medianus und N. ulnaris proximal der Handgelenke lassen sich meist präparatorisch nicht gut darstellen.

Oberflächliche Gefäße und Nerven des Handrückens

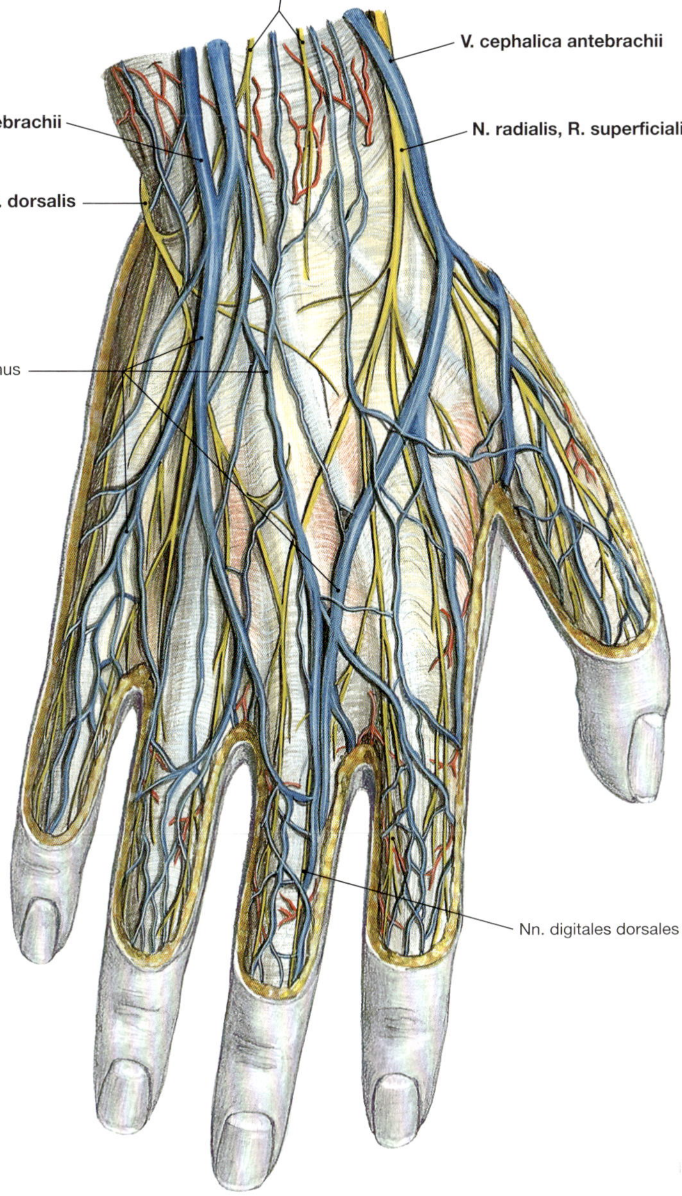

Abb. 3.141 Epifasziale Gefäße und Nerven des Handrückens, Dorsum manus, rechts; Ansicht von dorsal.
Die **V. cephalica antebrachii** geht auf der Dorsalseite des Daumens aus dem oberflächlichen Venennetz hervor, während die **V. basilica antebrachii** aus den Venen am ulnaren Handrücken gespeist wird. Oberhalb des proximalen Handgelenks tritt der **R. superficialis des N. radialis** unter der Sehne des M. brachioradialis durch die Faszie auf den Handrücken. Er teilt sich in die Nn. digitales dorsales, mit denen er die radialen 2½ Finger dorsal sensorisch innerviert. Die ulnaren 2½ Finger werden vom **R. dorsalis des N. ulnaris** innerviert, der unter der Sehne des M. flexor carpi ulnaris nach dorsal tritt.

Trigonum clavipectorale

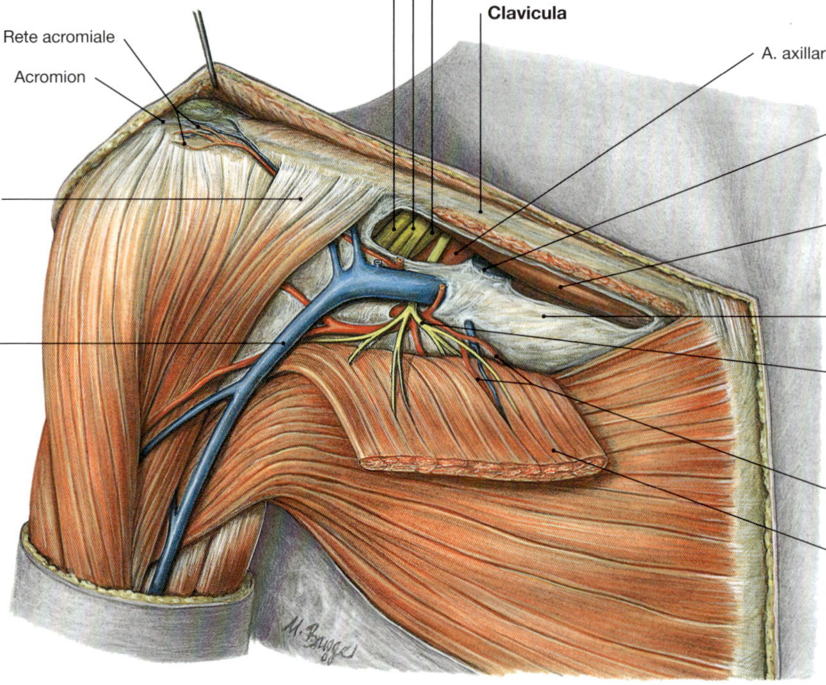

Abb. 3.142 Trigonum clavipectorale (MOHRENHEIM-Grube) auf der rechten Seite.
Das Trigonum clavipectorale ist der schmale dreieckige Raum zwischen Clavicula und den Ursprüngen des M. pectoralis major und des M. deltoideus. Um das Trigonum clavipectorale bei der Präparation darzustellen, wird der Ursprung des M. pectoralis major von der Clavicula gelöst und zur Seite geklappt und die Fascia clavipectoralis entfernt. In diesem Dreieck mündet die **V. cephalica** in die V. axillaris. Außerdem entspringt die **A. thoracoacromialis** nach vorne aus der A. axillaris und teilt sich in ihre vier Endäste. Die **Nn. pectorales medialis und lateralis** entspringen den jeweiligen Faszikeln und ziehen zusammen mit den arteriellen Ästen zu den Brustmuskeln, die sie versorgen.

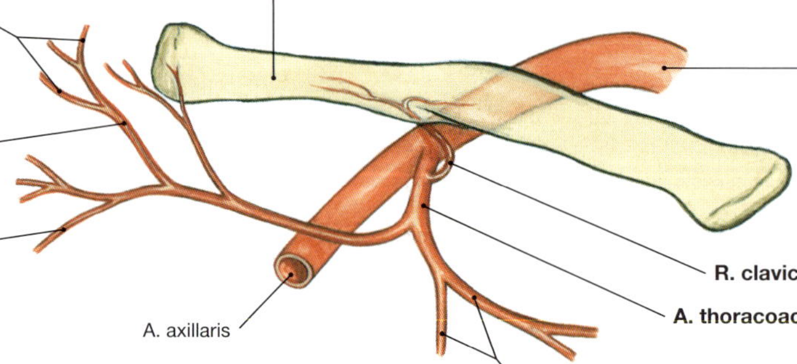

Abb. 3.143 Äste der A. thoracoacromialis.
Die A. thoracoacromialis teilt sich in die **vier Endäste:**
- Rr. pectorales zu den Mm. pectorales
- R. clavicularis zum M. subclavius
- R. deltoideus zum M. deltoideus
- R. acromialis zum Rete acromiale

Achselhöhle

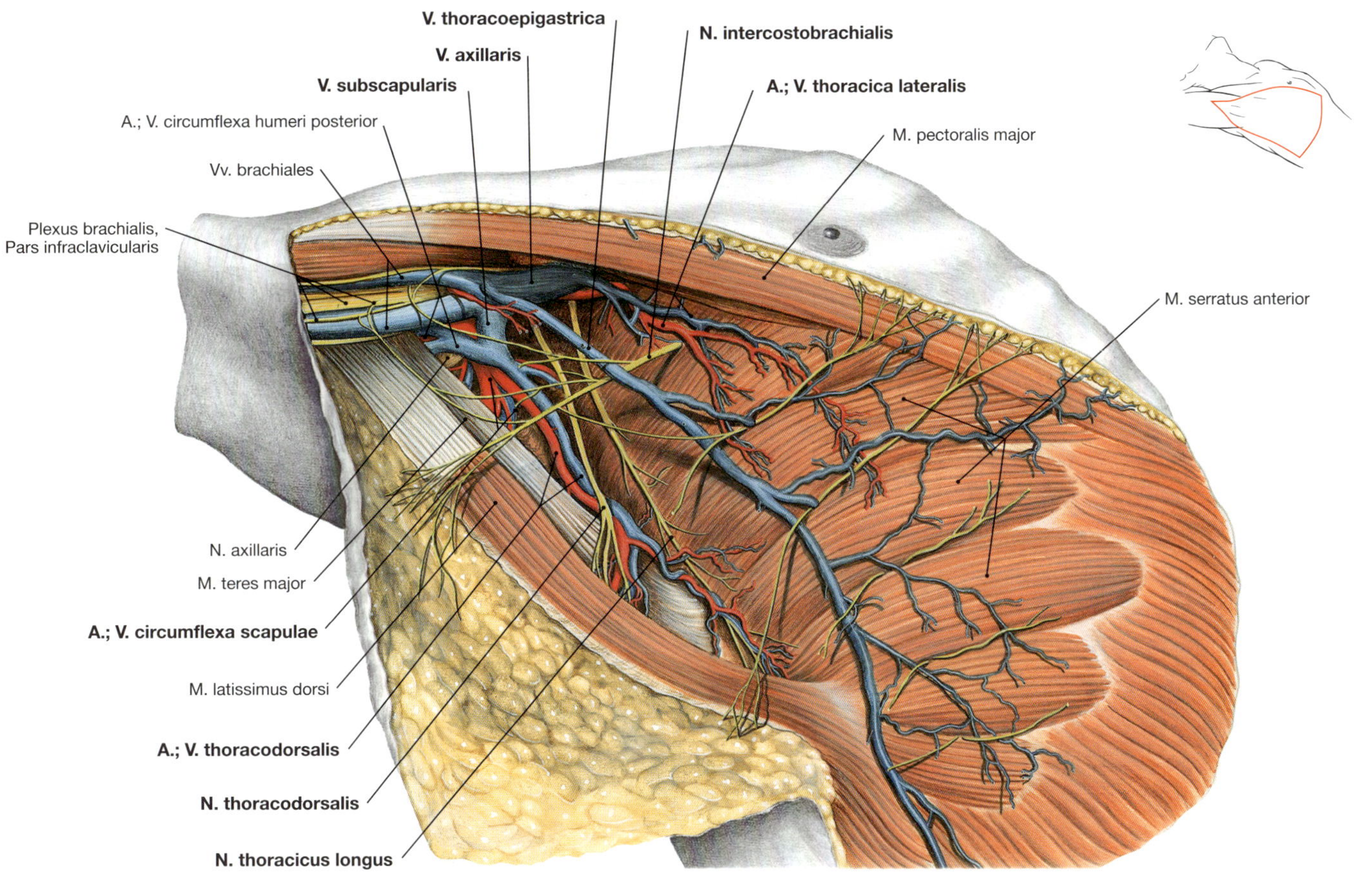

Abb. 3.144 Achselhöhle, Fossa axillaris, rechts; Ansicht von lateral kaudal.
Die Achselhöhle wird vorne durch den M. pectoralis major und hinten durch den M. latissimus dorsi begrenzt, die die beiden Achselfalten bilden. In der Achselhöhle umgeben die drei Faszikel der Pars infraclavicularis des **Plexus brachialis** die **A. axillaris** und werden ventral von der **V. axillaris** bedeckt. Die **Nn. intercostobrachiales** aus den **Nn. intercostales** durchqueren die Achselhöhle und lagern sich dem N. cutaneus brachii medialis an. Der **N. thoracodorsalis** zieht mit den gleichnamigen Blutgefäßen zum Innenrand des M. latissimus dorsi. Ventral davon steigt der **N. thoracicus longus** auf dem M. serratus anterior ab und innerviert ihn.

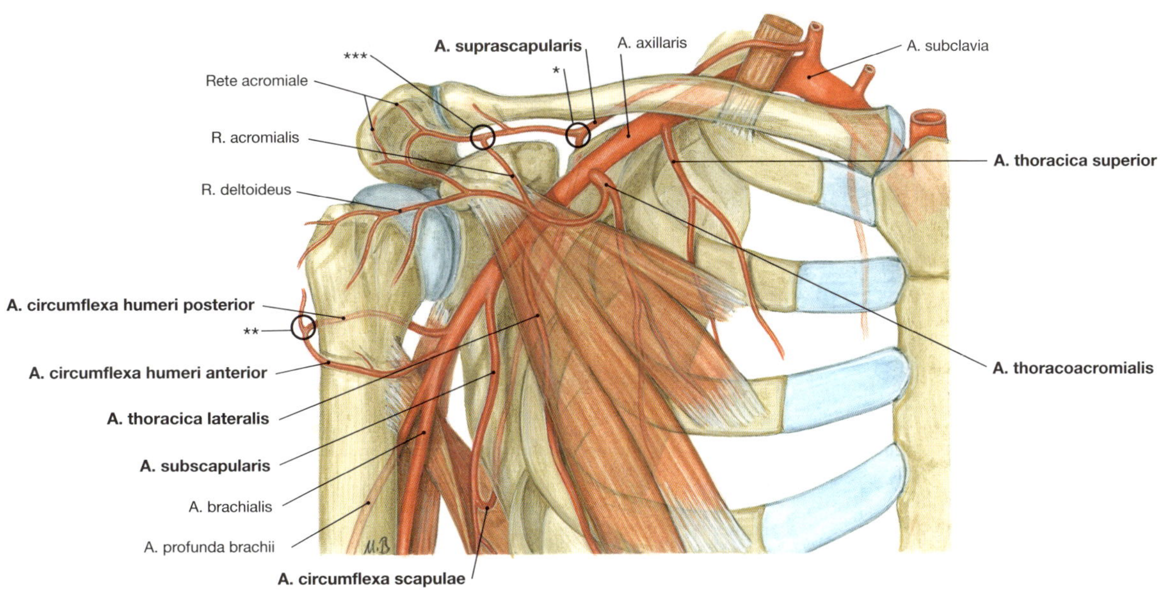

Abb. 3.145 Arterien der Schulter, rechts; Ansicht von ventral.
Äste der A. axillaris:
- A. thoracica superior: variabel auf den Mm. pectorales
- A. thoracoacromialis (→ Abb. 3.143)
- A. thoracica lateralis: lateral des M. pectoralis minor
- A. subscapularis: teilt sich in A. thoracodorsalis, zum M. latissimus, und A. circumflexa scapulae, die durch die mediale Achsellücke nach dorsal gelangt. Sie anastomosiert (*) mit der A. suprascapularis.
- A. circumflexa humeri anterior: anastomosiert (**) mit der A. circumflexa humeri posterior: zieht durch die laterale Achsellücke

Auch der R. acromialis der A. thoracoacromialis kann mit der A. suprascapularis anastomosieren (***).

Achselhöhle

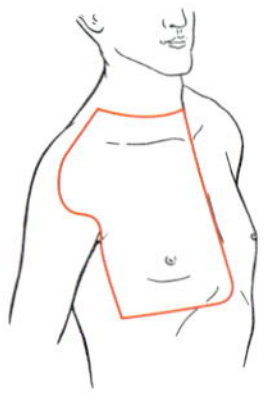

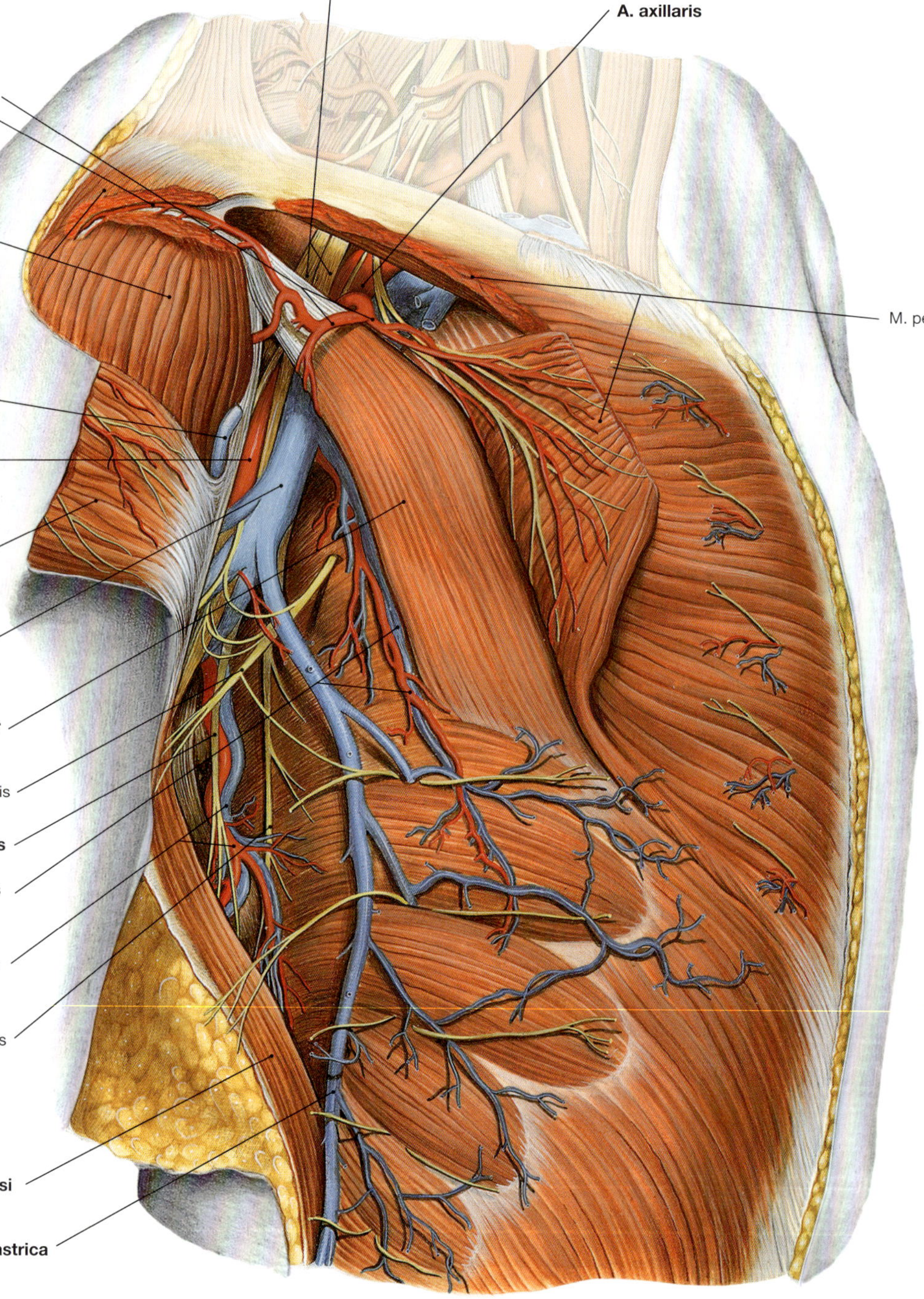

Abb. 3.146 Achselhöhle, Fossa axillaris, und laterale Brustwand, Regio thoracica lateralis, rechts; Ansicht von lateral rechts.
Im Vergleich zu → Abbildung 3.144 wurde der M. pectoralis major gespalten, um den darunterliegenden **M. pectoralis minor** und die im Trigonum clavipectorale austretenden Strukturen darzustellen. Am Oberrand des M. pectoralis minor ist die **A. thoracoacromialis** mit ihren Ästen sichtbar. Ihre Rr. pectorales treten zusammen mit den Nn. pectorales des Plexus brachialis an die Mm. pectorales major und minor heran und versorgen diese. Der M. pectoralis minor ist eine wichtige Landmarke für die Einteilung der axillären Lymphknoten (→ Abb. 3.134). An seinem lateralen Rand verlaufen **A. und V. thoracica lateralis.** Lateral davon steigen **A.,V. und N. thoracodorsalis** zur Innenfläche des M. latissimus dorsi ab, den sie gemeinsam versorgen. Die V. thoracoepigastrica wird nicht von einer Arterie begleitet und ist sehr variabel in ihrer Ausbildung und ihrem Verlauf (hier relativ stark ausgebildet) im subkutanen Fett der lateralen Brustwand.

Achselhöhle

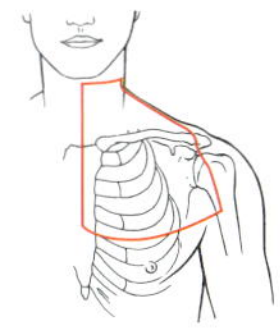

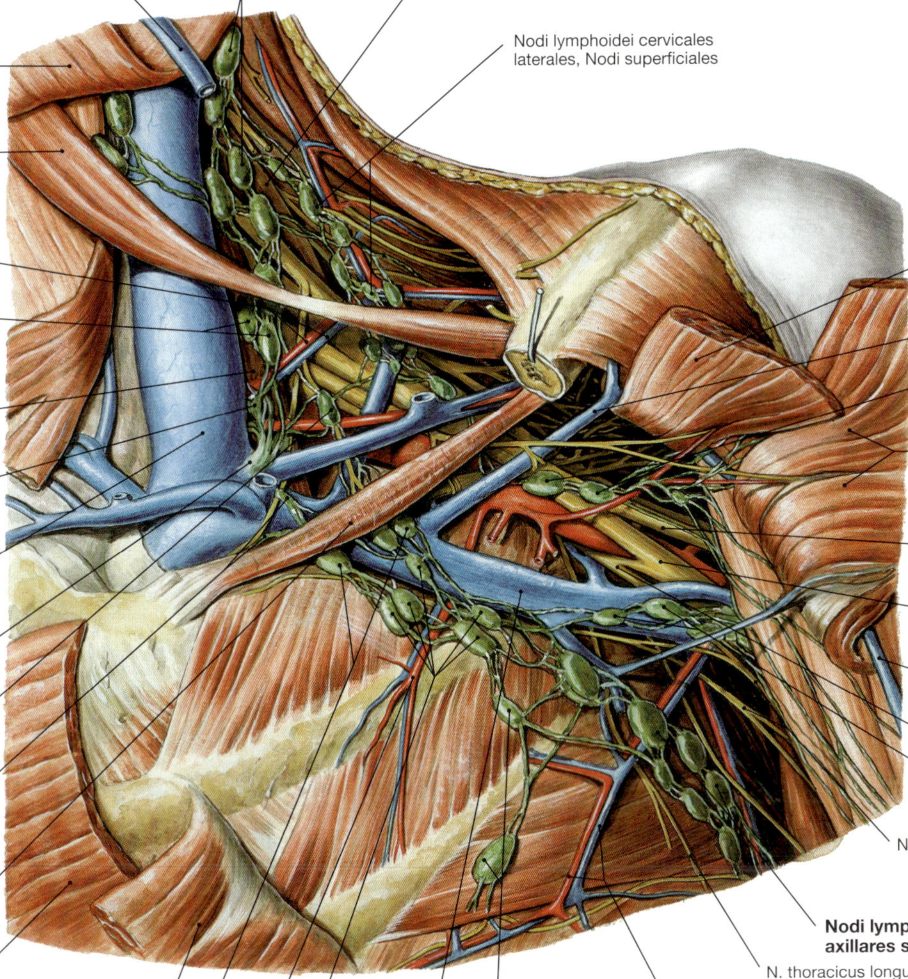

Abb. 3.147 Achselhöhle, Fossa axillaris, und laterale Brustwand, Regio thoracica lateralis, links; Ansicht von ventral.

Im Unterschied zu → Abbildung 3.146 ist die linke Körperseite gezeigt, um die Einmündung der **axillären Lymphbahnen** in den Ductus thoracicus darzustellen. Der M. pectoralis minor wurde durchtrennt, damit die Lymphknoten der Achselhöhle zu sehen sind. Die axillären Lymphknoten werden nach ihrer Lage zum M. pectoralis minor in **drei Stockwerke (Levels)** eingeteilt (→ Abb. 3.134). Das erste Level (lateral des M. pectoralis minor) beinhaltet die Nodi lymphoidei axillares pectorales entlang der A. und der V. thoracica lateralis sowie weiter lateral die Nodi lymphoidei axillares subscapulares und die Nodi lymphoidei axillares laterales an der V. axillaris. Das zweite Level (auf Höhe des M. pectoralis minor) umfasst unter dem Muskel die Nodi lymphoidei axillares centrales. Medial vom M. pectoralis minor liegt das dritte Level als letzte Station vor dem **Truncus subclavius,** der die Lymphe auf der linken Seite über den Ductus thoracicus in den linken Venenwinkel zwischen V. jugularis interna und V. subclavia leitet.

Klinik

Der **Ductus thoracicus** führt die Lymphe der gesamten unteren Körperhälfte (einschließlich Bauch- und Beckenorganen) und nimmt vor seiner Einmündung in den linken Venenwinkel über den Truncus bronchiomediastinalis sinister zusätzlich die Lymphe aus der linken Brustkorbhälfte, über den Truncus subclavius sinister aus dem linken Arm und über den Truncus jugularis sinister aus dem linken Kopf-/Halsbereich auf. Daher kann es bei Metastasierung von bösartigen Tumoren aus dem Bauchraum auch zur Absiedelung in den linken supraklavikulären Lymphknoten kommen (sog. **VIRCHOW-Drüse**).

Gefäße und Nerven des Oberarms

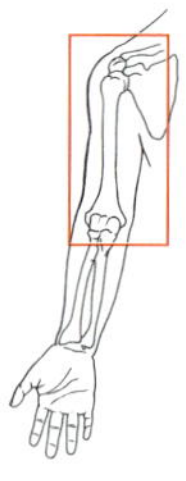

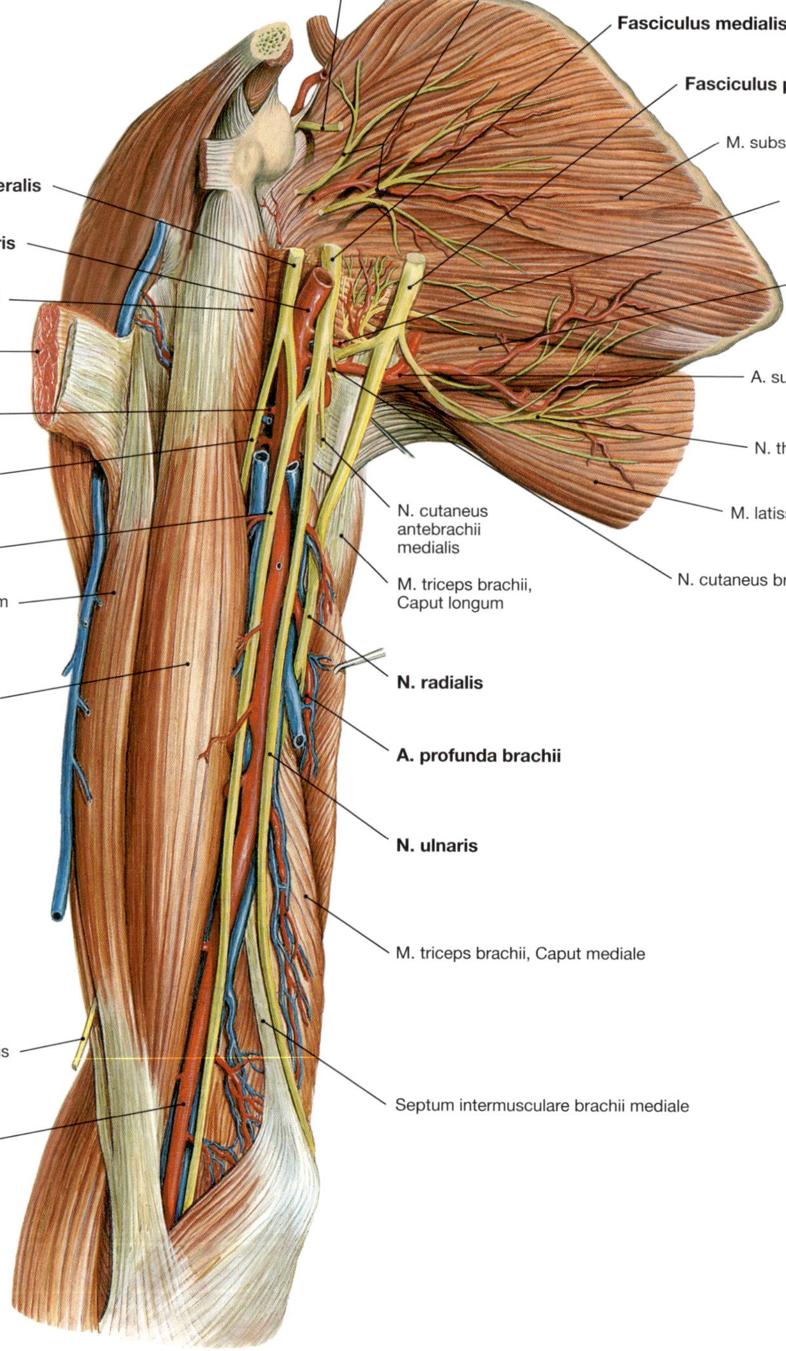

Abb. 3.148 Gefäße und Nerven der Achselhöhle, Fossa axillaris, und der medialen Seite des Oberarms, Regio brachii anterior, rechts; Ansicht von ventral medial.

Der M. pectoralis major wurde nahe seinem Ansatz an der Crista tuberculi majoris durchtrennt, damit der infraklavikuläre Teil des **Plexus brachialis** erkennbar wird. Proximal liegen die drei Faszikel. **Fasciculus lateralis** und **Fasciculus medialis** liegen beidseits der A. axillaris und bilden mit ihren Nerven eine m-förmige Struktur, die bei der Präparation des Plexus brachialis zur Orientierung hilfreich ist. Der laterale Schenkel des „m" wird dabei durch den N. musculocutaneus gebildet, der leicht identifizierbar ist, da er den M. coracobrachialis durchbohrt. Der mittlere Teil ist der N. medianus mit seiner medialen und lateralen Wurzel. Der mediale Schenkel des „m" wird vom N. ulnaris gebildet. Im Unterschied zum N. medianus, der nach seinem Verlauf im Sulcus bicipitalis medialis von medial in die Ellenbeuge zieht, gelangt der N. ulnaris auf die Rückseite des Epicondylus medialis. Der **Fasciculus posterior** wurde aus seiner Lage hinter der A. axillaris mobilisiert. Er gibt proximal den N. axillaris ab, der zusammen mit der A. circumflexa humeri posterior durch die laterale Achsellücke zieht, und setzt sich dann als N. radialis fort, der schließlich mit der A. profunda brachii durch den Trizeps-Schlitz die Rückseite des Humerus erreicht.

Gefäße und Nerven des Oberarms

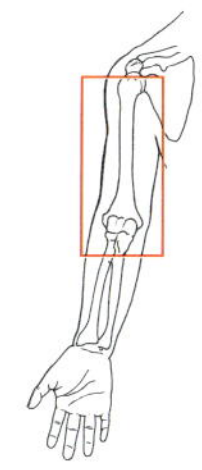

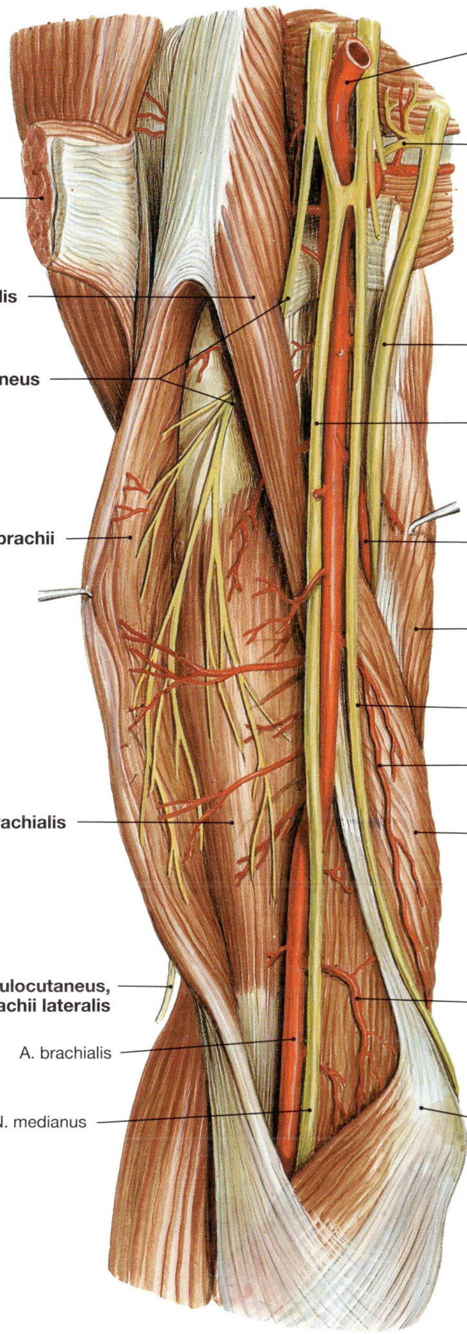

Abb. 3.149 Arterien und Nerven der Achselhöhle, Fossa axillaris, und der medialen Seite des Oberarms, Regio brachii anterior, rechts; Ansicht von ventral medial; nach Abheben des M. biceps brachii.

Der M. biceps brachii wurde nach lateral angehoben, um den Verlauf des N. musculocutaneus freizulegen. Der **N. musculocutaneus** durchbohrt und innerviert den M. coracobrachialis und verläuft dann zwischen dem M. biceps brachii und dem M. brachialis, die er ebenfalls motorisch versorgt. Am distalen Oberarm tritt der sensorische Endast (N. cutaneus antebrachii lateralis) zwischen den beiden Muskeln hervor und zieht zur Radialseite des Unterarms. Der **N. medianus** zieht zusammen mit der A. brachialis im Sulcus bicipitalis medialis und weiter in die Ellenbeuge. Der **N. ulnaris** gelangt mit der A. collateralis ulnaris superior auf die Rückseite des Epicondylus medialis. Die A. collateralis ulnaris inferior dagegen geht als meist dünnes Gefäß proximal des Ellenbogens aus der A. brachialis hervor. Der **N. axillaris** verlässt den Fasciculus posterior proximal und tritt durch die laterale Achsellücke, während der **N. radialis** mit der A. profunda brachii durch den Trizeps-Schlitz zieht.

Gefäße und Nerven des Oberarms

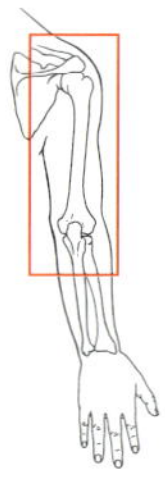

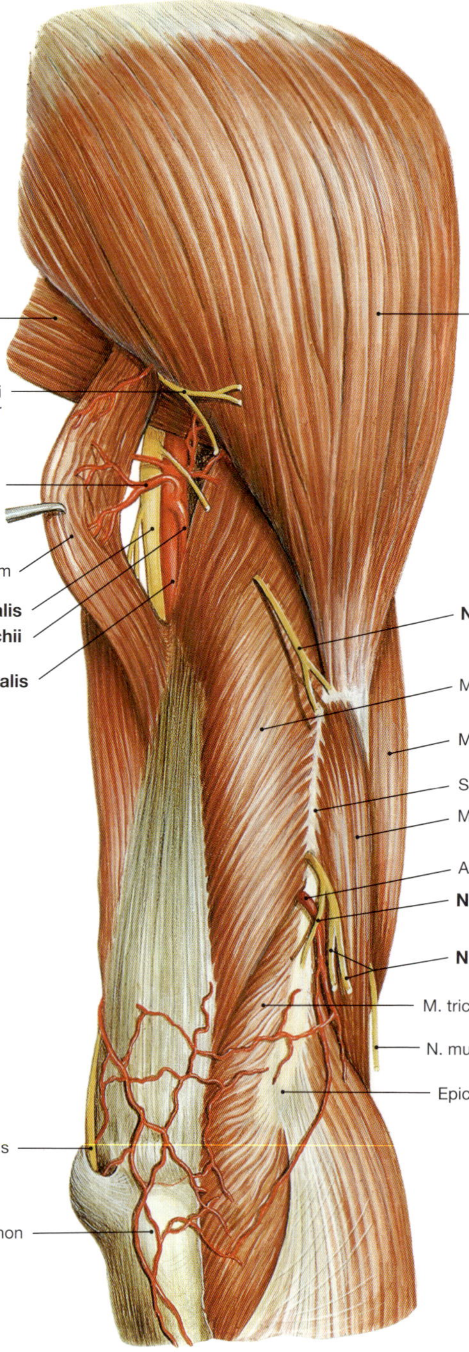

Abb. 3.150 Arterien und Nerven der lateralen Seite des Oberarms, Regio brachii posterior, rechts; Ansicht von dorsal lateral.
Das Caput longum und das Caput laterale des M. triceps brachii sind auseinandergedrängt worden, um den durch die beiden Muskelbäuche begrenzten **Trizeps-Schlitz** besser erkennen zu können, durch den der **N. radialis** und die **A. profunda brachii** nach dorsal ziehen und sich dann im Sulcus nervi radialis an den Humerusschaft anlegen. Wie zu sehen ist, gibt der N. radialis die motorischen Äste für den M. triceps und auch den N. cutaneus brachii posterior bereits beim Durchtritt durch den Trizeps-Schlitz ab. Der N. cutaneus brachii lateralis inferior geht dagegen zusammen mit dem N. cutaneus antebrachii posterior erst im Bereich des Sulcus nervi radialis ab.

Klinik

Bei einer **Humerusschaftfraktur** mit Schädigung des N. radialis bleibt die Funktion des M. triceps brachii in der Regel unbeeinträchtigt, da der N. radialis die motorischen Äste für den M. triceps und auch den N. cutaneus brachii posterior bereits beim Durchtritt durch den Trizeps-Schlitz abgibt. Da der N. cutaneus brachii lateralis inferior zusammen mit dem N. cutaneus antebrachii posterior erst im Bereich des Sulcus nervi radialis abgeht, kann er daher von der Schädigung betroffen sein.

Gefäße und Nerven des Oberarms

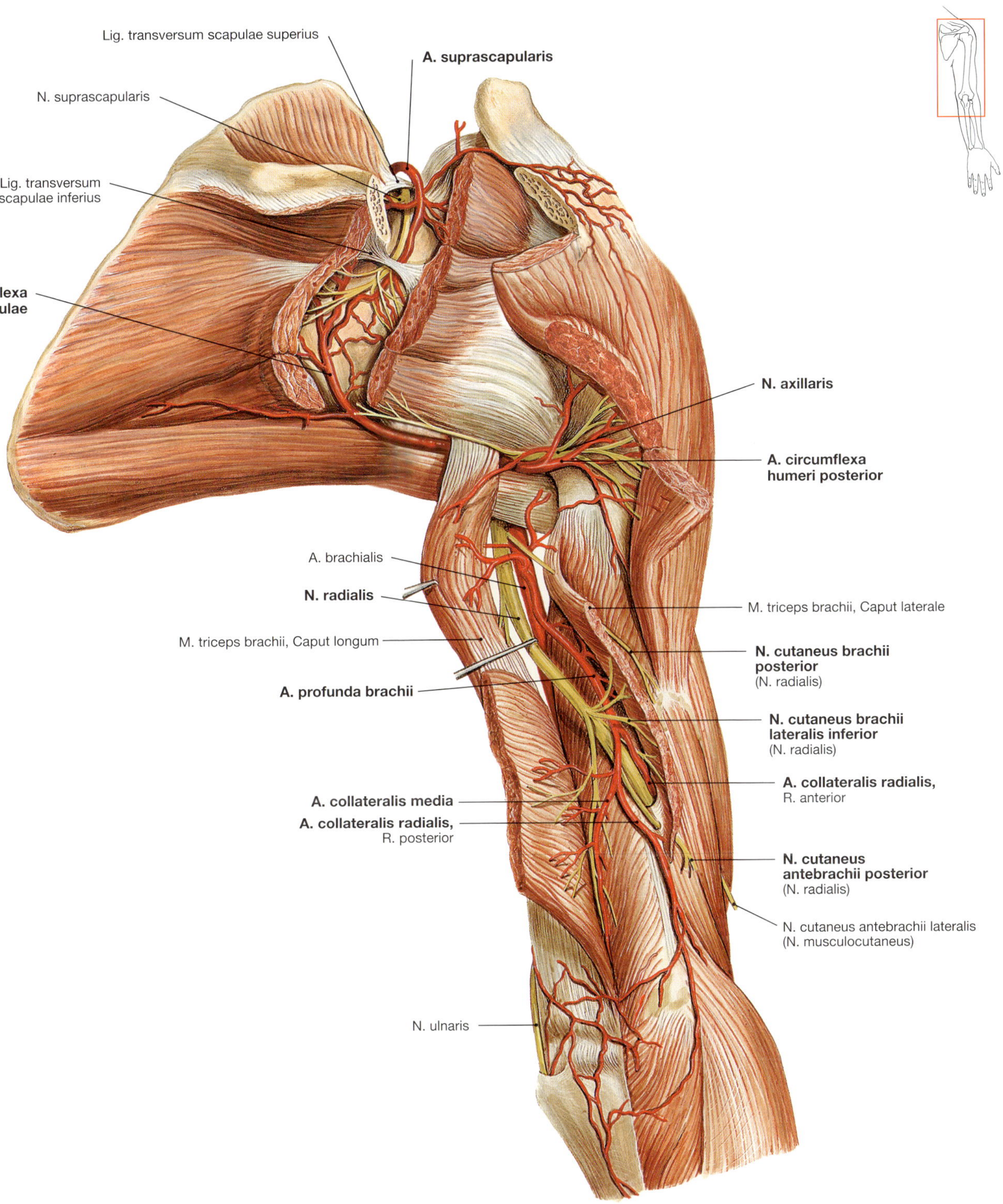

Abb. 3.151 Arterien und Nerven der Schulter, Regio deltoidea, und der lateralen Seite des Oberarms, Regio brachii dorsalis, rechts; Ansicht von dorsal lateral.

Hier ist noch einmal die Astabfolge des **N. radialis** dargestellt. Der **Trizeps-Schlitz** wurde verlängert, indem Caput longum und Caput laterale des M. triceps brachii scharf voneinander getrennt wurden. Die motorischen Äste für den M. triceps brachii und der N. cutaneus brachii posterior gehen bereits beim Durchtritt durch den Trizeps-Schlitz ab. Der N. cutaneus brachii lateralis inferior und der N. cutaneus antebrachii posterior werden dagegen erst im Sulcus nervi radialis abgegeben. Mit dem N. radialis verläuft die A. profunda brachii, die sich in die A. collateralis media (zum Epicondylus medialis) und in die A. collateralis radialis (in Begleitung des Nervs) aufteilt.

Weiterhin zeigt das Präparat die **Achsellücken** mit durchtretenden Strukturen. Der N. axillaris zieht mit der A. circumflexa humeri posterior durch die laterale Achsellücke. Die A. circumflexa scapulae gelangt durch die mediale Achsellücke nach dorsal. In der Fossa infraspinata bildet die A. circumflexa scapulae (Stromgebiet der A. axillaris) eine wichtige Anastomose mit der A. suprascapularis (Stromgebiet der A. subclavia). Durch diesen Arterienring, der oft durch Anastomosen mit der A. dorsalis scapulae (ebenfalls aus dem Stromgebiet der A. subclavia, hier nicht gezeigt) ergänzt wird, kann ein Umgehungskreislauf zur Versorgung des Arms unterhalten werden, wenn die A. axillaris proximal verschlossen ist.

Die A. suprascapularis zieht zunächst über dem Lig. transversum scapulae superius in die Fossa supraspinata der Scapula, während der N. suprascapularis unter dem Ligament durch die Incisura scapulae hindurch tritt. Nerv und Arterie werden dann beim Übergang in die Fossa infraspinata vom Lig. transversum scapulae inferius überbrückt.

Gefäße und Nerven des Unterarms

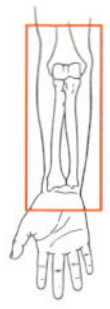

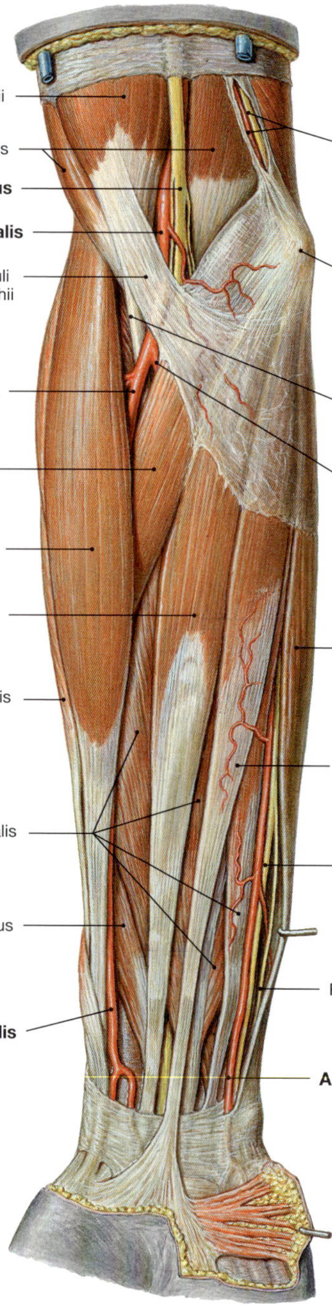

Abb. 3.152 Arterien und Nerven der oberflächlichen Schicht des Unterarms, Regio antebrachii anterior, rechts; Ansicht von ventral. Der **N. medianus** zieht zusammen mit der A. brachialis von medial in die Ellenbeuge. Die A. brachialis teilt sich in die A. radialis und in die A. ulnaris, die beide zu den jeweiligen Seiten der Handgelenke ziehen.

Der Puls wird vorzugsweise an der A. radialis knapp proximal der Handgelenke getastet. Die A. ulnaris wird vom N. ulnaris begleitet, der ebenfalls vom M. flexor carpi ulnaris bedeckt wird, wie am distalen Unterarm zu sehen ist.

Gefäße und Nerven des Unterarms

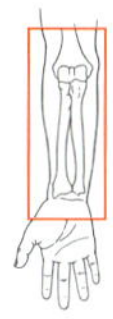

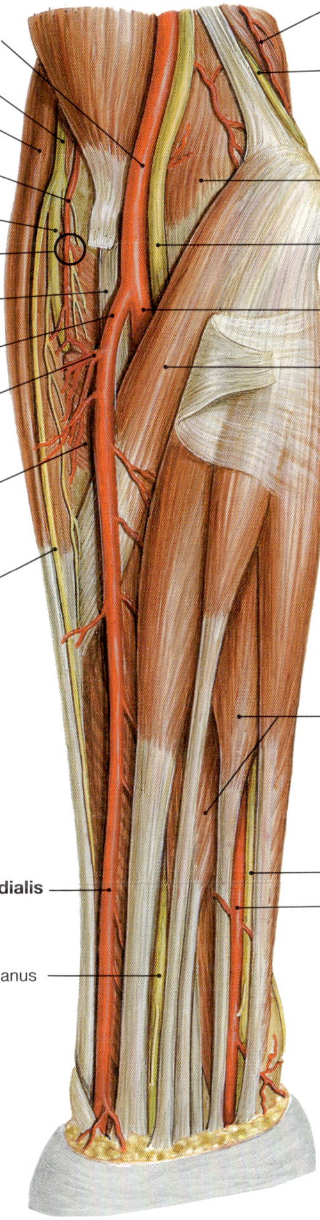

Abb. 3.153 Arterien und Nerven der oberflächlichen Schicht des Unterarms, Regio antebrachii anterior, rechts; Ansicht von ventral; nach Entfernung des M. brachioradialis und der Aponeurosis bicipitis antebrachii.

Der M. brachioradialis und der Ansatz des M. biceps brachii an der Fascia antebrachii (Aponeurosis musculi bicipitis antebrachii) wurden entfernt, um die Aufzweigung der **A. brachialis** und den Verlauf von A. und N. radialis darzustellen. Nach Aufzweigung der A. brachialis setzt die **A. radialis** den Verlauf fort und gelangt unter dem M. brachioradialis zur radialen Seite des Handgelenks. Unter dem M. brachioradialis steigt auch die A. recurrens radialis zum Gefäßnetz des Ellenbogens (Rete articulare cubiti) auf, wo sie mit der A. collateralis radialis anastomosiert (*). Die **A. ulnaris** geht dorsal des M. pronator teres ab, lagert sich unterhalb der Ellenbeuge dem N. ulnaris an und zieht unter dem M. flexor carpi ulnaris zur ulnaren Seite des Handgelenks. Zwischen M. brachioradialis und M. brachialis **(Radialis-Tunnel)** tritt der **N. radialis** von lateral in die Ellenbeuge ein und teilt sich in R. superficialis und R. profundus. Der **R. superficialis** begleitet die A. radialis bis zum distalen Drittel des Unterarms, bevor er auf die Dorsalseite wechselt. Der **R. profundus** innerviert und durchbohrt den M. supinator **(Supinator-Kanal).** Am Eintritt in den Muskel befindet sich häufig ein scharfkantiger Sehnenbogen **(FROHSE-FRÄNKEL-Arkade),** der den Nerv komprimieren kann.

Gefäße und Nerven des Unterarms

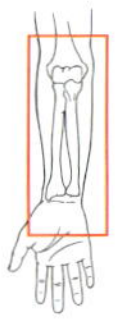

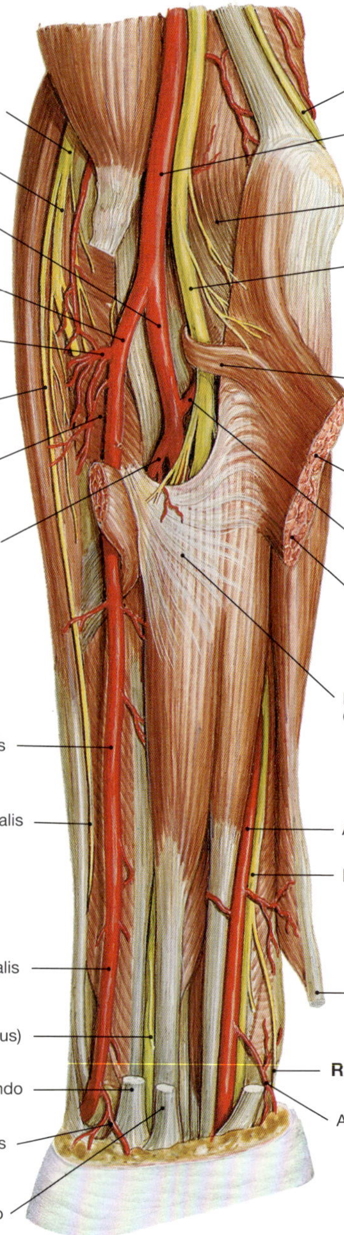

Abb. 3.154 Arterien und Nerven der tiefen Schicht des Unterarms, Regio antebrachii anterior, rechts; Ansicht von ventral; nach Spaltung von M. pronator teres und M. flexor carpi radialis sowie Entfernung des M. palmaris longus.

Wenn man die Muskeln der oberflächlichen Schicht der Unterarmbeuger spaltet, kann man die proximalen Äste der **A. ulnaris** erkennen: Die A. interossea communis steigt als kurzes starkes Gefäß ab, während die A. recurrens ulnaris unter dem M. pronator teres aufsteigt. Der **N. medianus** tritt zwischen den beiden Köpfen des M. pronator teres hindurch in die Schicht zwischen den mittleren und tiefen Beugern des Unterarms.

Am distalen Unterarm ist die Sehne des M. flexor carpi ulnaris durchtrennt worden, wodurch der Abgang des **R. dorsalis des N. ulnaris** und sein Verlauf zum Handrücken erkennbar werden.

Gefäße und Nerven des Unterarms

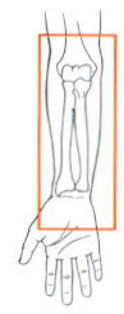

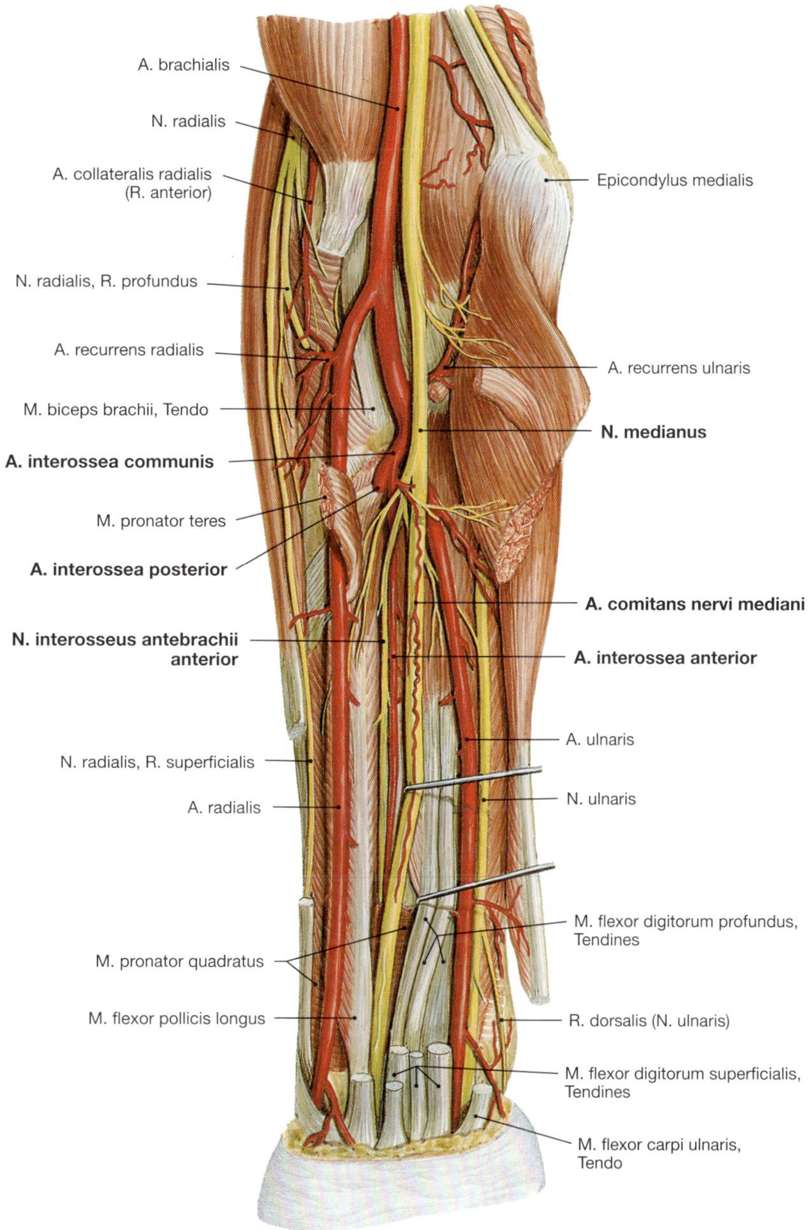

Abb. 3.155 Arterien und Nerven der tiefen Schicht des Unterarms, Regio antebrachii anterior, rechts; Ansicht von ventral; nach Ablösung aller oberflächlichen Beuger.

Wenn alle oberflächlichen Beuger einschließlich des M. flexor digitorum superficialis entfernt werden, ist der gesamte Verlauf des **N. medianus** zu erkennen. Er zieht zwischen oberflächlichen und tiefen Beugern in der Mittellinie des Unterams nach distal, wobei er oft von einem eigenen dünnen Blutgefäß (A. comitans nervi mediani) begleitet wird. Am proximalen Unterarm gibt er den N. interosseus antebrachii anterior ab, der die tiefen Beuger motorisch und die Handgelenke sensorisch innerviert. Der Nerv wird von der A. interossea anterior begleitet, während die A. interossea posterior durch die Membrana interossea antebrachii nach dorsal tritt.

Gefäße und Nerven von Ellenbeuge und Ellenbogen

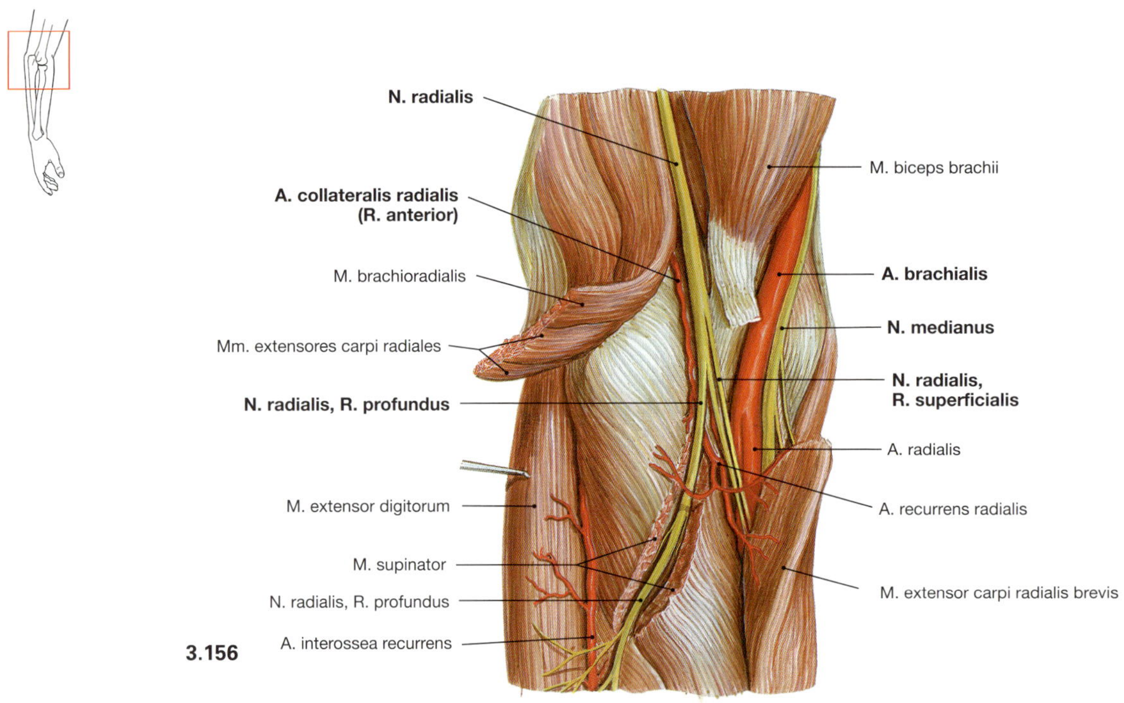

3.156

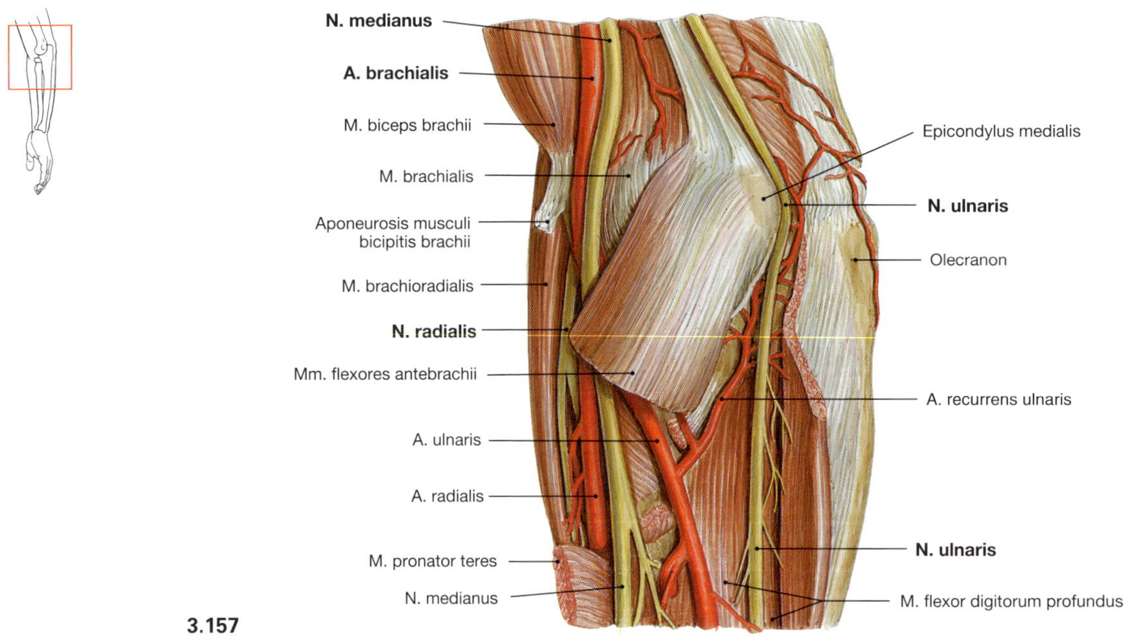

3.157

Abb. 3.156 und Abb. 3.157 Arterien und Nerven der Ellenbeuge, Regio cubitalis anterior, rechts; Ansicht von lateral (radial) (→ Abb. 3.156). **Arterien und Nerven des Ellenbogens, Regio cubitalis posterior, rechts;** Ansicht von medial (ulnar) (→ Abb. 3.157).
Die Abbildungen zeigen nach Spaltung verschiedener oberflächlichen Beuger und Strecker den Verlauf der Armnerven im Bereich von Ellenbeuge und Ellenbogen. Der **N. medianus** gelangt mit der A. brachialis von medial in die Ellenbeuge, während der **N. radialis** zusammen mit der A. collateralis radialis zwischen M. brachioradialis und M. brachialis **(Radialis-Tunnel)** von lateral in die Ellenbeuge eintritt, wo er sich in seine beiden Endäste teilt. Der R. superficialis setzt den Verlauf unter dem M. brachioradialis fort. Der R. profundus gelangt durch den M. supinator **(Supinator-Kanal)** auf die Dorsalseite. Der **N. ulnaris** liegt am Ellenbogen im Sulcus nervi ulnaris direkt dem Knochen an, wo er bei Kompression gereizt werden kann **(„Musikantenknochen")**. Danach zieht der N. ulnaris unter dem M. flexor carpi ulnaris auf die Beugeseite des Unterarms.

Gefäße und Nerven des Unterarms

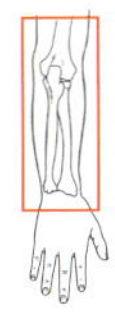

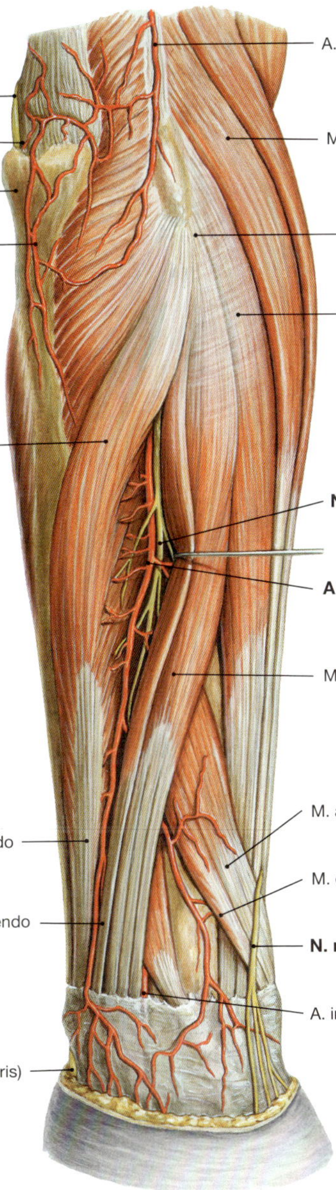

Abb. 3.158 Arterien und Nerven der tiefen Schicht des Unterarms, Regio antebrachii posterior, rechts; Ansicht von radial.
Der M. extensor digiti minimi ist zur Seite gedrängt worden, um den Verlauf des **R. profundus des N. radialis** sichtbar zu machen, der mit der A. interossea posterior zwischen den oberflächlichen und tiefen Streckern absteigt. An der Radialseite des Handgelenks tritt der **R. superficialis des N. radialis** unter dem M. brachioradialis hervor und gelangt auf den Handrücken.

Gefäße und Nerven des Unterarms

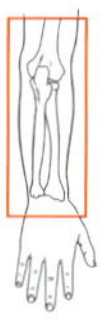

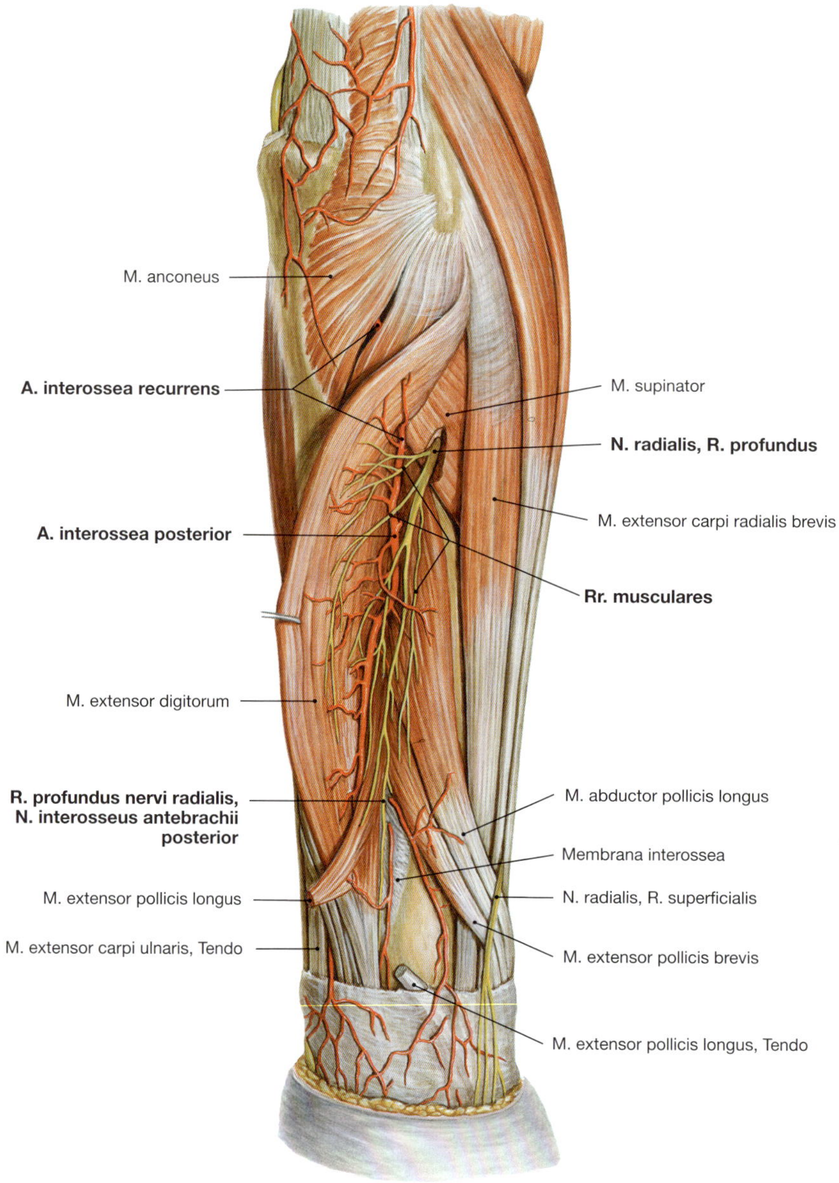

Abb. 3.159 Arterien und Nerven der tiefen Schicht des Unterarms, Regio antebrachii posterior, rechts; Ansicht von radial.
Der M. extensor digitorum wurde weggeklappt, um die Äste des **R. profundus des N. radialis** und der **A. interossea posterior** darzustellen. Der R. profundus des N. radialis innerviert nach seinem Durchtritt durch den M. supinator am Unterarm alle oberflächlichen und tiefen Strecker, bevor er als sensorischer N. interosseus antebrachii posterior an den Handgelenken ausläuft. Die A. interossea posterior gibt nach ihrem Durchtritt durch die Membrana interossea antebrachii die A. interossea recurrens ab, die unter dem M. anconeus zum Gefäßnetz des Ellenbogens (Rete articulare cubiti) aufsteigt.

Arterien der Hand

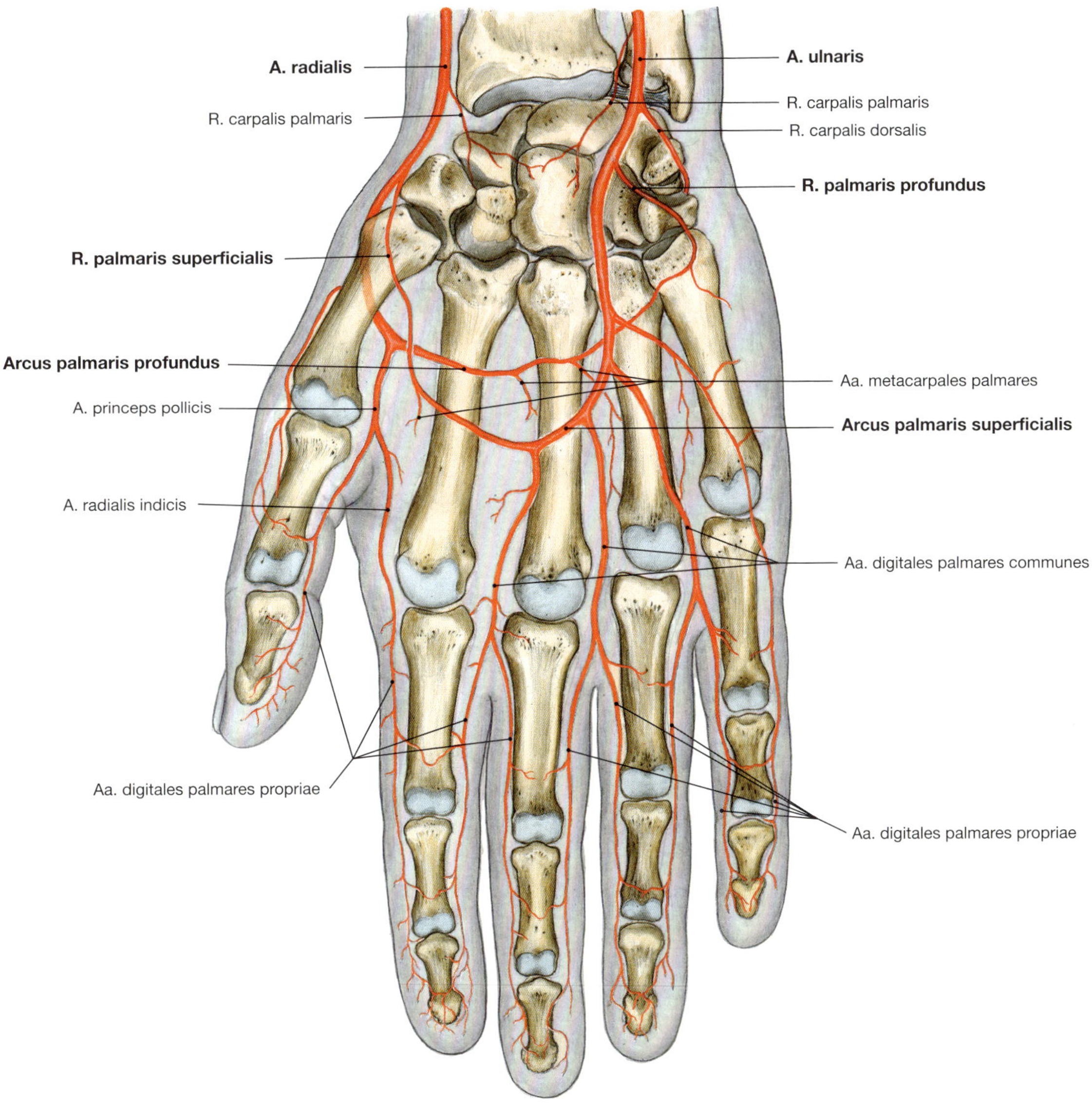

Abb. 3.160 Arterien der Hand, Manus, rechts; Ansicht von palmar. Die Handfläche wird aus der A. radialis und der A. ulnaris versorgt, die sich im Regelfall gemeinsam an der Bildung der beiden Hohlhandbögen beteiligen. Die **A. radialis** geht in den **tiefen Hohlhandbogen** (Arcus palmaris profundus, → Abb. 3.161) über und entsendet einen Verbindungsast zum oberflächlichen Hohlhandbogen (Arcus palmaris superficialis). Umgekehrt bildet die **A. ulnaris** den **oberflächlichen Hohlhandbogen** (→ Abb. 3.162) und gibt einen Ast zum Arcus palmaris profundus ab.

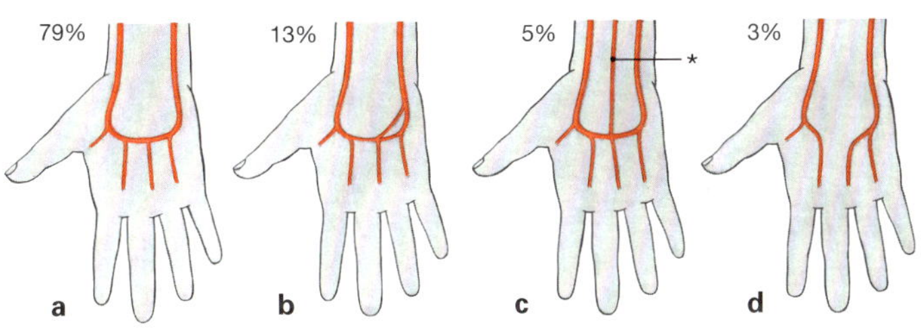

Abb. 3.161a bis d Varietäten des tiefen Hohlhandbogens.
Der tiefe Hohlhandbogen bildet die Aa. metacarpales palmares und versorgt durch diese die Handfläche einschließlich der Mm. interossei. Die meist relativ schwachen Aa. metacarpales palmares verbinden sich z.T. in den Zwischenfingerräumen mit den Arterien der Finger, die dem oberflächlichen Hohlhandbogen entspringen.
Der tiefe Hohlhandbogen ist meist geschlossen, jedoch kann die A. interossea anterior angeschlossen sein (*).

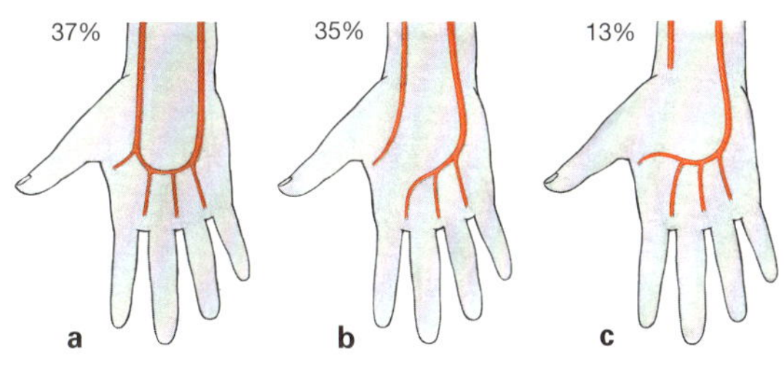

Abb. 3.162a bis c Varietäten des oberflächlichen Hohlhandbogens.
Der oberflächliche Hohlhandbogen bildet die Aa. digitales palmares für den zweiten bis fünften Finger. Daumen (A. princeps pollicis) und die Radialseite des Zeigefingers (A. radialis indicis) werden durch direkte Äste der A. radialis versorgt. Zusammenfassend versorgt die A. radialis die Handfläche sowie die radialen 1½ Finger, die A. ulnaris dagegen die ulnaren 3½ Finger.
Oft ist kein vollständiger oberflächlicher Hohlhandbogen vorhanden. A. radialis und A. ulnaris weisen dann getrennte Versorgungsgebiete auf.

Gefäße und Nerven der Hohlhand

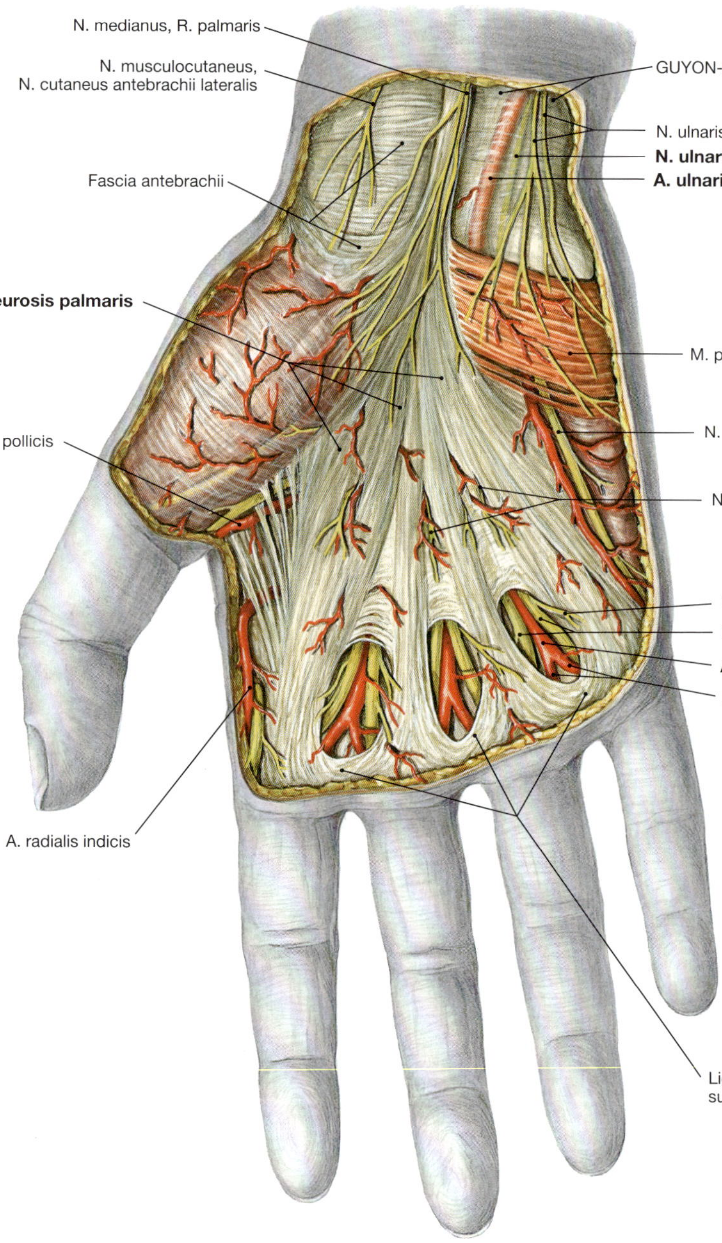

Abb. 3.163 Arterien und Nerven der oberflächlichen Schicht der Hohlhand, Palma manus, rechts; Ansicht von palmar.
In der Hohlhand sind die Blutgefäße und Nerven durch die **Palmaraponeurose** (Aponeurosis palmaris) bedeckt und daher relativ gut geschützt. Proximal der Grundgelenke sind zwischen den Längszügen der Aponeurose die Nn. digitales palmares aus dem N. medianus und dem N. ulnaris sowie die Aufzweigungen der Aa. digitales palmares communes in die Endäste für die einzelnen Finger sichtbar. N. ulnaris und A. ulnaris liegen im Bereich der Handgelenke oberflächlich in der **GUYON-Loge** und sind hier anfällig für Verletzungen und Kompression.

Gefäße und Nerven der Hohlhand

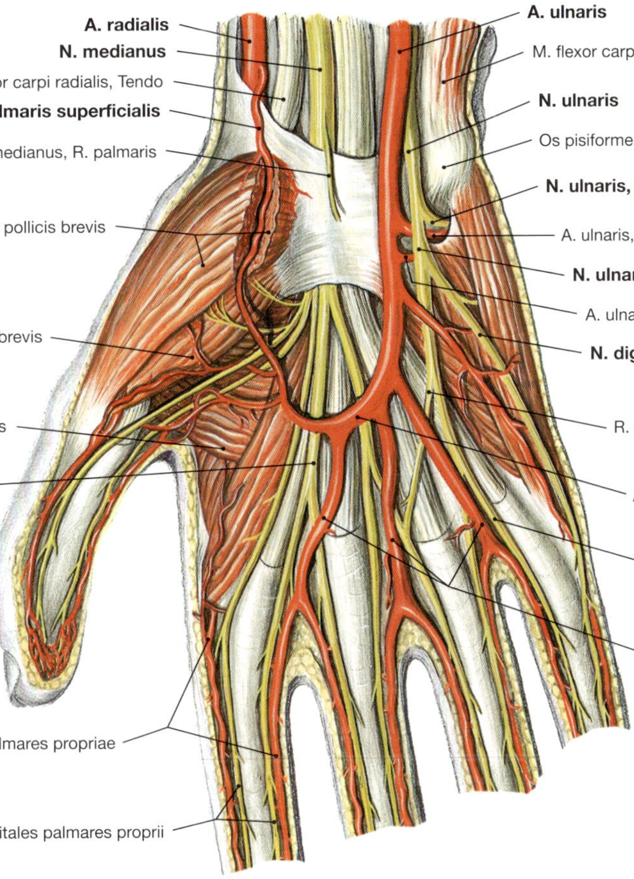

Abb. 3.164 Arterien und Nerven der mittleren Schicht der Hohlhand, Palma manus, rechts; Ansicht von palmar; nach Entfernung der Palmaraponeurose.

Der **oberflächliche Hohlhandbogen** (Arcus palmaris superficialis) wird im Wesentlichen von der A. ulnaris gebildet und anastomosiert meist mit einem Ast (R. palmaris superficialis) aus der A. radialis. Der oberflächliche Hohlhandbogen überquert die Sehnen der langen Fingerbeuger und gibt dabei die Aa. digitales palmares für die ulnaren 3½ Finger ab. Der **N. ulnaris** begleitet die A. ulnaris durch die **GUYON-Loge,** die hier eröffnet ist. Distal des Os pisiforme teilt sich der N. ulnaris bereits in den R. profundus und in den R. superficialis, der die Verlaufsrichtung fortsetzt. Der **R. superficialis** verzweigt sich in die Nn. digitales palmares für die sensorische Innervation der ulnaren 1½ Finger. Die radialen 3½ Finger werden durch entsprechende Äste des **N. medianus** innerviert, der unter dem Retinaculum musculorum flexorum durch den **Karpaltunnel** (Canalis carpi) in die Hohlhand gelangt.

Gefäße und Nerven der Hohlhand

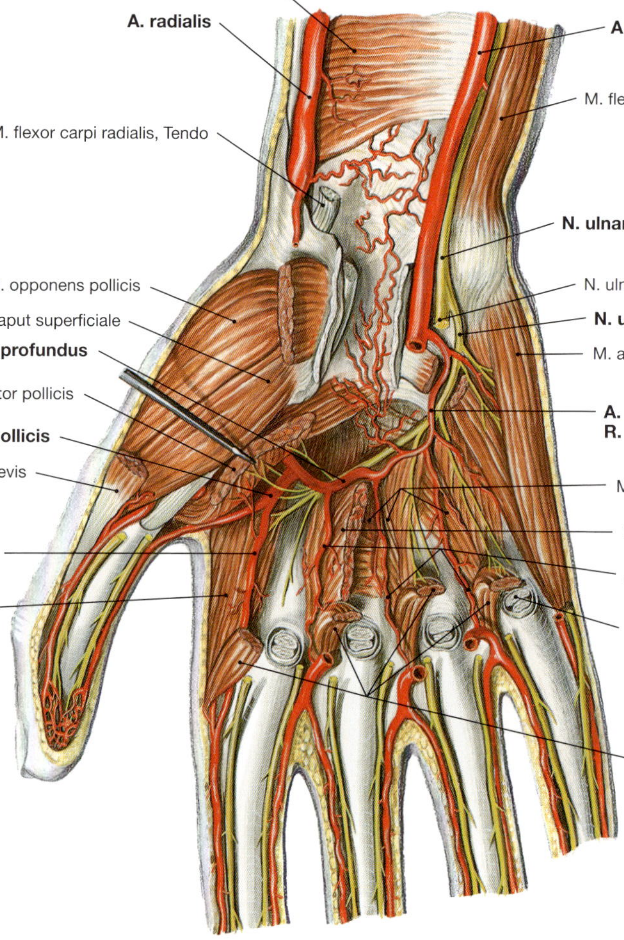

Abb. 3.165 Arterien und Nerven der tiefen Schicht der Hohlhand, Palma manus, rechts; Ansicht von palmar; nach Entfernung der langen Beugersehnen und der Mm. lumbricales sowie Spaltung des M. adductor pollicis.

Der **tiefe Hohlhandbogen** (Arcus palmaris profundus) geht aus der A. radialis hervor und anastomosiert meist mit dem R. palmaris profundus der A. ulnaris. Er liegt **unter** dem M. adductor pollicis und auf den Basen der Ossa metacarpi und damit weiter proximal als der oberflächliche Hohlhandbogen. Der tiefe Hohlhandbogen entsendet die meist recht schwachen Aa. metacarpales palmares. Auf seinem Weg über die Mm. interossei wird er vom **R. profundus des N. ulnaris** begleitet, der die motorische Innervation unter anderem der Kleinfingermuskeln, der Mm. interossei und der beiden ulnaren Mm. lumbricales übernimmt. Die Arterien für den Daumen (A. princeps pollicis) und für die Radialseite des Zeigefingers (A. radialis indicis) sind ebenfalls Äste der A. radialis.

Gefäße und Nerven des Handrückens

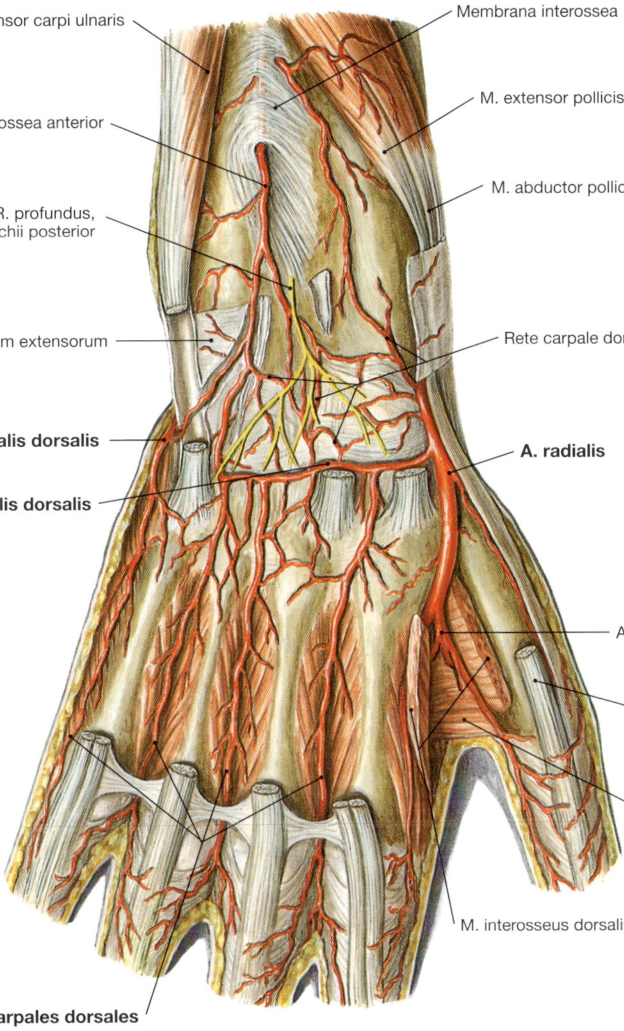

Abb. 3.166 Arterien und Nerven des Handrückens, Dorsum manus, rechts; Ansicht von dorsal; nach Entfernung der langen Streckersehnen.
Sowohl die **A. radialis** als auch die **A. ulnaris** geben im Bereich der Handgelenke je einen **R. carpalis dorsalis** zum Handrücken ab, die miteinander anastomosieren. Der radiale Ast ist meist stärker und stellt ganz überwiegend die Aa. metacarpales dorsales, die den Handrücken und als Aa. digitales dorsales die Finger bis zu den Mittelgelenken versorgen. Die Mittel- und Endglieder der Finger werden von den palmaren Fingerarterien mitversorgt. Die A. metacarpalis dorsalis I geht direkt aus der A. radialis hervor, bevor diese zwischen den Köpfen des M. interosseus dorsalis I hindurch tritt und in die Handfläche gelangt.

Gefäße und Nerven des Handrückens

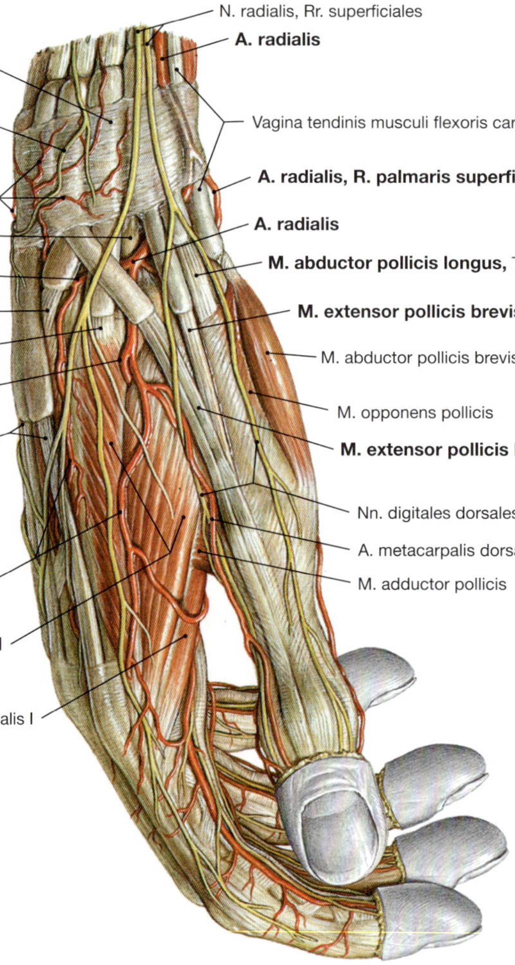

Abb. 3.167 Arterien und Nerven des Handrückens, Dorsum manus, rechts; Ansicht von radial.
Die Abbildung verdeutlicht den **Verlauf der A. radialis** im Bereich der Handgelenke. Im Bereich des proximalen Handgelenks liegt die A. radialis zwischen den Sehnen des M. brachioradialis und des M. flexor carpi radialis. Sie unterquert dann zunächst das Retinaculum musculorum extensorum und gibt den R. palmaris superficialis ab, der sich mit dem oberflächlichen Hohlhandbogen verbindet. Die A. radialis unterquert dann die Sehnen der beiden Strecker des ersten Sehnenfachs (M. abductor pollicis longus und M. extensor pollicis brevis, → Abb. 3.87) und gelangt in die **Fovea radialis** (**Tabatière;** zwischen den Sehnen der Mm. extensores pollicis brevis und longus), wo sie den R. carpalis dorsalis abgibt. Nach Unterkreuzung der Sehne des M. extensor pollicis longus gibt die A. radialis die A. metacarpalis dorsalis für den Daumen ab und tritt zwischen den beiden Köpfen des M. interosseus dorsalis I in die Hohlhand über. Manchmal liegt aber auch eine oberflächliche Verlaufsvariante vor, bei der die Arterie über die Strecksehnen hinwegzieht.

Hand, Sagittalschnitt

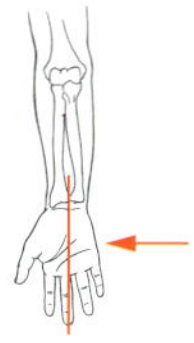

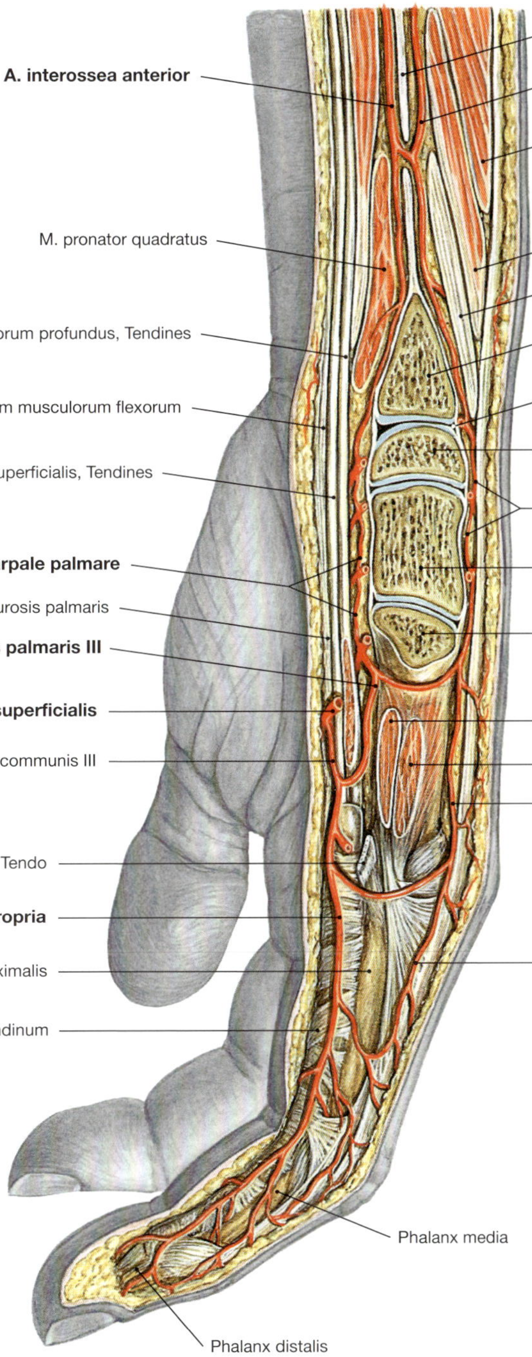

Abb. 3.168 Arterien der Hand, Manus, rechts; Ansicht von ulnar; Sagittalschnitt auf Höhe der ulnaren Fläche des Mittelfingers.
Am distalen Unterarm verlaufen die Aa. interosseae anterior und posterior beidseits der Membrana interossea antebrachii. Die Handwurzel wird palmar und dorsal durch Gefäßnetze (Rete carpale palmare und dorsale) versorgt, die von A. radialis und A. ulnaris gespeist werden. Aus dem dorsalen Gefäßnetz gehen die Metakarpal- und die Fingerarterien des Handrückens hervor. Auf der Handfläche entspringen die Metakarpalarterien dem tiefen und die Fingerarterien dem oberflächlichen Hohlhandbogen. Jeder Finger erhält insgesamt vier Fingerarterien (palmar und dorsal jeweils an der radialen und ulnaren Seite). Die dorsalen Fingerarterien reichen nur bis zum Mittelglied. Mittel- und Endglieder werden von Ästen der palmaren Fingerarterien versorgt.

Oberarm, Transversalschnitte

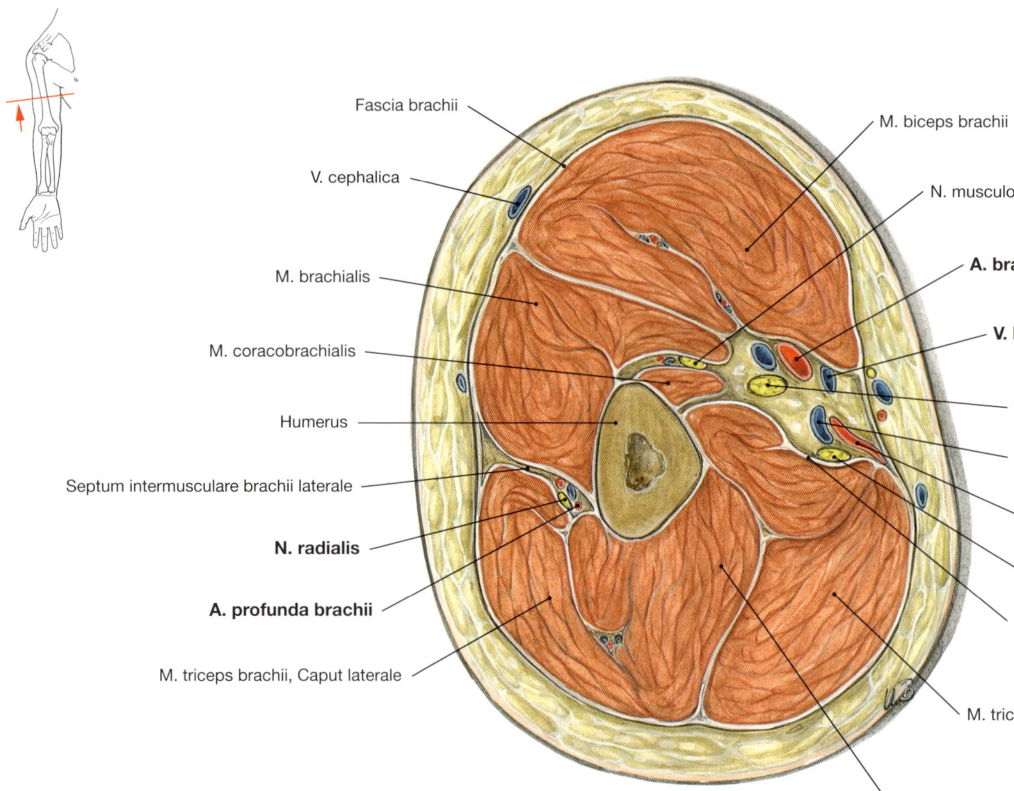

Abb. 3.169 Oberarm, Brachium, rechts; Ansicht von distal; Transversalschnitt auf Höhe der Mitte des Oberarms.

Im Querschnitt wird besonders deutlich, dass es am Oberarm **zwei Muskelgruppen** gibt. Ventral liegen die Beuger des Ellenbogengelenks. Dabei liegt der M. biceps brachii dem M. brachialis auf, der etwas weiter lateral entspringt. Der Ansatz des M. coracobrachialis am medialen Humerusschaft ist ebenfalls abgrenzbar. Die Rückseite des Oberarms wird von den Köpfen des M. triceps brachii eingenommen. Die **Leitungsbahnen** verlaufen in **zwei Gefäß-Nerven-Straßen.** Medial verlaufen im Sulcus bicipitalis medialis vor dem Septum intermusculare brachii mediale der N. medianus in Begleitung der A. brachialis und der Vv. brachiales (mediale Gefäß-Nerven-Straße). Die V. basilica hat bereits die Faszie durchbrochen und ist hier kurz vor ihrer Einmündung in die V. brachialis getroffen. Der N. ulnaris durchbricht weiter distal das Septum intermusculare brachii mediale und gelangt auf die Rückseite des Epicondylus medialis. Lateral schlingt sich der N. radialis zusammen mit der A. profunda brachii im Sulcus nervi radialis um den Humerusschaft (dorsale Gefäß-Nerven-Straße) und steigt zwischen M. brachialis und M. triceps brachii ab.

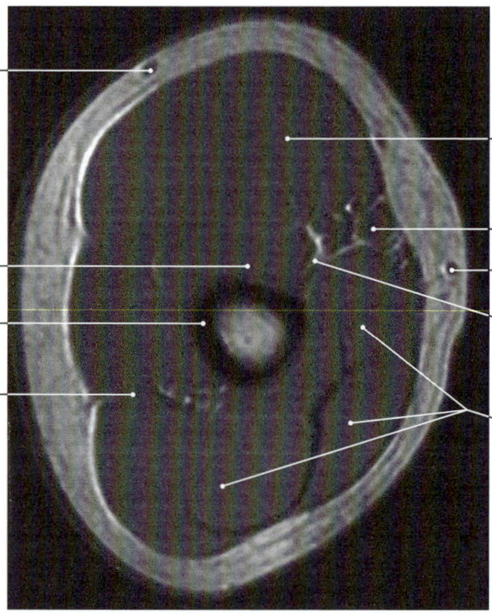

Abb. 3.170 Oberarm, Brachium, rechts; Ansicht von distal; magnetresonanztomographischer Querschnitt (axiales MRT) in Höhe der Oberarmmitte.

Unterarm und Handwurzel, Transversalschnitte

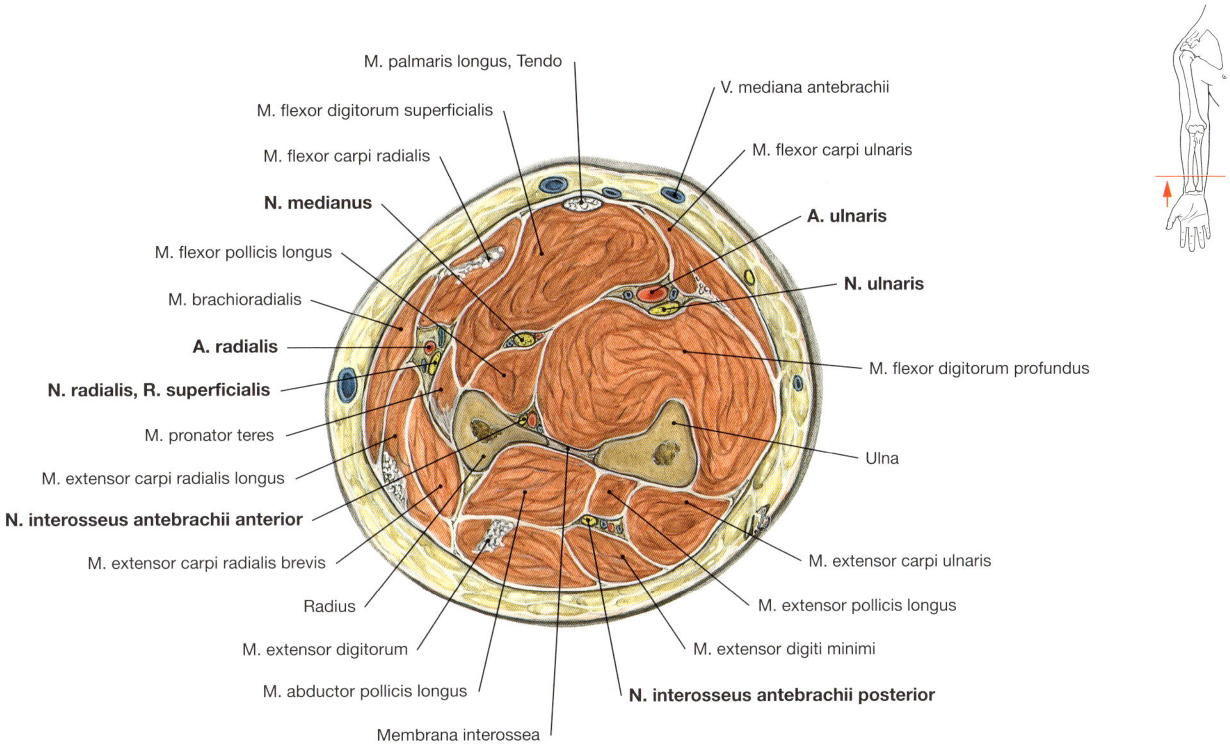

Abb. 3.171 Unterarm, Antebrachium, rechts; Ansicht von distal; Transversalschnitt auf Höhe des distalen Drittels des Unterarms;
Am Unterarm gibt es **fünf Gefäß-Nerven-Straßen,** die zwischen die Muskelgruppen der oberflächlichen und tiefen Beuger und Strecker eingelagert sind. Unter dem M. brachioradialis verlaufen A. und V. radialis zusammen mit dem R. superficialis des N. radialis (radiale Gefäß-Nerven-Straße).
Zwischen oberflächlichen und mittleren Beugern liegt in der Mittellinie des Unterarms (mittlere Gefäß-Nerven-Straße) der N. medianus zusammen mit einer dünnen Begleitarterie (A. comitans nervi mediani); unter dem M. flexor carpi ulnaris die A. und die V. sowie der N. ulnaris (ulnare Gefäß-Nerven-Straße). Vor der Membrana interossea antebrachii liegen A., V. interossea anterior und N. interosseus anterior (interossäre Gefäß-Nerven-Straße). Dorsal liegen zwischen den oberflächlichen und den tiefen Streckern A. und V. interossea posterior und N. interosseus posterior (dorsale Gefäß-Nerven-Straße).

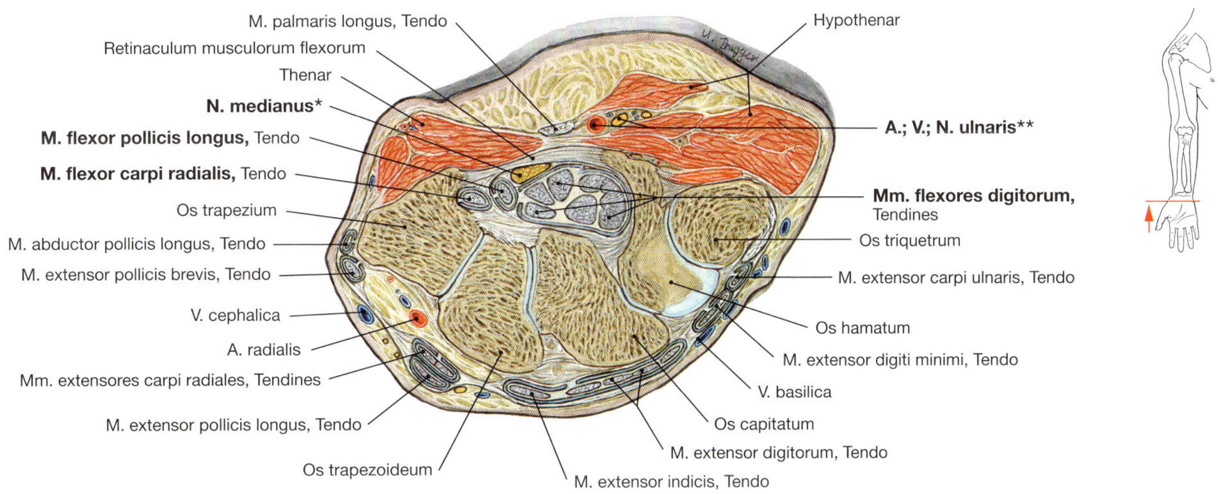

Abb. 3.172 Handwurzel, Carpus, rechts; Ansicht von distal; Transversalschnitt auf Höhe der distalen Reihe der Handwurzelknochen.
An der Handwurzel gibt es auf der palmaren Seite **zwei Gefäß-Nerven-Straßen,** die von hoher klinischer Bedeutung sind. Die Handwurzelknochen bilden mit dem Retinaculum musculorum flexorum den **Karpaltunnel** (Canalis carpi), durch den der N. medianus zusammen mit den Sehnen der langen Fingerbeuger zieht. Bei Schwellungen der Sehnenscheiden kann es daher zur Kompression des N. medianus kommen (Karpaltunnelsyndrom → Abb. 3.125). Auf dem Retinaculum liegen N., A. und V. ulnaris in der **GUYON-Loge** und sind hier aufgrund der oberflächlichen Lage Kompressionen von außen ausgesetzt (distale Läsion des N. ulnaris → Abb. 3.129).

* Karpaltunnel
** GUYON-Loge

Mittelhand und Mittelfinger, Transversalschnitte

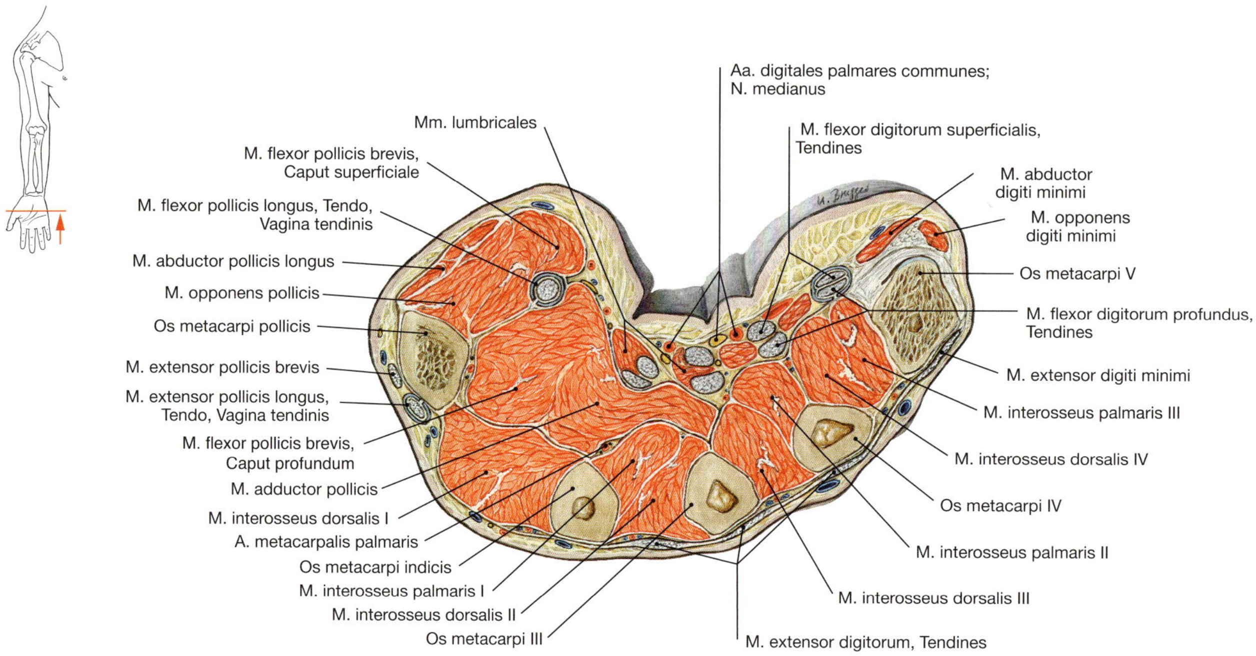

Abb. 3.173 Mittelhand, Metacarpus; Transversalschnitt auf Höhe der Mitte des dritten Mittelhandknochens.
Der Schnitt verdeutlicht die Lage der Muskeln in der Hohlhand, die in drei Schichten angeordnet sind (→ S. 62–67). **Oberflächlich** bedecken der M. abductor pollicis und der M. flexor pollicis brevis sowie der M. abductor digiti minimi die übrigen Muskeln des Daumen-/Kleinfingerballens. In der **mittleren Schicht** verlaufen die Sehnen des langen Fingerbeuger. An den Sehnen des M. flexor digitorum profundus entspringen außerdem die Mm. lumbricales. Darunter bilden die Mm. interossei palmares et dorsales die **tiefe Schicht** der Hohlhandmuskeln. Bei dieser Muskelgruppe ist erkennbar, dass die palmaren Muskeln tatsächlich mit den Muskelbäuchen weiter der Hohlhand zugewandt sind als die dorsalen Muskeln. Neben den Muskeln verdeutlicht die Abbildung auch die Lage der Fingerarterien (Aa. digitales palmares communes) und der sensorischen Endäste des N. medianus, die den Sehnen der Fingerbeuger aufliegen (→ Abb. 3.164).

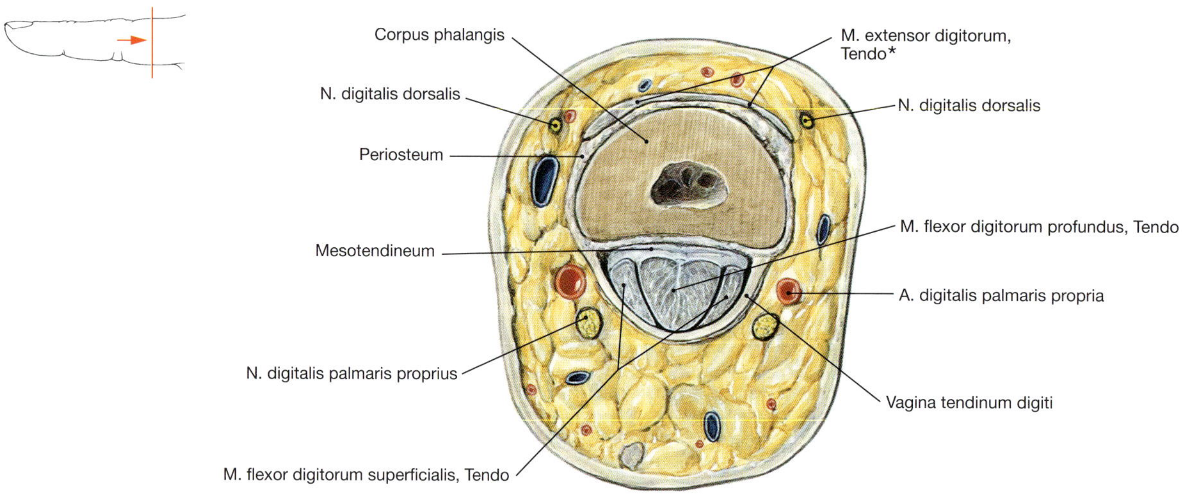

Abb. 3.174 Mittelfinger, Digitus medius [III]; Transversalschnitt durch den Schaft der Mittelphalanx.
Die Sehne des M. flexor digitorum profundus hat die Ansatzsehne des M. flexor digitorum superficialis durchbohrt und verläuft mit ihr zusammen in einer gemeinsamen Sehnenscheide (Vagina tendinum digiti). Die dorsalen Arterien und Nerven der Finger sind an der Mittelphalanx bereits viel dünner als die entsprechenden palmaren Leitungsbahnen. Daher wird verständlich, warum die Mittelglieder überwiegend und die Endglieder ausschließlich von den **palmaren Ästen** (A. digitalis palmaris propria und N. digitalis palmaris proprius) mitversorgt werden (→ Abb. 3.168).

Anhang

Glossar

Erläuterungen zum Glossar

Abkürzungen:

f	femininum
m	masculinum
n	neutrum
(Pl)	Plural
P.p.a.	Partizip Präsens aktiv
P.p.p.	Partizip Präsens passiv
Adj.	Adjektiv
Dim.	Diminutiv (Verkleinerungsform)
Komp.	Komparativ
Sup.	Superlativ
(ahd)	althochdeutsch
(altind)	altindisch
(altiran)	altiranisch
(altnord)	altnordisch
(arab)	arabisch
(etrusk)	etruskisch
(got)	gotisch
(gr)	griechisch
(idg)	indogermanisch
(l)	lateinisch
(lit)	litauisch
(mhd)	mittelhochdeutsch

Allgemeine, d.h. nicht fachspezifische Vorsilben (Präfixe):

a- (gr)	(verneinendes Präfix)
a-, ab-, abs- (l)	von, von...her
ac-, ad-, af- (l)	zu, zu...hin, an, bei, heran
amphi- (gr)	ringsum, herum, zu beiden Seiten
ana- (gr)	auf, hinauf
ante- (l)	vor, vorher
anti- (l)	gegen
apo- (gr)	von...weg, von...her, voran, gleich nach
bi- (l)	zweifach
circum- (l)	rundum, um...herum
co-, col-, con-, com- (l)	mit, zusammen
de- (l)	weg, von, herab
dia- (gr)	durch, hindurch, auseinander
di-, dis- (gr)	zwei
e-, ex- (l)	aus, heraus
en- (gr)	innen, drin, hinein
endo- (gr)	innen, drinnen
ep-, epi- (gr)	auf, drauf, über
hemi- (gr)	halb
hyper- (gr)	über, darüber, oberhalb
hypo- (gr)	darunter, unter, unterhalb
infra- (l)	unterhalb von, unten, gering
in-, im- (l)	hinein
inter- (l)	zwischen
intra-, intro- (l)	innerhalb von
meso- (gr)	mittlere, zwischen; Mitte
meta- (gr)	nach, hinter
ob-, op- (l)	entgegen, gegenüber
par-, para- (gr)	neben, bei
per- (l)	durch, hindurch, ganz, völlig
peri- (gr)	um, herum, ringsum
post- (l)	nach, hinter, hinten
prae-, pre- (l)	vor, vorne, wegen, vor...her
pro- (l)	vorne hin, voran, für
pro-, pros- (gr)	vorwärts, vorne
quadri- (l)	vier(fach)
re- (l)	hinten, wieder
retro- (l)	zurück, dahinter
semi- (gr)	halb
sub- (l)	unter, unterhalb
super- (l)	über, nach oben
supra- (l)	oberhalb, über, darüber
syn-, sym- (gr)	mit, zusammen
tri-, tris- (l)	drei(fach)

Allgemeine, d.h. nicht fachspezifische Nachsilben (Suffixe):

-aris,-e (l),-alis,-e (l),-eus,-a,-um (l):-isch,-ig Herkunft oder Zugehörigkeit ausdrückend)
-ideus,-a,-um (l):-förmig,-artig (Ähnlichkeit ausdrückend)
-icus,-a,-um (l),-ivus,-a,-um (l): (betreffend)
-osus,-a,-um (l): (reich an etwas)
-ulus,-a,-um (l): (Verkleinerungsform)

Glossar anatomischer Begriffe

Abdomen, -inis n *(l)* = Bauch, Unterleib. – abdere (l): wegtun, verbergen.

abducens, -entis *(l)* = wegführend. – P.p.a. von abducere (l): wegführen, wegziehen.

Abductor, -oris m *(l)* = der Abzieher, Wegführer.

aberrans *(l)* = abirrend. – P.p.a. von aberrare (l): abirren, sich irren, abkommen.

accessorius, -a, -um *(l)* = hinzukommend, zusätzlich. – accedere (l): dazugeben, dazutreten; cedere (l): treten, gehen, zuteil werden.

Acetabulum, -i n *(l)* = Hüftgelenkspfanne; urspr. das Essigschälchen.

Achilles, -is m *(l)* = Achilleus: griechischer Held vor Troja; wurde von Paris durch einen von Apoll gelenkten Pfeil an der Ferse tödlich verwundet.

acromialis, -e *(l)* = zur Schulterhöhe gehörend. – Adj. zu Acromion, -ii n *(l)*.

Acromion, -ii n *(l)* = Akrómion *(gr)*: Schulterhöhe, Schulterspitze. – akros *(gr)*: das Äußerste; ōmos *(gr)*: die Schulter, die höchstgelegene Stelle an der Schulter.

acusticus, -a, -um *(l)* = das Hören betreffend. – akoúein *(gr)*: hören.

Adductor, -oris m *(l)* = Heranführer, Hinzuziehender. – adducere *(l)*: heranführen, hinzuziehen; ducere *(l)*: führen, ziehen.

Adhesio, -onis f *(l)* = Anhaften. – adhaerere *(l)*: an etwas hängen, festhängen, angrenzen, anhaften.

adiposus, -a, -um *(l)* = fettreich, fetthaltig. – Adeps, -ipis m u. f *(l)*: weiches Fett.

Aditus, -us m *(l)* = Zugang, Eingang. – adire *(l)*: hinzugehen, herangehen.

Adminiculum, -i n *(l)* = Stütze, Beihilfe. – Minae, -arum f *(l)*: die Zinnen, die Mauern.

Aequator [Equator], -oris m *(l)* = größter Breitenkreis, Äquator.

afferens, -entis *(l)* = herbeitragend. – P.p.a. von afferre (ad-ferre) *(l)*: herbeitragen, herbeibringen, herantragen.

affixus, -a, -um *(l)* = angeheftet, befestigt. – P.p.p. von affigere (ad-figere) *(l)*: anheften.

Agger, -eris m *(l)* = Wall, Damm. – aggerere (adgerere) *(l)*: aufdämmen, vermehren.

aggregatus, -a, -um *(l)* = zusammengeschart, nahe beieinanderliegend. – P.p.p. von aggregare (ad-gregare) *(l)*: zusammenscharen, beigesellen.

Ala, -ae f *(l)* = 1. der Flügel a) als Bewegungsorgan, b) als Ruder der Segelschiffe, c) als Flanken der Legionen; 2. die Achsel: als Reproduktion der Ala (Flügel) des Vogels.

albicans *(l)* = weiß schimmernd. – P.p.a. von albicare *(l)*: weiß sein, schimmern.

albugineus, -a, -um *(l)* = weiß schimmernd. – Adj. zu Albugo, Tunica albuginea: derbe, weiße Bindegewebshülle.

Albugo, -inis f *(l)* = weißer Fleck. – albus *(l)*: weiß.

albus, -a, -um *(l)* = weiß, weißglänzend. – Alphós *(gr)*: weißer Ausschlag (Hautausschlag).

Allantois f *(gr)* = wurstähnliche Haut, Harnsack. – Állas *(gr)*: Wurst.

Alveolus, -i m *(l)* = kleine Mulde, Bienenzelle.

ambiguus, -a, -um *(l)* = sich nach zwei Seiten neigend. – ambigere *(l)*: nach zwei Seiten treiben, schwanken.

Amnion, -ii n oder **Amnios, -ii** m *(l)* = Schafhaut. – Ámnos *(gr)*: Schaf.

Amphiarthrosis, -is f *(l)* = ringsum bebändertes Gelenk. – amphi *(gr)*: ringsum, herum, zu beiden Seiten; Arthron *(gr)*: Glied, Gelenk.

Ampulla, -ae f *(l)* = Gefäß aus Ton/Glas mit engem Hals und blasig aufgetriebenem Bauch; kolbenförmige Verdickung. – Amphora, -ae f *(l)*: zweihenkeliger Krug mit engem Hals; Amphoreús *(gr)*: zweihenkeliges Gefäß; nach Hyrtl von Ampha, -ae f *(l)* (Griff) und Bulla, -ae f *(l)* (Blase).

amygdaloideus, -a, -um *(l)* = mandelähnlich, zu etwas Mandelähnlichem gehörend. – Amýgdale *(gr)*: Mandel.

analis, -e *(l)* = zum After gehörend. – Adj. zu Anus.

Anastomosis, -is f *(l)* = Vereinigung oder Verbindung zweier Kanäle. – anastomóein *(gr)*: eine Mündung herstellen, öffnen, eröffnen.

Anatomia, -ae f *(l)* = die Kunst des Zergliederns. – anatemnein *(gr)*: zerschneiden, zergliedern.

anconeus, -a, -um *(l)* = zum Ellenbogen gehörig. – Ankōn *(gr)*: der gebogene Arm, Ellenbogen.

Angiologia, -ae f *(l)* = Gefäßlehre. – Angeion *(gr)*: (Blut-)Gefäß; Logos *(gr)*: Wort, Sprache, Lehre.

Ansa, -ae f *(l)* = Öse, Schlinge, Henkel. – Hánia oder Ansia *(gr)*: Zügel, der dem Zugvieh durch die Nase gezogene Zügel.

ante *(l)* = 1. Präp.: vor, voran, voraus; 2. Adv.: vorne, vorwärts, vorher.

Angulus, -i m *(l)* = Winkel, Ecke. – Etym. unsicher; ankylos *(gr)*: krumm.

Antebrachium, -ii n *(l)* = Unterarm, Vorderarm. – **Brachium, -ii** n *(l)*: Arm.

anterior, -ius *(l)* = vorderer. – Komp. zu ante *(l)*: vor, vorn gelegen.

Anthelix, -icis f *(l)* = Gegenwindung. – antí *(gr)*: gegen; Hélix *(gr)*: Windung.

Antitragus, -i m *(l)* = kleiner Höcker gegenüber dem Tragus. – Trágos *(gr)*: Bock.

Antrum, -i n *(l)* = Grotte, Höhlung, Höhle. – Ántron *(gr)*: Höhle.

Anulus, -i m *(l)* = kleiner Ring.

Anus, -i m *(l)* = Kreis, Ring, After(ring).

Aorta, -ae f *(l)* = Hauptschlagader. – aéirein *(gr)*: etwas in die Höhe heben, um es zu tragen.

Apertura, -ae f *(l)* = Öffnung, Loch. – aperire *(l)*: öffnen, erschließen, aufdecken.

Apex, -icis m *(l)* = äußerste Spitze.

apicalis, -e *(l)* = zur Spitze gehörend. – Adj. zu Apex.

Aponeurosis, -is f *(l)* = flächenhafte, platte Sehne. – neuróein *(gr)*: die Sehne anspannen.

Appendix, -icis f *(l)* = Anhang, Anhängsel, Zugabe. – pendere: hängen, schweben.

Aqu(a)eductus, -us m *(l)* = Wasserleitung. – Aqua, -ae f *(l)*: Wasser; Ductus, -us m *(l)*: Zug, Leitung.

Arachnoidea, -ae f *(l)* = Spinnwebenhaut. – Aráchne *(gr)*: Spinne.

Arbor, -oris f *(l)* = Baum.

arcuatus, -a, -um u. **arcualis, -e** *(l)* = bogenförmig gekrümmt. – Adj. zu Arcus.

Arcus, -us m *(l)* = Bogen, Kreisbogen.

Area, -ae f *(l)* = Bezirk, freie Fläche, Stelle.

Areola, -ae f *(l)*: Dim. zu Area.

Arteria, -ae f *(l)* = Schlagader, Arterie. – von Áer *(gr)*: Luft u. täréein *(gr)*: enthalten, bewahren.

Articulatio, -onis f *(l)* = Gelenk. – Articulus, -i m *(l)*: Fingerglied, Knoten; Dim. zu Artus, -us m *(l)*: Gelenk, Glied; artýein *(gr)*: zusammenfügen, gliedern; Arthron *(gr)*: Glied, Verbindung.

arytenoideus, -a, -um *(l)* = dem Schnabel einer Gießkanne ähnlich. – Arytaina *(gr)*: Gießbecken, Gießkanne.

ascendens *(l)* = aufsteigend. – P.p.a. von ascendere *(l)*: aufsteigen, sich erheben, emporsteigen.

asper, -era, -erum *(l)* = rau, uneben.

Atlas, -antis m *(l)* = 1. Halswirbel. – Atlas: griechischer Heros, der die Säulen des Himmels trug. – tlas: P.p.a. von tlenai *(gr)*: tragen; der starke Träger.

atrioventricularis, -e *(l)* = zum Vorhof und zur Kammer gehörig. – Atrium, -ii n *(l)*: Vorhof, Vorraum; Ventriculus, -i m *(l)*: Dim. zu Venter: Hohlraum, 1. Magen, 2. Herzkammer, 3. Hirnkammer; ventricularis, -e *(l)*: Adj. zu Ventriculus.

Atrium, -ii n *(l)* = Vorhof, Halle. – etrusk. Ursprungs; Atarr *(etrusk)*: befestigtes Gebäude.

auditivus, -a, -um *(l)* = das Hören betreffend. – audire: hören.

Auricula, -ae f *(l)* = „kleines Ohr": 1. Ohrmuschel, 2. Herzohr. – Dim. zu Auris.

Auris, -is f *(l)* = Ohr. – Ous *(gr)*: Ohr.

autonomicus, -a, -um *(l)* = unabhängig. – autónomos *(gr)*: selbständig, autonom.

Avis, -is f *(l)* = Vogel, Vorbedeutung.

axillaris, -e *(l)* = zur Achselhöhle gehörig. – Adj. zu Axilla, -ae f *(l)*: die Achselhöhle; Dim. zu Ala.

Axis, -is m *(l)* = 1. Achse, 2. zweiter Halswirbel; er gibt die ruhende Achse an, um welche sich der 1. Halswirbel dreht. – Áxon *(gr)*: Wagenachse, Himmelsachse.

azygos, -on *(gr)* = unpaar, nicht gepaart, nicht verbunden.

basalis, -e u. **basilaris, -e** *(l)* = zur Basis gehörend, an der Basis liegend. – Adj. zu Basis.

basilicus, -a, -um *(l)* = königlich. – basilikos *(gr)*: königlich; *(arab)*: innen. – Basileus *(gr)*: König.

Basis, -eos f *(gr)* = Grundfläche, Untergrund, Grundlage, „Basis".

biceps, -itis m *(l)* = zweiköpfig. – Caput, -itis n *(l)*: der Kopf.

Bifurcatio, -onis f *(l)* = Gabelung. – Furca, -ae f *(l)*: Gabel.

bilifer, -fera, -ferum *(l)* = Galle leitend. – Bilis, -is f *(l)*: Galle; ferre (l): tragen, führen.

biliosus, -a, -um *(l)* = reich an Galle.

bipartitus, -a, -um *(l)* = zweigeteilt. – Pars, -tis f *(l)*: Teil.

Brachium, -ii n *(l)* = Arm, Zweig, Stiel. – Brachion *(gr)*: Oberarm, Arm.

Bregma, -atis n *(l)* = Vereinigungsstelle von Kranz- und Pfeilnaht. – Brégma *(gr)*: Vorderkopf.

brevis, -e *(l)* = kurz, klein, schmal. – brachýs *(gr)*: kurz.

bronchialis, -e *(l)* = zum Bronchus gehörend. – Adj. zu Bronchus.

Bronchus, -i m *(l)* = Hauptast der Luftröhre. – Bronchós *(gr)*: Luftröhre, Kehle.

Bucca, -ae f *(l)* = Wange, Backe, Mund. – byktäs *(gr)*: heulend (vom Wind); bu *(idg)*: aufblasen, schwellen.

Buccinator (richtig: **Bucinator**), **-oris** m *(l)* = Hornbläser. – Bucina, -ae f *(l)* = Hirten- und Waldhorn; Bykánä *(gr)*: Horn, Trompete; Bos, bovis m *(l)*: das Rind; canere *(l)*: singen.

buccopharyngeus, -a, -um *(l)* = von der Wange zum Pharynx verlaufend.

bulbospongiosus, -a, -um *(l)* = zum schwammigen Schwellkörper gehörend.

bulbourethralis, -e *(l)* = zum Schwellkörper und zur Harnröhre gehörig.

Bulbus, -i m *(l)* = zwiebel- oder knollenförmige Anschwellung bzw. Verdickung. – Bólbos *(gr)*: Anschwellung.

Bulla, -ae f *(l)* = Blase, Kapsel, Knospe.

Bursa, -ae f *(l)* = Beutel, Tasche, „Börse". – Býrsa *(gr)*: abgezogene Haut, Fell, Schlauch.

Caecum, -i n *(l)* = das Blinde. – caecus, -a, -um *(l)*: blind, dunkel; Kaikias *(gr)*: Nordostwind als der dunkle; kaikos *(idg)*: blind, einäugig.

caeruleus, -a, -um *(l)* = blau, bläulich. – Caelum, -i n *(l)*: Himmel.

Calamus, -i m *(l)* = Rohr, Schreibfeder, Halm, Stängel. – Kálamos *(gr)*: Rohr, Halm.

Calcaneus, -i m, auch Calcaneum, -i n *(l)* = Fersenbein. – Calx, -cis f *(l)*: Ferse, Fuß; calcare *(l)*: mit Füßen treten, stoßen.

calcaneus, -a, -um *(l)* = zum Calcaneus gehörig. – Adj. zu Calcaneus.

Calcar, -aris n *(l)* = Sporn (z.B. des Hahns). – calcare *(l)*: treten, betreten, mit Füßen treten.

callosus, -a, -um *(l)* = schwielig, dickkantig. – Callum, -i n *(l)*: Schwiele, Schwarte.

Calvaria, -ae f *(l)* = Hirnschale, Schädel, Schädeldach. – Calva, -ae f *(l)*: Hirnschale. – calvus, -a, -um *(l)*: kahl, haarlos.

Calyx (richtig: **Calix**), **-icis** f *(l)* = Kelch, Blumenkelch, Knospe. – Kályx *(gr)*: Becher, Trinkbecher.

Camera, -ae f *(l)* = Kammer, Gewölbe. – Kamara *(gr)*: Gewölbe.

Canaliculus, -i m oder Canalicula, -ae f *(l)*: Dim. zu Canalis; urspr.: Kánna *(gr)*: Rohr.

canalis, -e *(l)* = röhrenförmig. – Adj. zu Canna, -ae f *(l)*: die Röhre, der Kanal; ebenso

Canalis, -is m u. f *(l)* = Röhre, Kanal, Rinne.

caninus, -a, -um *(l)* = zum Hunde gehörig. – Canis, -is m u. f. *(l)*: Hund.

capitalis, -e u. **capitatus, -a, -um** *(l)*: Adj. zu Caput.

Capitulum, -i n *(l)* = Köpfchen. – Dim. zu Caput.

Capsula, -ae f *(l)* = kleine Kapsel. – Dim. zu Capsa, -ae f *(l)*: Kapsel (für die Bücherrollen); capere *(l)*: fassen, packen; Kápsa *(gr)*: die Kapsel; káptein *(gr)*: fassen, greifen.

Caput, -itis n *(l)* = Kopf, Haupt, Hauptsache. – Kephalé *(gr)*: Kopf.

Cardia, -ae f *(l)* = Magenmund, Öffnung. – Kardía *(gr)*: 1. Herz, 2. Magenmund.

Carina, -ae f *(l)* = Kiel; vorspringende Leiste. – Káronon *(gr)*: Nuss, Nussbaum.

Carotis, -idis f *(l)* = Kopfschlagader. – Kar(a) *(gr)*: Kopf; Karos *(gr)*: Schwindel; karoein *(gr)*: betäuben.

Carpus, -i m *(l)* = Handgelenk, Handwurzel, urspr.: Abgepflücktes, Frucht. – carpere (l): pflücken, ernten; karpízesthai *(gr)*: ernten; Karpós *(gr)*: Stelle, durch welche die Hand mit dem Vorderarm beweglich zusammenhängt.

Cartilago, -inis f *(l)* = Knorpel am menschlichen und tierischen Körper sowie an Pflanzen.

Caruncula, -ae f *(l)* = Fleischwärzchen, warzenförmige Erhebung. – Dim. zu Caro, carnis f *(l)*: das Fleisch; Kréas *(gr)*: Fleisch.

Cauda, -ae f *(l)* = Schwanz, Schweif; anat.: allgemein Endabschnitt (von allen Organen).

caudalis, -e *(l)* = zum Schwanz (nach unten) weisend. – Adj. zu Cauda.

caudatus, -a, -um *(l)* = geschwänzt.

Caverna, -ae f *(l)* = Höhle, Kaverne. – vgl. Cavum.

cavernosus, -a, -um *(l)* = höhlenreich. – Adj. zu Caverna. Corpus cavernosum penis: Penisschwellkörper.

Cavitas, -atis f *(l)* = Höhlung.

Cavum, -i n, auch Cavus, -i m *(l)* = Hohlraum, Höhlung, Loch. – kóilos *(gr)*: hohl.

centralis, -e *(l)* = im Mittelpunkt liegend, in der Mitte befindlich. – Adj. zu Centrum, -i n *(l)*: Mittelpunkt.

cephalicus, -a, -um *(l)* = den Kopf betreffend.

cerato- *(l)* = anat. in Zusammensetzungen für das große Zungenbeinhorn und für das untere Horn des Schildknorpels gebrauchte Bezeichnung. – Kéras *(gr)*: Horn, Bogen, Geweih.

ceratopharyngeus, -a, -um *(l)* = vom Zungenbein zum Pharynx ziehend.

Cerebellum, -i n *(l)* = kleines Gehirn, Kleinhirn. – Dim. zu Cerebrum.

Cerebrum, -i n *(l)* = Gehirn, Großhirn. – Von Kará ra und Kára *(gr)*: Kopf.

Cervix, -icis f *(l)* = Hals, Nacken. – Kerbikárion *(gr)*: Kopfbänder, Kopfhalter.

Chiasma, -atis n *(l)* = Zeichen eines schiefen Kreuzes ähnlich dem des griechischen Buchstabens Chi: X. – chiazein *(gr)*: spalten, ritzen.

Choana, -ae f *(l)* = hintere Nasenöffnung. – Choáne *(gr)*: Trichter, Schmelzgrube, Schmelztiegel.

choledochus, -a, -um *(l)* = galleführend. – Chole *(gr)*: Galle; déchesthai *(gr)*: aufnehmen, enthalten.

chondro- *(gr)*: Vorsilbe, von Chondros *(gr)*: Knorpel, Korn, Graupe.

chondropharyngeus, -a, -um *(l)* = vom Zungenbein zum Pharynx ziehend; siehe chondro- u. pharyngeus.

Chorda, -ae f *(l)* = Darmsaite; anat.: Strang, Saite. – Chórde *(gr)*: Darm.

Choroidea, -ae f *(l)* = Aderhaut des Auges. – Chórion *(gr)*: Haut; -eidés *(gr)*: ähnlich; Corium, -i n *(l)*: Haut.

Chylus, -i m *(l)* = Darmlymphe. – Chylos *(gr)*: Saft, Brühe, Feuchtigkeit.

ciliaris, -e *(l)* = zum Augenlid, zu den Wimpern gehörend, wimpernähnlich.

Cilium, -ii n *(l)* = Wimper; urspr. Augenlid.

cinereus, -a, -um *(l)* = aschgrau. – Adj. zu Cinis, -eris m *(l)*: Asche, Totenasche; Konis *(gr)*: Staub.

Cingulum, -i n *(l)* = Gürtel. – Kinklís *(gr)*: Gitter, Umfriedung; cingere *(l)*: gürten.

Circulus, -i m *(l)* = Kreis. – Dim. zu Circus, -i m *(l)*: Kreis, Ring; Kirkos *(gr)*: Ring, Kreis.

Circumferentia, -ae f *(l)* = Umkreis, Umfang. – circum *(l)*: Adv. von Circus: im Kreis; Vorsilbe für: ringsumher, ringsum; ferentia von ferre *(l)* u. pherein *(gr)*: tragen, bringen.

circumflexus, -a, -um *(l)* = umgebogen. – als Subst. (Wölbung) oder als P.p.p. von circumflectere *(l)*: umbiegen, umfahren.

Cisterna, -ae f *(l)* = Zisterne, unterirdischer Behälter für Ansammlung des Regenwassers. – Cista, -ae f *(l)*: die Kiste; Kístä *(gr)*: Korb, Kiste.

Claustrum, -i n *(l)* = Schloß, Riegel, Schranke. – claúdere *(l)*: schließen, zumachen; kleíein *(gr)*: absperren.

Clavicula, -ae f *(l)* = Schlüsselchen; anat.: Schlüsselbein. – Dim. von Clavis, -is f *(l)*: der Schlüssel. Kleis *(gr)*: Riegel, hakenförmige Öse, Ruderrolle, Schlüsselbein; kleíein *(gr)*: verschließen mit einem Riegel, Balken.

clinoideus, -a, -um *(l)* = lagerähnlich, bettlägerig. – klinoeides *(gr)*: lagerähnlich; Klínä: Lager, Bett, Sofa; -eidés: ähnlich, -förmig.

Clitoris, -idis f *(l)* = Kitzler. – Kleitoris *(gr)*: Kitzler.

Clivus, -i m *(l)* = Hügel, Abhang. – clivis *(l)*: ansteigend, abschüssig, geneigt; klinein *(gr)*: neigen, beugen.

Clunis, -is m *(l)* = Hinterbacke. – Clunes, -ium (Pl): Gesäß; Klónis *(gr)*: Steißbein.

coccygeus, -a, -um *(l)* = zum Steißbein gehörend. – Adj. zu Coccyx, -igis m *(l)*: der Kuckuck.

Cochlea, -ae f *(l)* = Schnecke mit gewundener Schale, Wendeltreppe. – Kochlías *(gr)*: Schnecke; Cochlear, -aris m *(l)*; Löffel.

cochlearis, -e *(l)* = zur Schnecke gehörend. – Adj. zu Cochlea.

coeliacus, -a, -um *(l)* = zur Bauchhöhle gehörend. – Koilia *(gr)*: Höhle, jede Höhle im menschlichen Leib, Bauchhöhle, Unterleib; koiliákos *(gr)*: Adj. zu Koilia.

colicus, -a, -um *(l)*: Adj. zu Colon.

collateralis, -e *(l)* = seitlich, zusammen auf einer Seite. – lateralis, -e *(l)*: Adj. zu Latus, -eris n *(l)*: Seite, Flanke.

Colliculus, -i m *(l)* = kleiner Hügel. – Dim. zu Collis.

Collis, -is m *(l)* = Anhöhe, Hügel. – Kolonós *(gr)*: Hügel, Gipfel, Spitze.

Collum, -i n oder Collus, -i m *(l)* = Hals von Menschen und Tieren. – Kýklos *(gr)* u. Colxs *(got)*: Kreis, Hals.

Colon, -i n *(l)* = Hauptteil des Dickdarms: der Grimmdarm. Vielleicht von cholázesthai *(gr)*: winden, krümmen (Kolikschmerz) oder von kohlýein *(gr)*: zurückhalten, wehren.

Columna, -ae f *(l)* = kleine Säule, Fuß, Zäpfchen. – Kylindros *(gr)*: Rundholz, Walze.

comitans, -antis *(l)* = begleitend. – P.p.a. von comitare *(l)*: begleiten; Comes, -itis, m u. f *(l)*: Begleiter; ire *(l)*: gehen.

Commissura, -ae f *(l)* = Verbindung. – committere *(l)*: zusammenfügen, vereinigen, verbinden.

communicans: P.p.a. von communicare *(l)*: verbinden.

communis, -e *(l)* = gemeinsam, mitleistend, mitpflichtend. – Adj. zu Commune, -is n *(l)*: gemeinsames Gut, Gemeingut; co-, com- *(l)*: mit, zusammen; Moenia, -ium n *(l)*: Leistungen, Pflichten.

Compages, -is f *(l)* = Zusammenfügung, Gefüge. – compingere *(l)*: zusammenfügen. Compages thoracis: Brustkorb.

Concha, -ae f *(l)* = Muschel, Höhle. – Kónche *(gr)*: Muschel, Schnecke.

Condylus, -i m *(l)* = Gelenkhöcker, Gelenkkopf. – Kondylos *(gr)*: Fingerknöchel, Gelenkkopf; kondos *(gr)*: rundlich.

condyloideus, -a, -um *(l)* = einem Höcker ähnlich.

condylaris, -e *(l)* = höckerig.

Confluens, -entis m *(l)* = Zusammenfluss. – confluere *(l)*: zusammenfließen, zusammenkommen.

conicus, -a, -um *(l)* = kegelförmig, konisch. – Adj. zu Conus.

Coniotomia, -ae f *(l)* = Querschnitt durch das Lig. cricothyroideum medianum zwischen Schild- u. Ringknorpel in den Conus laryngis hinein.

Conjugatio, -onis m u. Conjugata, -ae f *(l)* = Verbindung. – conjugare = conjungere *(l)*: verbinden, zusammenhängen; con- *(l)*: zusammen, mit; jugare *(l)*: jochen, paaren.

conjunctivus, -a, -um *(l)* = der Verbindung dienend. – conjungere *(l)*: verbinden, vereinigen.

connexus, -a, -um *(l)* = verbunden, verknüpft. – P.p.p. von connectere *(l)*: verbinden; con- *(l)*: zusammen, mit; nectere *(l)*: knüpfen, binden, fassen.

conoideus, -a, -um *(l)* = kegelförmig. – konoides *(gr)*: kegelähnlich; Kónos: Keil; -eidés: ähnlich.

Constrictor, -oris m *(l)* = Zusammenzieher. – constringere *(l)*: zusammenziehen, zusammenschnüren.

contortus, -a, -um *(l)* = gewunden, schwungvoll, kräftig. – P.p.p. von contorquere *(l)*: winden, herumdrehen, schwingen, herumwenden.

Conus, -i m *(l)* = Kegel, Konus. – Kónos *(gr)*: Kegel.

Cor, cordis n *(l)* = Herz als Organ und als Gemüt; anat.: Herz. – Kár *(idg)*: Herz, Gemüt.

coracobrachialis, -e *(l)* = zum Rabenschnabelfortsatz und zum Arm gehörend.

coracoideus, -a, -um *(l)* = rabenschnabelähnlich. – Korax *(gr)*: Rabe; -eidés *(gr)*: ähnlich.

Corium, -i n *(l)* = Haut, Lederhaut, dicke Haut. – Chórion *(gr)*: Haut, Leder, besonders die Haut der Eingeweide.

Cornea (ergänze Membrana ...) = Hornhaut des Auges. – Cornu, -us n *(l)*: Horn.

corniculatus, -a, -um *(l)* = mit einem Hörnchen versehen. – Corniculus, -i m *(l)*: Hörnchen, Dim. zu Cornu.

Corona, -ae f *(l)* = Kranz, Krone, Haken. – Koróne *(gr)*: 1. Krähe; 2. Bezeichnung für verschiedene gekrümmte und gerundete Gegenstände; 3. Haken am Ende des Bogens, an welchem die Bogensehne mittels eines Ringes eingehängt wird.

Corpus, -oris n *(l)* = Körper, Leib, Rumpf.

Corrugator, -oris m *(l)* = Runzeler. – corrugare *(l)*: runzelig machen, zusammenrümpfen; cor-, con- *(l)*: zusammen, mit; Ruga, -ae f *(l)*: Hautfalte.

Cortex, -icis m *(l)* = Rinde, Baumrinde, Schale, Kork.

Costa, -ae f *(l)* = Rippe.

costalis, -e *(l)* = zur Rippe gehörend, die Rippe betreffend. – Adj. zu Costa.

costodiaphragmaticus, -a, -um *(l)* = von der Rippe zum Zwerchfell ziehend.

costomediastinalis, -e *(l)* = von der Rippe zum Mittelfell ziehend.

Coxa, -ae f *(l)* = Hüfte; eigentl. Schenkelbein. – Káksa *(altind)*: Achselgrube.

cranialis, -e *(l)* = kopfwärts, zum Schädel gehörend oder weisend. – Adj. zu Cranium.

Cranium, -ii n *(l)* = Schädel, knöcherner Schädel. – Kránion *(gr)*: Schädel, Hirnschale, eigentl.: Helm.

crassus, -a, -um *(l)* = dick, fett, stark. – Vielleicht von: krátos *(gr)*: stark, hart.

Cremaster, -eris m *(l)* = Aufhänger. – kremánnymi *(gr)*: aufhängen, schweben lassen.

crenatus, -a, -um *(l)* = gekerbt. – Crena, -ae f *(l)*: Kerbe, Spalte, Einschnitt.

cribrosus, -a, -um *(l)* = siebartig, reich an Sieben. – Cribrum, -i m *(l)*: Sieb; cernere *(l)* u. krínein *(gr)*: unterscheiden, scheiden, sich entscheiden.

cricoarytenoideus, -a, -um *(l)* = vom Ringknorpel zum Gießbeckenknorpel verlaufend; siehe cricoideus u. arytenoideus.

cricoideus, -a, -um *(l)* = ringförmig. – Kríkos *(gr)*: Ring.

cricopharyngeus, -a, -um *(l)* = vom Ringknorpel zum Pharynx verlaufend; siehe cricoideus u. pharyngeus.

cricothyroideus, -a, -um *(l)* = vom Ringknorpel zum Schildknorpel verlaufend.

cricotrachealis, -e *(l)* = vom Ringknorpel zur Trachea verlaufend; siehe cricoideus u. trachealis.

Crista, -ae f *(l)* = Leiste, Kante, Kamm auf dem Helm, eigentl.: Federbusch auf dem Kamm.

cruciatus, -a, -um *(l)* = gekreuzt; 1. gemartert; 2. anat.: gekreuzt im Sinne des X. – P.p.p. von cruciare *(l)*: kreuzigen, martern; Crux, crucis f *(l)*: Kreuz sowohl in Form eines T als auch X (meist T), Marterholz.

cruciformis, -e = kreuzähnlich, kreuzförmig. – Crux, crucis f *(l)*: Kreuz; Forma, -ae f *(l)*: Form.

Crus, cruris n *(l)* = 1. Unterschenkel, Bein; 2. Gebilde, die nach Form und Anordnung mit Schenkeln verglichen werden.

Cubitus, -i m *(l)* oder Cubitum, -i n *(l)* = Ellenbogen, Ellenbogengelenk, Unterarm. – cubare *(l)*: liegen; Kybiton *(gr)*: Ellenbogen, Schale, Schüssel, daraus Cubus, -i m *(l)*: Kubus, Würfel (Kubik); Kybos *(gr)*: Höhlung vor der Hüfte beim Vieh, Wirbelknochen, Würfel, eigentl.: Auge auf dem Würfel.

cuboideus, -a, -um *(l)* = würfelförmig.

Culmen, -inis n *(l)* = Gipfel, Spitze, der höchste Punkt. – Columna, -ae f *(l)*: Säule.

Cumulus, -i m *(l)* = Hügel, Masse, Gipfel, Schwall. – cumulare *(l)*: anhäufen, zunehmen, wachsen; Kýma *(gr)*: Wall; Kymelos *(idg)*: Anschwellung, Zuwachs.

cuneiformis, -e *(l)* = keilförmig. – Cuneus, -i m *(l)*: Keil, keilförmige Anordnung; Forma, -ae f *(l)*: Form.

Cuneus, -i m *(l)* = Keil, keilförmige Anordnung.

Cupula, -ae f *(l)* = Kuppel. – Dim. zu Cupa, -ae f *(l)*: die Tonne, das Grab; Kýpae *(gr)*: Grube, Gewölbe, Dach in Form einer Halbkugel, Kuppe.

Curvatura, -ae f *(l)* = Krümmung, Biegung. – curvare *(l)*: krümmen, biegen, beugen; korónos *(gr)*: gekrümmt; kýrtos *(gr)*: krumm.

Cuspis, -idis f *(l)* = Spitze, Spieß, Stachel; anat.: Zipfel, Segel.

cutaneus, -a, -um: Adj. zu Cutis.

Cutis, -is f *(l)* = Haut, Hülle, Oberfläche. – Kýtos *(gr)*: Hülle, Haut, Gefäß, Urne; Skýtos *(gr)*: Haut, Leder; vgl. Corium.

Cymba, -ae f *(l)* = anat.: nachenartige Vertiefung an der Ohrmuschel. – Kymbe *(gr)*: Nachen.

cysticus, -a, -um *(l)* = zur Blase gehörend. – Adj. zu Cystis, -is f *(l)*: Blase, Gallen-, Harnblase; Kýstis *(gr)*: Harnblase.

dartos *(gr)* = anat.: in Tunica dartos: Fleischhaut des Hodensacks. – dartós *(gr)*: abgehäutet, und zwar abgehäutete Haut; dárein *(gr)*: abhäuten, schinden.

deciduus, -a, -um *(l)* = abfallend, hinfällig. – decidere *(l)*: abfallen, wegfallen.

Declive, -is n *(l)* = Abhang. – declivis, -e *(l)*: abschüssig; de *(l)*: ab, herab; Clivus, -i m *(l)*: Hügel, Lehne; clinare *(l)* u. klínein *(gr)*: lehnen, sich neigen.

Decussatio, -ionis *(l)* = Kreuzung. – decussare *(l)*: in die Form eines X bringen.

decussatus, -a, -um *(l)* = X-geformt. – P.p.p. von decussare *(l)*.

deferens, -entis *(l)* = herabtragend, herabführend. – P.p.a. von deferre *(l)*: herabtragen, herabführen, abführen, wegtragen.

deltoideopectoralis, -e *(l)* = zum M. deltoideus und M. pectoralis gehörend.

deltoideus, -a, -um *(l)* = deltaförmig. – Délta *(gr)*: dreieckiger griech. Buchstabe.

Dens, dentis m *(l)* = Zahn, Zinke. – Odoús *(gr)*: Zahn, Zinke.

dentalis, -e *(l)* = zum Zahn gehörend. – Adj. zu Dens.

dentatus, -a, -um *(l)* = mit Zähnen versehen.

denticulatus, -a, -um *(l)* = mit Zähnchen bzw. Zacken versehen. – Denticulus: Zähnchen, Zacke; Dim. zu Dens.

Dentinum, -i n *(l)* = Zahnbein. – Dens, dentis m *(l)*: der Zahn; Dentinum ist Substantiv. Adj. dentinus, -a, -um *(l)*: zum Zahn gehörig.

depellatus, -a, -um *(l)* = hinabgetrieben, weggeführt. – P.p.p. von depellare *(l)*: hinabtreiben, weg-, fortleiten; de- *(l)*: weg, von, herab; pellere *(l)*: treiben.

Depressor, -oris m *(l)* = Herabdrücker. – deprimere *(l)*: herabdrücken.

descendens, -entis *(l)* = herabsteigend. – P.p.a. von descendere *(l)*: herabsteigen, herabgehen, sich herablassen.

dexter, -tra, -trum *(l)* = rechts, günstig, (der, die, das) Rechte. – dexios *(gr)*: rechts, günstig.

diagonalis, -e *(l)* u. Diagonalis, -is f *(l)* = schräg und die Schräge; diá- *(gr)*: durch, hindurch; Gōnia *(gr)*: Winkel, Ecke.

Diameter, -tri f *(l)* = Durchmesser. – diá- *(gr)*: durch, hindurch; Metron *(gr)*: Maß.

Diaphragma, -atis n *(l)* = Scheidewand, Grenzwand, Zwerchfell. – diaphrássein *(gr)*: durch eine Scheidewand trennen; phrássein: abtrennen, umzäunen.

Diaphysis, -is f *(l)* = Diaphyse, Mittelstück des Röhrenknochens. – diaphýsthai *(gr)*: dazwischenwachsen, durchwachsen, auseinander wachsen.

Diarthrosis, -is f *(l)* = freie Gelenkverbindung. – Diárthrosis *(gr)*: das Zerlegen in Glieder; Árthron *(gr)*: Gelenk, Glied.

Diencephalon, -i n *(l)* = Zwischenhirn. – diá- *(gr)*: durch, zwischen; Enképhalos *(gr)*: das, was im Kopf ist (Gehirn).

Digastricus, -i m *(l)* = der Zweibäuchige. – Gastár *(gr)*: Bauch, Magen.

digitalis, -e *(l)* = zum Finger gehörend. – Adj. zu Digitus.

Digitatio, -onis f *(l)* = finger-, (klauen)artige Bildung. – Digitus, -i m *(l)*: Finger, zehenförmige Eindrücke.

digitatus, -a, -um u. **digitus, -a, -um** = mit fingerartigen Gebilden versehen. – Adj. zu Digitus.

Digitus, -i m *(l)* = Finger, Zehe. – Dáktylos *(gr)*: Finger, Zehe.

Dilatator [Dilator], -oris m *(l)* = Erweiterer, Auseinanderzieher. – dilatare *(l)*: erweitern, ausbreiten, ausdehnen.

Diploe, -oes f *(l)* = Diploë. – Diplóä *(gr)*: Doppelteil, das zwischen den Tafeln Liegende.

diploicus, -a, -um *(l)* = zur Diploë gehörend. – Adj. zu Diploë.

Discus, -i m *(l)* = (Wurf-)Scheibe. – Diskos *(gr)*: Scheibe, Wurfscheibe.

distalis, -e *(l)* = distal, weiter vom Rumpf entfernt liegend; Gegensatz zu proximal. – di- *(l)*: auseinander; stare *(l)*: stehen.

Diverticulum, -i n *(l)* = Seitenweg, Abzweigung, Herberge, Divertikel; anat.: Ausstülpung umschriebener Wandteile eines Hohlorgans. – divertere *(l)*: abwenden, vom Weg gehen, einkehren.

dorsalis, -e *(l)* = 1. zum Rücken gehörend; 2. dorsal, zum Rücken hin, rückenwärts. – Adj. zu Dorsum.

Dorsum, -i n *(l)* = Rücken, Bergrücken. – De(i)rás *(gr)*: Anhöhe, Hügel.

Ductus, -us m *(l)* = Führung, Leitung; anat.: Gang, Kanal. – deuco *(idg)* u. ducere *(l)*: führen, leiten, ziehen.

Duodenum, -i n *(l)* = das Zwölffache; anat.: Zwölffingerdarm. – duodenus *(l)*: zwölffach; duodeni *(l)*: je zwölf; dodekadáktylon *(gr)*: zwölf Finger.

durus, -a, -um *(l)* = hart, derb. – Drýs *(gr)*: Eiche.

efferens, -entis *(l)* = herausführend, abführend. – P.p.a. von efferre *(l)*: herausführen, emporsteigen, hervorbringen, abführen.

ejaculatorius, -a, -um *(l)* = dem Herausschleudern dienend. – eiaculári *(l)*: herausschleudern, auswerfen; eicere *(l)*: herauswerfen; vgl.: Ejakulat.

elasticus, -a, -um *(l)* = elastisch im Sinne reversibler Dehnbarkeit. – elaúnein *(gr)*: treiben, in die Länge ziehen.

emboliformis, -e *(l)* = pfropfenförmig. – Émbolos *(gr)*: Pfropf; Forma, -ae f *(l)*: Gestalt, Form.

Eminentia, -ae f *(l)* = Erhöhung, das Hervorragende. – eminere *(l)*: hervor-, herausragen; Mons, -tis m *(l)*: Berg.

Emissarium, -ii n *(l)* = Abflusskanal, Abzugsgraben. – mittere *(l)*: schicken, senden.

enamelum, -i n *(l)* = Zahnschmelz. – Enamel *(engl)*: Schmelz; willkürliche moderne Wortschöpfung über altfranzösisch: esmail und althochdeutsch: smelzen.

encephalicus, -a, -um: Adj. zu Encephalon.

Encephalon, -i n *(l)* = Gehirn, was im Kopf ist. – Kephalé *(gr)*: Kopf.

Endocardium, -ii n *(l)* = Herzinnenhaut, Endokard. – Kardía *(gr)*: Herz.

Endolympha, -ae f *(l)* = Flüssigkeit innerhalb des häutigen Labyrinths. – Lympha: Quellwasser, klare Flüssigkeit.

Endometrium, ii n *(l)* = Schleimhaut der Gebärmutter. – Mấtra *(gr)*: Gebärmutter.

endothoracicus, -a, -um *(l)* = innerhalb des Brustkorbs gelegen. – Thórax *(gr)*: Brustharnisch.

entericus, -a, -um *(l)* = zu den Eingeweiden gehörend. – Énteron *(gr)*: Darm, Eingeweide.

Ependyma, -atis n *(l)* = gliöse Auskleidung der Binnenräume des Zentralnervensystems. – Epéndyma *(gr)*: Oberkleid, Überzug; endýein *(gr)*: bekleiden.

Epicardium, -ii n *(l)* = dem Herz aufliegendes, viszerales, seröses Blatt des Herzbeutels. – Kardía *(gr)*: Herz.

Epicondylus, -i m *(l)* = der auf dem Condylus liegende Fortsatz. – Kondylos *(gr)*: Knorren, Condylus.

epicranius, -a, -um *(l)* = auf dem Schädel befindlich. – Kraníon *(gr)*: Kopf, Schädel.

Epidermis, -idis f *(l)* = Oberhaut, epithelialer Anteil der Haut. – Dérma *(gr)*: Haut.

Epididymis, -idis f *(l)* = Nebenhoden. – Dídymoi *(gr)*: Zwillinge, Hoden.

epiduralis, -e *(l)* = auf der Dura mater liegend.

Epigastrium, -i n *(l)* = Magengrube. – Gastấr *(gr)*: Magen.

epigastricus, -a, -um *(l)* = auf dem Magen befindlich, zur Bauchwand gehörend. – gastricus *(l)*: Adj. zu Gaster.

epiglotticus, -a, -um *(l)*: zum Kehldeckel gehörend. – Adj. zu Epiglottis.

Epiglottis, -idis f *(l)* = Kehldeckel. – Glṓtta *(gr)*: Stimmapparat, Sprache.

Epipharynx, -yngis f *(l)* = Nasenrachen.

Epiphysis, -eos f *(l)* = 1. Gelenkende des Röhrenknochens; 2. Zirbeldrüse. – Epiphýsis *(gr)*: Zuwachs, Ansatz; epiphýomai *(gr)*: auf etwas wachsen, anwachsen; phýein: wachsen lassen.

epiploicus, -a, -um *(l)* = zum großen Netz gehörend. – Epiplóon *(gr)*: das darauf Schwimmende; pleéin *(gr)*: schwimmen, segeln.

episcleralis, -e *(l)* = auf der Sclera liegend. – Skléra *(gr)*: feste Hülle des Augapfels; skléros *(gr)*: hart.

Epistropheus, -ei m *(l)* = 2. Halswirbel, jetzt Axis.– Epistrópheus *(gr)*: Umdreher; stréphein *(gr)*: wenden.

Epithalamus, -i m *(l)* = auf dem Thalamus liegender Gehirnabschnitt. – Thálamos *(gr)*: Schlafgemach, Hohlraum.

epitympanicus, -a, -um *(l)* = auf der Paukenhöhle befindlich. – Týmpanon *(gr)*: Handpauke, Tamburin.

Eponychium, -ii n *(l)* = am hinteren Nagelrand liegender Epithelstreifen. – Ónyx *(gr)*: Nagel, Nagelbett, Kralle, Klaue.

Epoophóron, -i n *(l)* = Nebeneierstock. – ōophóros *(gr)*: Eier tragend; Ōón *(gr)*: Ei; phérein *(gr)*: tragen, bringen.

equinus, -a, -um *(l)* = zum Pferde gehörend. – Equus, -i m *(l)*: Pferd; Híppos *(gr)*: Pferd.

Erector, -oris m *(l)* = Aufrichter (Erektion). – erigere *(l)*: aufrichten; regere *(l)*: lenken, richten (regieren).

ethmoidalis, -e *(l)* = siebähnlich, siebartig. – Éthmos *(gr)*: Sieb, Seihetuch.

Excavatio, -onis f *(l)* = Aushöhlung. – excavare *(l)*: aushöhlen.

excretorius, -a, -um *(l)* = der Ausscheidung dienend. – excernere *(l)*: ausscheiden, aussondern, absondern.

Extensor, -oris m *(l)* = Strecker, Ausspanner. – extendere *(l)*: ausstrecken, ausspannen; – tendere *(l)*: spannen, strecken, ziehen; teínein *(gr)*: spannen, strecken, ziehen.

externus, -a, -um *(l)* = äußere, äußerlich. – exter *(l)*: außerhalb, außen.

Extremitas, -atis f *(l)* = äußerster Punkt, Ende. – extremus, -a, -um *(l)*: später, äußerstes Ende, Gliedmaße (extrem).

facialis, -e *(l)*: Adj. zu Facies.

Facies, -ei f *(l)* = Gestalt, Körperbau, Figur, Aussehen, Erscheinung, Gesicht. – facere *(l)*: tun, machen, bewirken, hervorbringen.

falciformis, -e *(l)* = sichelförmig. – Adj. zu Falx.

Falx, falcis f *(l)* = Sichel. – Zánklon *(gr)*: Sichel.

Fascia, -ae f *(l)* = Binde, Band. – Fascis, -is m *(l)*: Bündel, Rutenbündel; Phákelos *(gr)*: Bündel.

Fasciculus, -i m *(l)*: Dim. zu Fascia.

fasciolaris, -e *(l)* = zum Band gehörend, bandähnlich. – Adj. zu Fasciola, -ae f *(l)*: kleine Binde, Bändchen; Dim. zu Fascia.

Fastigium, -i n *(l)* = Giebel, Steigung, Erhebung. – fastigo *(l)* u. farstigo *(idg)*: aufsteigen lassen.

Fauces, faucium f *(l)* = Schlund, Kehle.

felleus, -a, -um *(l)* = gallig. – Adj. zu Fel, Fellis n *(l)*: Galle.

femoralis, -e *(l)*: Adj. zu Femur.

Femur, -oris n *(l)* = Oberschenkel, Oberschenkelbein.

Fenestra, -ae f *(l)* = Fenster, Öffnung, Loch. – phanerós *(gr)*: hell, klar, sichtbar, vor allen Augen sichtbar.

ferrugineus, -a, -um *(l)* = schwarz, schwärzlich, dunkel, rostfarbig. – Ferrúgo, -inis f *(l)*: Eisenrost, rostbraune Farbe; Ferrum *(l)*: Eisen; Aerugo, -inis f *(l)*: Grünspan.

Fetus, -us m *(l)* = Leibesfrucht, Gebären, Zeugung, Brut, Frucht. – féo *(l)*: trächtig sein, ergiebig sein.

Fibra, -ae f *(l)* = Faser (Pflanzen-, Wurzelfaser).

fibrinus, -a, -um *(l)*: Adj. zu Fiber, -bri m *(l)*: Biber (Fibrin).

Fibrocartilago, -inis m *(l)* = Faserknorpel.

fibrosus, -a, -um *(l)* = faserig, fibrös. – Adj. zu Fibra.

Fibula, -ae f *(l)* = Spange, Klammer, Schnalle, Wadenbein. – fibulare *(l)*: heften; Fibulatio: Verbolzung.

filiformis, -e *(l)* = fadenförmig. – Adj. zu Filum: Faden und Forma, -ae f *(l)*: Gestalt, Form.

Filum, -i n *(l)* = Faden, Saite.

Fimbria, -ae f *(l)* = Franse, Haargekräusel. – evtl.: Fibra.

fimbriatus, -a, -um *(l)*: Adj. zu Fimbria.

Fissura, -ae f *(l)* = Spalte, Ritze, Fissur. – findere *(l)*: spalten.

flaccidus, -a, -um *(l)* = schlaff, welk, mit herabhängenden Ohren, schlapp. – bláx *(gr)*: schlaff.

Flexor, -oris m *(l)* = Beuger. – flectere *(l)*: beugen, biegen.

Flexura, -ae f *(l)* = Biegung, Flexur, Krümmung. – flectere *(l)*: beugen, biegen, krümmen.

Flocculus, -i m *(l)* = (kleine) Flocke. – Dim. zu Floccus, -i m *(l)*: Flocke; phlázo *(gr)*: zerreißen.

Flumen, -inis n *(l)* = Fluss, Strömung, Fluten. – fluere *(l)*: fließen, strömen.

foliatus, -a, -um *(l)* = mit Blättern versehen, blattähnlich. – Adj. zu Folium, -ii n *(l)*: Blatt, Folie; Phýllon *(gr)*: Blatt, Laub.

Folliculus, -i m *(l)* = kleiner Schlauch, Beutel, Ledersack, Bläschen, Knötchen, Follikel. – Dim. zu Follis, -is m *(l)*: Blasebalg; Thýllis *(gr)*: Blasebalg.

Fonticulus, -i m *(l)* = kleine Quelle. – Dim. zu Fons, fontis m *(l)*: Quelle; fundere *(l)*: gießen, strömen.

Foramen, -inis n *(l)* = Loch, gebohrte Öffnung. – forare *(l)*: durchbohren, graben.

Forceps, -ipis m u. f *(l)* = Zange, Feuerzange. – Formus *(idg)* u. Thérmes *(gr)*: Feuerzange.

Formatio, -onis f *(l)* = Bildung; Gestaltung, Formation. – formare *(l)*: bilden, gestalten, formen. – anat.: Formatio reticularis.

Fornix, -icis m *(l)* = Bogen, Gewölbe, Wölbung. – fórnikos *(idg)*: ofenartig gewölbt; Fornus *(idg)*: Ofen, Kuppelform des Ofens.

Fossa, -ae f *(l)* = Graben, Abzugsgraben, Kanal. – fodere *(l)*: stechen, graben, stochern.

Fossula, -ae f *(l)*: Dim. zu Fossa.

Fovea, -ae f *(l)* = (rundliche) Grube, Fallgrube für Wild.

Frenulum, -i n *(l)* = kleiner Zügel; Bändchen. – Dim. zu Frenum, -i n *(l)*: Zaum, Zügel; frénom *(idg)*: das, womit man einhält.

Frons, frontis m *(l)* = Stirn, Stirnseite, Vorderseite, Front. – bhront *(idg)*: hervorstehen.

frontalis, -e *(l)* = 1. zur Stirn gehörig; 2. stirnwärts, frontal. – Adj. zu Frons.

fundiformis, e *(l)* = schleuderförmig. – Adj. zu Funda, -ae f *(l)*: Schleuder, Schleuderriemen; Forma, -ae f *(l)*: Form, Gestalt.

Fundus, -i m *(l)* = Boden, Grund (Fundament). – Pythmấn *(gr)*: Basis von Körperteilen; Pýndax *(gr)*: Grund, Gefäßboden.

fungiformis, -e *(l)* = pilzförmig. – Adj. zu Fungus, -i m *(l)*: Pilz u. Forma, -ae f *(l)*: Gestalt, Aussehen; Spóngos oder Sphóngos *(gr)*: Schwamm, Pilz.

Funiculus, -i m *(l)* = kleiner Strang. – Dim. zu Funis, -is m *(l)*: Seil, Tau, Strick; Dhumis *(idg)* u. Thómis *(gr)*: Strick, Schnur, Bogensehne.

Galea, -ae f *(l)* = (lederner) Helm, Haube. – Galéā *(gr)*: die aus dem Wieselfell gemachte Sturmhaube.

Gallus, -i m *(l)* = Hahn.

Ganglion, -ii n (l) = 1. Überbein; 2. anat.: Nervenknoten. – Ganglíon *(gr)*: Überbein, Nervenknoten.

Gaster, gastris f *(l)* = Bauch; anat.: Magen. – Gastấr *(gr)*: Magen, Bauch, Unterleib.

gastricus, -a, -um *(l)* = mit dem Magen in Verbindung stehend. – Adj. zu Gaster.

gastrocnemius, -a, -um *(l)* = zur Wade gehörig. – Gastroknḗmion *(gr)*: Wadenmuskel; Gastấr *(gr)*: Bauch; Knemā *(gr)*: Wade.

gelatinosus, -a, -um *(l)* = gallertig. – Gelatina; Gallerte; gelare *(l)*: gefrieren; Gelu, -us n *(l)* u. Gelandrón *(gr)*: Eis, Frost, Erstarrung.

Gemellus, -i m u. **gemellus, -a, -um** *(l)* = Zwillingsbruder; doppelt. – Dim. zu Geminus: Zwilling, zweifach; geminare *(l)*: verdoppeln; Etym. unsicher.

Geniculum, -i n *(l)* = 1. kleines Knie; 2. Knoten. – Dim. zu Genu.

genioglossus, -a, -um *(l)* = vom Kinn zur Zunge verlaufend. – Géneion *(gr):* Kinn u. Glõssa *(gr):* Zunge, Sprache.

geniohyoideus, -a, -um *(l)* = vom Kinn zum Zungenbein verlaufend. – Géneion *(gr):* Kinn; hyoeidés *(gr):* ypsilonförmig; anat.: zum Zungenbein gehörend.

genitalis, -e *(l)* = zur Zeugung gehörig; anat.: in Zusammensetzungen: genito- = zu den Geschlechtsorganen gehörend. – gignere *(l)* u. gígnomai *(gr):* erzeugen, zeugen, hervorbringen.

genitofemoralis, -e *(l)* = von den Geschlechtsteilen zum Oberschenkel verlaufend.

Genu, genus n *(l)* = Knie. – Góny *(gr):* Knie.

Gingiva, -ae f *(l)* = Zahnfleisch. – Geng *(idg):* Beule, Buckel u. (Sal)iva: Suff.

Glabella, -ae f *(l)* = 1. der unbehaarte Raum zwischen den behaarten Augenbrauen über der Nasenwurzel, 2. Stirnglatze.

Glandula, -ae f *(l)* = kleine Eichel; anat.: Drüse. – Dim. zu Glans, glandis f *(l):* Eichel, eichelähnliche Früchte.

Glia, -ae f *(l)* = Kitt. – Glía *(gr):* Leim, Kitt.

Globus, -i m *(l)* = Ball, Kugel, Klumpen. – Gleba, -ae f *(l):* Erdscholle; globosus, -a, -um *(l):* kugelförmig, kugelrund.

Glomus, -eris n *(l)* = Knäuel. – glomerare *(l):* zu einem Knäuel zusammenrollen, ballen; Gläma *(gr):* Augenbutter.

Glomerulus, -i m u. **Glomerulum, -i** n *(l)* = kleines Knäuel. – Dim. zu Glomus.

glossoepiglotticus, -a, -um *(l)* = von der Zunge zum Kehldeckel verlaufend.

glossopharyngeus, -a, -um *(l)* = von der Zunge zum Pharynx verlaufend.

glossus, -a, -um *(l)* = zur Zunge gehörend. – Glõssa *(gr):* Zunge.

gluteus, -a, -um *(l)* = zum Gesäß gehörig. – Gloutós *(gr):* Gesäß, Hinterbacke.

gracilis, -e *(l)* = schlank, dünn, zart *(grazil)*. – sicher nicht von Gratia, -ae f *(l):* Anmut.

Granulatio, -onis f *(l)* = Körnelung, Granulation.

Granulum, -i n *(l)* = Körnchen. – Dim. zu Granum, -i n *(l):* Korn, Kern, Granulat.

griseus, -a, -um *(l)* = grau. – gris *(franz):* grau; greis *(mhd):* grau.

Gubernaculum, -i n *(l)* = Steuerruder, Lenkung, Leitung. – gubernare *(l):* steuern, lenken; kybernáein *(gr):* steuern.

gustatorius, -a, -um *(l)* = dem Schmecken dienend. – gustare *(l):* schmecken; geúein *(gr)* u. geúsein *(idg):* kosten lassen.

Gyrus, -i m *(l)* = Windung. – Gýros *(gr):* Krümmung, Kreis, Windung.

Habenula, -ae f *(l)* = kleiner Zügel. – Dim. zu Habena, -ae f *(l):* Zügel, Halter; habere *(l):* halten.

Hallux, -ucis m *(l)* = Großzehe.

hamatus, -a, -um *(l)* = 1. mit Haken versehen; 2. hakenförmig gekrümmt. – Adj. zu Hamus, -i m *(l):* Haken, Angelhaken.

Hamulus, -i m *(l)* = kleiner Haken, Häkchen. – Dim. zu Hamus, -i m *(l):* Haken.

Haustrum, -i n *(l)* = Schöpfrad, Eimer; Ausbuchtung. - haurire *(l):* schöpfen.

helicinus, -a, -um *(l)* = gewunden, geschraubt. – Adj. zu Helix, -icis f *(l):* Spirale, Windung, Schnecke.

Helicotrema, -atis n *(l)* = Schneckenloch; Verbindung zwischen Scala vestibuli und Scala tympani. – Hélix *(gr):* Schnecke; Tréma *(gr):* Loch.

hemiazygos, -on *(gr)* = der halben Vena azygos entsprechend. – hemí- *(gr):* halb; azygos *(gr):* unpaar.

Hemispherium, -i n *(l)* = Halbkugel, Hemisphäre. – Hemisphairion *(gr):* Halbkugel; hemí- *(gr):* halb; Sphaíra *(gr):* Kugel.

hemorrhoidalis, -e *(l)* = zur Hämorrhoide gehörig. – Haimorrhoídes *(gr):* Gefäße, in denen Blut fließt; Haíma *(gr):* das Blut; rhéein *(gr):* fließen.

Hepar, -atis n *(l)* = Leber. – Hãpar *(gr):* Leber.

hepaticus, -a, -um *(l)* = zur Leber gehörend. – Adj. zu Hepar.

Hernia, -ae f *(l)* = Leibschaden, Bruch, Eingeweidebruch. – Enterokälä *(gr):* Darmbruch, Eingeweidebruch; Énteron *(gr):* Darm, Eingeweide; Kälís *(gr):* Fleck, Schandfleck.

Hiatus, -us m *(l)* = klaffende Öffnung. – hiare *(l):* klaffen, offenstehen; chásko *(gr):* gähnen, klaffen.

Hilus, -i m *(l)* = Eintrittsstelle, Tor. – Wahrscheinlich von Hilum, -i n *(l):* Faser, Fädchen.

Hippocampus, -i m *(l)* = Fabeltier der griechischen Mythologie (mit Pferdevorderleib und geringeltem Fischschwanz). – Híppos *(gr):* Pferd; kámptein *(gr):* biegen.

Hirci, -orum *(Pl)* m *(l)* = Achselhaare – Hircus, -i m *(l):* Bock (wegen des spezifischen Geruchs des Achselschweißes).

horizontalis, -e *(l)* = horizontal, waagerecht. – Adj. zu Horizon *(gr):* Gesichtskreis, Horizont; horízo *(gr):* die Grenze bestimmen, begrenzen.

Humerus, -i m *(l)* = Oberarmbein, Knochen des Oberarms, Oberarm, Schulter. – Ómos *(gr):* Schulter, Bergrücken; vgl. Brachium: der ganze Arm.

hyaloideus, -a, -um *(l)* = glasartig, zu etwas Glasartigem gehörend. – Hýalos *(gr):* Glas; -eidés *(gr):* ähnlich.

Hymen, -enis n *(l)* = Haut, dünne Haut; anat.: Jungfernhäutchen. – Hýmen *(gr):* Haut, Häutchen, Band.

hyo- Vorsilbe *(gr)* = anat. in Zusammensetzungen: zum Zungenbein gehörig. – Hŷs *(gr):* Schwein.

hyoepiglotticus, -a, -um *(l)* = vom Zungenbein zum Kehldeckel verlaufend.

hyoideus, -a, -um *(l)* = ypsilonförmig, zum Zungenbein gehörig.

hyothyroideus, -a, -um *(l)* = vom Zungenbein zur Schilddrüse verlaufend.

Hypochondrium, -ii n *(l)* = das unter dem Brustknorpel Befindliche. – hypó- *(gr)* u. sub- *(l):* unter, darunter, unterhalb; Chóndros *(gr):* Knorpel. – Hypochonder: schwermütiger, eingebildeter Kranker.

hypochondriacus, -a, -um *(l)* = zum Hypochondrium gehörig. – Adj. zu Hypochondrium.

Hypogastrium, -i *(l)* = das unter dem Magen Gelegene. – Gastãr *(gr)* = Magen.

hypogastricus, -a, -um *(l)* = unterhalb des Magens gelegen, zum Unterbauch gehörend. – hypó- *(gr):* unter; Gastãr *(gr):* Magen, Bauch, Unterleib.

hypoglossus, -a, -um *(l)* = unter der Zunge liegend. – Glõssa *(gr):* Zunge.

Hyponychium, -i n *(l)* = Nagelbett. – Ónyx *(gr):* Nagel.

Hypopharynx, -yngis f *(l)* = der hinter dem Kehlkopf gelegene Schlundanteil, die Pars laryngea pharyngis. – Phárynx *(gr):* Rachen, Schlund; vgl. auch Epipharynx.

Hypophysis, -eos f *(l)* = Hirnanhangsdrüse, Hypophyse. – phyein *(gr):* wachsen; Hypophysis *(gr):* Anhängsel an der Unterseite.

Hypothalamus, -i m *(l)* = unterhalb des Thalamus gelegener Teil des Diencephalon. – hypó- *(gr):* unter; Thálamos *(gr):* Schlafgemach, Hohlraum.

Hypothenar, -aris m *(l)* = unterhalb der Handfläche, Kleinfingerballen. – Thénar *(gr):* Handfläche.

Incisura, -ae f *(l)* = Einschnitt, Abschnitt. – incidere *(l):* einschneiden; in- *(l):* hinein; caedere *(l):* schneiden, graben, meißeln.

Inclinatio, -onis f *(l)* = Neigung, Biegung, Zuneigung. – inclinere *(l):* neigen, beugen, hinwenden, hinneigen; klínein *(gr):* neigen, wenden, beugen.

Incus, -udis f *(l)* = Amboss, das vom Hammer = Malleus getroffene Gehörknöchelchen. – incudere *(l):* hineinschlagen, hämmern, boxen.

Index, -icis m *(l)* = Angeber, Anzeiger, Verräter; anat.: Zeigefinger. – indicare *(l):* anzeigen, melden; vgl.: Indikator.

Indusium, -ii n *(l)* = obere Tunika, Schleier. – induere *(l):* anziehen, anlegen.

inferior, -ius *(l)* = niedriger, tiefer gelegen, geringer, schwächer. – infra *(l):* unten, unterhalb.

Infundibulum, -i n *(l)* = Trichter. – infundere *(l):* hineingießen, hineinschütten.

Inguen, -inis m *(l)* = Leistengegend, Schamgegend; eigentl.: die Stelle, wo der Zweig am Stamm sitzt. – inquinare *(l):* besudeln; unguere *(l):* beschmieren.

inguinalis, -e *(l):* Adj. zu Inguen.

Inscriptio, -onis f *(l)* = Aufschrift, Überschrift; anat.: Einzeichnung (figürlich gemeint). – inscribere *(l):* auf etwas schreiben, betiteln, bezeichnen.

Insertio, -onis f *(l)* = Anzeige, Ansatz, Ansatzstelle eines Muskels.

Insula -ae f *(l)* = Insel, Eiland.

Integumentum, -i n *(l)* = Decke, Hülle. – intégere *(l):* bedecken; anat.: Integumentum commune: die aus drei Schichten bestehende äußere Haut.

internus, -a, -um *(l)* = innere, innen befindlich. – inter: zwischen.

Intersectio, -onis f *(l)* = Einschnitt; anat.: Zwischensehne. – intersecare *(l):* ein-, durchschneiden. Intersectiones tendineae: Unterbrechungen des Muskelgewebes (Zwischensehnen).

Intestinum, -i n *(l)* = Darmkanal, Eingeweide. – intus *(l):* innen, inwendig, innerlich; Énteron *(gr):* das Innere, Eingeweide.

intimus, -a, -um *(l)* = der Innerste, innerst. – Sup. zu inter.

Intumescentia, -ae f *(l)* = Anschwellung. – intumescere *(l):* anschwellen; Tumor, -oris m *(l):* Geschwulst; Týlä *(gr):* Schwiele, Wulst.

iridicus, -a, -um *(l):* Adj. zu Iris.

Iris, -idis f *(l)* = Regenbogenhaut des Auges. – Íris *(gr):* Regenbogen; von Íris: Göttin des Regenbogens.

ischiadicus, -a, -um *(l)* = zum Sitzbein gehörig. – Adj. zu Ischium, -ii n: Gesäß, Sitzhöcker, Sitzbein; Íschion *(gr):* Gesäß, Sitzbein, Hinterbacke; Íschias *(gr):* Hüftschmerz.

ischioanalis, -e *(l)* = vom Sitzbein zum After verlaufend.

ischiocavernosus, -a, -um *(l)* = vom Sitzbein zum Schwellkörper verlaufend.

Ischium, -ii n *(l)* = Gesäß, Hüftgelenk. – Íschion *(gr):* Gesäß, Pfanne des Hüftgelenks, Hinterbacke, Sitzhöcker, Sitzbein.

Isthmus, -i m *(l)* = enge Stelle, enge Verbindung zwischen zwei Räumen. – Isthmós *(gr):* Landenge, Isthmus, schmale Verbindung.

ileocaecalis, -e *(l)* = vom Krummdarm zum Blinddarm verlaufend.

Ileum, -ei n *(l)* = Krummdarm. – Ileus = Darmverschlingung. – eileõ *(gr):* winden, krümmen.

Ilia, ilium *(Pl)* n *(l)* = Weiche, Unterleib, Eingeweide. – Ilii = Ilia = Ilei *(Nom. Pl)* = die breiten Knochen der Bauchweichen. – Íxys *(gr):* Wechen, Gegend über den Hüften.

iliacus, -a, -um *(l)* = zur Weiche, zum Darmbein gehörend. – Adj. zu Ilia.

Impressio, -onis f *(l)* = Eindruck, Abdruck, Einstellung. – in- *(l):* hinein; primere *(l):* drücken, pressen.

imus, -a, -um *(l)* = unterster, letzter.

incisivus, -a, -um *(l)* = zum Schneiden geeignet, zu den Schneidezähnen gehörend.

jejunalis, -e *(l)* = zum Jejunum gehörig; Adj. zu Jejunum.

Jejunum, -i n *(l)* = Leerdarm. – Substant. Adj. von jejunus, -a, -um: nüchtern, leer, hungrig. – Nãstis *(gr):* Leerdarm.

jugularis, -e *(l)* = zur Drosselgrube gehörend. – Adj. zu Jugulum.

Jugulum, -i n *(l)* = 1. Grube oberhalb des Schlüsselbeins; 2. Schlüsselbein, verglichen mit einem kleinen Joch; 3. vordere Halsgegend, Kehle. – Dim. zu Jugum, -i n *(l):* Joch; jugulare *(l):* 1. erstechen (Gefäße); 2. erdrosseln (Luftröhre); Zýgon *(gr):* Joch.

Junctura, -ae f *(l)* Verbindung. – jungere *(l):* verbinden.

Labium, -ii n *(l)* oder Labrum, -i n *(l)* = 1. Lippe; 2. glatter, umgebogener Rand eines Gefäßes. – lambo *(l)*: lecken, berühren; láptō *(gr)*: lecken.

Labyrinthus, -i m *(l)* = großes Bauwerk mit vielen verschlungenen Gängen, Ohrlabyrinth. – Labýrinthos *(gr)*: Labyrinth; Etym. unsicher.

lacer, -era, -erum *(l)* = zerrissen, zerfetzt. – Lákis *(gr)*: Felsen, Zipfel; lakízō *(gr)*: zerreißen; lacerare *(l)*: zerreißen.

lacinatus, -a, -um *(l)* = in Zipfel auslaufend. – Lacinia, -ae f *(l)*: Zipfel, Fetzen; siehe lacer.

lacrimalis, -e *(l)* = zu den Tränenorganen gehörend. – Adj. zu Lacrima.

lactifer, -fera, -ferum *(l)* = milchführend. – Lac, lactis n *(l)*: Milch; ferre *(l)*: tragen; Glágos *(gr)*: Milch.

Lacuna, -ae f *(l)* = Lücke, Loch; speziell eine mit Wasser gefüllte Vertiefung.

Lacus, -us m *(l)* = See, Lache. – Lákkos *(gr)*: See, Loch, Grube, Teich.

lambdoideus, -a, -um oder **lambdoides, -is** *(l)* = lambdaähnlich. – Lambda: 11. Buchstabe des griech. Alphabets.

Lamella, -ae f *(l)*: Dim. zu Lamina.

Lamina, -ae f *(l)* = Platte, Schicht, Scheibe; Lamelle.

Lanugo, -inis f *(l)* = Wolle, Wollhaar, Flaum. – Lana, -ae f *(l)*: Wolle; Lẫnos *(gr)* u. Vlana *(idg)*: Wolle.

Laryngotomia, -ae f *(l)* = Eröffnung des Kehlkopfs durch Schnitt. – Lárynx *(gr)*: Kehlkopf; témnein *(gr)*: schneiden, aufschneiden.

Larynx, -yngis f *(l)* = Kehlkopf. – Lárynx *(gr)*: Kehlkopf.

lateralis, -e *(l)* = seitlich. – Adj. zu: Latus.

latissimus, -a, -um *(l)* = der breiteste. – Sup. zu latus, -a, -um.

latus, -a, -um *(l)* = breit. – Adj. zu Latus.

Latus, -eris n *(l)* = Seite, Breite, Brust.

Lemniscus, -i m *(l)* = Schleife; anat.: Faserzüge im Gehirn. – Lẫmniskos *(gr)*: Band.

Lens, lentis f *(l)* = Linse.

lenticularis, -e *(l)*: Adj. zu Lens.

lentiformis, -e = linsenförmig. – Lens, lentis f *(l)*: Linse; Forma, -ae f *(l)*: Gestalt, Form.

Leptomeninx, -ingis f *(l)* = weiche, zarte Hirnhaut; zusammenfassender Begriff für Arachnoidea mater und Pia mater. – leptós *(gr)*: zart; Méninx *(gr)*: Hirnhaut.

Levator, -oris m *(l)* = Heber. – levare *(l)*: heben.

liber, -era, -erum *(l)* = frei, ungebunden, offen. – liberare *(l)*: befreien.

Lien, lienis m *(l)* = Milz.

ligamentosus, -a, -um = bänderreich; anat.: bandartig. – Adj. zu Ligamentum.

Ligamentum, -i n *(l)* = Band, Binde; anat.: 1. bandartige Struktur; 2. häutige Verbindung zweier Gelenke. – ligare *(l)*: binden.

Limbus, -i m *(l)* = Saum, Besatzstreifen, Rand.

Limen, -inis n *(l)* = Schwelle, Grenzwall. – Leímen *(idg)*: Querholz.

limitans, -antis *(l)* = begrenzend. – P.p.a. von limitare *(l)*: begrenzen; Limes, -itis m *(l)*: Grenzrain.

Linea, -ae f *(l)* = 1. Linie, Richtschnur; 2. Strich; 3. anat.: Knochenleiste. – Linus oder Linum, -i n *(l)*: Lein, Flachs, später: leinener Faden, Schnur.

Lingua, -ae f *(l)* = Zunge, Sprache. – lingere *(l)* u. leíchein *(gr)*: lecken, schmecken.

Lingula, -ae f *(l)* = Zünglein, zungenähnliches Gebilde. – Dim. zu Lingua.

Liquor, -oris m *(l)* = Flüssigkeit, flüssiger Zustand. – liquere *(l)* = flüssig, klar sein.

lobaris, -e *(l)* = zum Lappen gehörend. – Adj. zu Lobus.

lobularis, -e *(l)* = zum Läppchen gehörend. – Adj. zu Lobulus.

Lobulus, -i m *(l)* = Läppchen. – Dim. zu Lobus.

Lobus, -i m *(l)* = Lappen, Hülse, Schote. – Lóbos *(gr)*: Lappen.

Locus, -i m *(l)* = Ort, Platz, Stelle. – locare *(l)* = setzen, legen, stellen.

longitudinalis, -e *(l)* = längsgerichtet. – Longitudo, -inis f *(l)*: Länge.

longus, -a, -um *(l)* = lang, weit. – Lónchā *(gr)*: Lanze; laggs *(got)*: lang. longissimus: Superlativ zu longus.

lucidus, -a, -um *(l)* = hell, glänzend, leuchtend. – lucere *(l)*: leuchten; Leukos *(gr)*: Licht, Helle.

lumbalis, -e *(l)* = zur Lende gehörig. – Adj. zu Lumbus *(l)*: Lende; Psóas *(gr)*, Lentin *(ahd)*: Lende.

lunatus, -a, -um *(l)* = mondförmig. – Adj. zu Luna, -ae f *(l)*: Mond; lucere *(l)*: leuchten; Lux *(l)*: Licht.

Lunula, -ae f *(l)* = kleiner Mond. – Dim. zu Luna, -ae f *(l)*: Mond; Luc-sna *(idg)*: Mond, Mondschein.

luteus, -a, -um *(l)* = gelb. – Lutum, -i n *(l)*: Lehm, Kot; luo bzw. polluere (l): verschmutzen.

Lympha, -ae f *(l)* = Quellnymphe, klares Wasser; anat.: Lymphe. – Lýmphā *(gr)*: Wassergöttin, Wasser.

lymphaticus, -a, -um *(l)* = zur Lymphe gehörend. – Adj. zu Lympha.

Macula, -ae f *(l)* = Fleck, Makel. – maculare *(l)*: beflecken, besudeln.

maculosus, -a, -um = reich an Flecken, buntgefleckt, besudelt. – Adj. zu Macula.

magnus, -a, -um *(l)* = groß, gewaltig, stark. – mégas *(gr)*: groß, gewaltig.

maior, -oris = größer, stärker. – Komp. zu magnus.

Mala, -ae f *(l)* = Wange, Kinnbacken, eigentl.: Oberkiefer.

malaris, -e: Adj. zu Mala.

mallearis, -e *(l)* = zum Hammer gehörend. – Adj. zu Malleus, -ei m *(l)*: Hammer.

malleolaris, -e *(l)* = zum kleinen Hammer gehörend, zum Knöchel gehörend. – Adj. zu Malleolus.

Malleolus, -i m *(l)* = 1. kleiner Hammer; 2. Brandpfeil, Ähnlichkeit mit einem rundköpfigen Hammer, Knöchel. – Dim. zu Malleus, -ei m *(l)*: 1. Hammer; 2. Gehörknöchelchen.

Mamilla, -ae f *(l)* = Brustwarze, Mamille. – Dim. zu Mamma.

mamillothalamicus, -a, -um *(l)* = zum Corpus mamillare u. zum Thalamus gehörend. – mamillaris, -e *(l)*: brustwarzenähnlich; Thalamus, -i m *(l)*: Sehhügel.

Mamma, -ae f *(l)* = 1. Mutter, Amme; 2. Mutterbrust, Euter, Zitze; 3. anat.: weibliche Brust(-drüse). – mammare *(l)*: säugen, saugen; mammáein *(gr)*: nach der Mutterbrust verlangen.

Mandibula, -ae f oder **Mandibulum, -i** n *(l)* = Unterkiefer, Kinnlade als Kauwerkzeug. – mandere *(l)*: kauen.

Manubrium, -i n *(l)* = Griff, Stiel, Henkel; der mit der Hand zu fassende Griff, Handgriff. – Manus, -us f *(l)*: Hand.

Manus, -us f *(l)* = Hand, eigentl. Arm.

Margo, -inis m *(l)* = Rand, Einfassung. – Marka *(got)* u. *(ahd)*: Grenze, Mark.

masculinus, -a, -um *(l)* = männlich, groß. – **Mas, maris** m *(l)*: Mann, männlich.

Massa, -ae f *(l)* = Masse, Klumpen. – Máza *(gr)*: Teig, Brei aus Gerstenmehl.

Masseter, -eris m *(l)* = anat.: der Kaumuskel. – Massetḗr *(gr)*: der Kauende; mássein *(gr)*: kauen, kneten.

masticatorius, -a, -um *(l)* = dem Kauen dienend. – masticare *(l)*: kauen; Mastix, -icis f *(l)*: wohlriechendes Harz vom Mastixbaum, das zum Kauen benutzt wurde; Mastichā *(gr)*: Mastixbaum.

mastoideus, -a, -um *(l)* = brustwarzenähnlich. – Mastós *(gr)*: Mutterbrust, Brustwarze, Anhöhe, Hügel; -eidés: ähnlich.

Mater, -tris f *(l)* = Mutter, anat.: ernährende u. umschützende Umhüllung. – Mḗtār *(gr)* u. Muoter *(ahd)*: Mutter; nach ali al abbas *(arab)*: die beiden Hüllen, die als Mutter des Gehirns bezeichnet wurden: 1. die dickere als Dura mater, die harte Hirnhaut; 2. die dünne als Pia mater, die weiche Hirnhaut.

Matrix, -icis f *(l)* = Mutterboden, Matrix. – Mater, -tris f *(l)*: Mutter; eigentl. Gebärmutter.

Maxilla, -ae f *(l)* = Oberkiefer. – Dim. zu Mala.

maximus, -a, -um *(l)* = größte. – Superlativ zu magnus.

Meatus, -us m *(l)* = Gang, Durchgang. – meare *(l)*: gehen, ziehen, fließen.

medialis, -e *(l)* = in der Mitte befindlich, zur Mitte gehörig; anat.: medial, zur Mitte hin; Gegensatz zu lateral. – Mésos *(gr)*: mittlerer, Mitte.

medianus, -a, -um *(l)* = in der Mitte befindlich, zur Mitte gehörig. – Mésos *(gr)*: mittlerer, Mitte.

Mediastinum, -i n *(l)* = Mittelfell, Raum zwischen rechter und linker Lunge, eigentl. zwei senkrecht stehende Platten (Pleura), welche die Brusthöhle in eine re. u. li. Hälfte teilen und das Herz zwischen sich enthalten.

medius, -a, -um *(l)* = in der Mitte befindlich, zur Mitte gehörig, dazwischenliegend. – Mésos *(gr)*: mittlerer, Mitte.

Medulla, -ae f *(l)* = Mark, Innerstes. – Wohl von medius abzuleiten.

Membrana, -ae f *(l)* = zarte Haut, Häutchen. – Substantiviertes Adj. von Membrum, -i n *(l)*: 1. das fleischige Körperglied; 2. Glied, Teil, Extremität.

meningeus, -a, -um *(l)* = zur Hirnhaut gehörig. – Adj. zu Meninx.

Meninx, -ingis f *(l)* = Hirnhaut. – Mẫninx *(gr)*: Haut.

Meniscus, -i m *(l)* = Halbmond; anat.: Zwischenknorpel. – Menískos *(gr)*: kleiner Mond; Dim. zu Meís *(gr)*: runde Bedeckung über Statuen, gebogenes Schirmdach, Monat, Mond. Meniscus articularis: halbmondförmige Gelenkzwischenscheibe.

mentalis, -e *(l)* = zum Kinn gehörend. – Adj. zu Mentum.

Mentum, -i n *(l)* = Kinn, Kinnbart, hervorragende Ecke. – prominere *(l)*: hervorragen.

Mesencephalon, -i n *(l)* = Mittelhirn. – Mésos *(gr)*: Mitte; Enképhalos *(gr)*: das, was im Kopf ist (Gehirn).

Mesenterium, -ii n *(l)* = Dünndarmgekröse. – Mesenterion *(gr)*: mittleres Eingeweide; Mésos *(gr)*: Mitte; Énteron *(gr)*: Eingeweide.

Mesopharynx, -yngis f *(l)* = Mundrachen.

Metacarpus, -i m *(l)* = Mittelhand, Zwischenhand. – meta- *(gr)*: nach, hinter, zwischen, inmitten; Karpós *(gr)*: Hand.

metatarsalis, -e *(l)* = zum Mittelfuß gehörend. – Adj. zu Metatarsus.

Metatarsus, -i m *(l)* = Mittelfuß, Fußwurzel.

Metencephalon, -i n *(l)* = Hinterhirn.

minor, minus (Gen.: -oris) *(l)* = kleiner, geringer. – Komp. zu parvus *(l)*: klein, gering.

mitralis, -e *(l)* = einer Mitra ähnlich. – Adj. zu Mitra, -ae f *(l)*: Kopfbinde, Turban; Mitra *(gr)*: Leibbinde, Hauptbinde.

Modiolus, -i m *(l)* = die im Innern ausgehöhlte Schneckenachse. – Dim. zu Modius: Hohlkörper, Radnabe, Zylinder, Scheffel.

molaris, -e *(l)* = zum Mahlen gehörend; dem Mahlen dienend. – Adj. zu Mola, -ae f *(l)*: Mühlstein, Mühle; molare *(l)* u. mýllein *(gr)*: mahlen.

mollis, -e *(l)* = weich, lind, sanft; vgl. mollig. – moldvis *(idg)*: weich; molliri *(l)*: weich machen, zähmen.

Mons, montis m *(l)* = Berg, Fels. – men *(idg)*: emporragen.

motorius, -a, -um *(l)* = anat.: zur Bewegung gehörend, der Bewegung dienend. – movere *(l)* = bewegen, in Bewegung setzen.

mucosus, -a, -um *(l)* = schleimig, mukös. – Adj. zu Mucus, -i m oder Muccus, -i m *(l)*: Schleim, Rotz; mýssein *(gr)*: schneuzen.

multifidus, -a, -um *(l)* = vielfach gespalten. – multus, -a, -um *(l)*: viel u. findere *(l)*: spalten.

muscularis, -e *(l)* = zum Muskel gehörend. – Adj. zu Musculus.

musculocutaneus, -a, -um *(l)* = zum Muskel und zur Haut gehörend.

musculotubarius, -a, -um *(l)* = zum Musculus tensor tympani und zur Ohrtrompete gehörend.

Musculus, -i m *(l)* = kleine Maus, Mäuschen, Muskel. – Dim. zu Mus, muris m *(l)* u. Mýs *(gr)*: Maus.

Myelencephalon, -i n *(l)* = Markhirn, verlängertes Mark; Bezeichnung für Medulla oblongata. – Myelós *(gr):* Mark, Rückenmark.

myentericus, -a, -um *(l)* = zur Darmmuskulatur gehörend. – Mýs *(gr):* Maus, Muskel; enterikós *(gr):* zu den Eingeweiden gehörend.

mylohyoideus, -a, -um *(l)* = vom Unterkiefer zum Zungenbein verlaufend. – Mýlos *(gr):* Mahlstein, Backenzahn.

mylopharyngeus, -a, -um *(l)* = vom Unterkiefer zum Pharynx verlaufend. – Mýlos *(gr):* Mahlstein; Phárynx *(gr):* Rachen.

myo- *(gr)* = anat. in Zusammensetzungen: Muskel-. – Mýs *(gr):* Maus, Muskel.

Myocardium, -ii n *(l)* = Herzmuskulatur.

Myologia, -ae f *(l)* = Muskellehre. – myo- *(gr):* Muskel-; Lógos (gr): Wort, Sprache, Lehre.

Myometrium, -ii n *(l)* = Gebärmuttermuskulatur. – myo- *(gr):* Muskel- u. Mátra *(gr):* Gebärmutter.

Naris, -is f *(l)* = Nasenloch.

nasalis, -e *(l)* = zur Nase gehörend. – Adj. zu Nasus.

Nasus, -i m *(l)* = äußere Nase. – Nasos *(idg)* u. Naris *(l):* Nasenloch.

navicularis, -e *(l)* = kahnförmig, schifförmig. – Adj. zu Navicula, -ae f *(l):* kleines Schiff; Dim. zu Navis, -is f (l): Schiff.

neonatus, -a, -um *(l)* = neugeboren. – néos *(gr):* neu; nasci *(l):* geboren werden, entstehen.

nervosus, -a, -um *(l)* = nervenreich, zum Nerven gehörig; früher: sehnig, kraftvoll. – Adj. zu Nervus.

Nervus, -i m *(l)* = Nerv; früher für alles weißliche Faserige: Sehne, Band, Flechse verwendet. – Neûron *(gr):* Sehne, Band, Nerv.

Nidus, -i m *(l)* = Nest, Wohnsitz, Ursprung. – Nidos *(idg):* Ruheplatz.

niger, -gra, -grum *(l)* = schwarz, dunkel.

Nodulus, -i m *(l)* = kleiner Knoten. – Dim. zu Nodus.

Nodus, -i m *(l)* = Knoten, Gelenk, Knorren, Verbindung. – nodere *(l):* in einen Knoten knüpfen; Nódes *(idg):* großes Netz.

Norma, -ae f *(l)* = Winkelmaß.

Nucha, -ae f *(l)* = Nacken. – Nugrah *(arab):* Nacken, Nackengrube.

Nucleus, -i m *(l)* = Nuß, kleiner Kern; 1. Zellkern; 2. Anhäufung von Nervenzellen im ZNS. – Dim. zu Nux, nucis f *(l):* Nuß, Kern.

nutricius [nutritius], -a, -um *(l)* = ernährend, aufziehend. – nutrire *(l):* säugen, nähren, aufziehen.

Obex, -icis m *(l)* = Riegel, Querbalken, Damm. – obicere *(l):* entgegenwerfen, entgegentreten.

obliquus, -a, -um *(l)* = schräg, tief, seitwärts gerichtet. – ob-, op- *(l):* entgegen, gegen, hin; Limen, -inis n (l): Schwelle.

oblongatus, -a, -um *(l)* = verlängert.

oblongus, -a, -um *(l)* = länglich.

obturatorius, -a, -um *(l)* = dem Verstopfen dienend. – obturare *(l):* verstopfen.

obturatus, -a, -um *(l)* = verstopft. P.p.p. zu obturare *(l):* verstopfen.

obtusus, -a, -um *(l)* = stumpf, schwach. – P.p.p. zu obtúndere *(l):* stumpf machen, stumpf werden.

occipitalis, -e *(l)* = zum Hinterhaupt gehörig. – Adj. zu Occiput.

Occiput, -itis n *(l)* = Hinterhaupt. – ob- *(l):* entgegen, gegenüber; Caput, -itis n *(l):* Haupt, Kopf.

octavus, -a, -um *(l)* = der (die, das) achte (Hirnnerv). – ógodes *(idg):* der Achte.

oculomotorius, -a, -um *(l)* = die Augenbewegung betreffend.

Oculus, -i m *(l)* = Auge. – Wahrscheinlich Dim. zu Ocus *(idg)*, Okje *(idg)* u. Óktallos oder Ophthalmós *(gr):* Auge, Augenhöhle.

Oesophagus, -i m *(l)* = Speiseröhre. – oíso *(gr):* Futur zu phérein: tragen, transportieren; phageîn *(gr):* essen, verdauen.

Olecranon, -i n *(l)* = (Haken-)Fortsatz der Elle, Ellenbogen. – Olékranon *(gr):* Ellenbogenkopf; Olená/olán *(gr):* Ellenbogen, Unterarm; Kranon *(gr):* Kopf.

olfactorius, -a, -um *(l)* = dem Riechen dienend. – ólfacere *(l):* riechen, wittern; olere *(l)* u. ozein *(gr):* riechen.

Oliva, -ae f *(l)* = Olive. – Elaía *(gr):* Olive, Ölbaum.

Omentum, -i n *(l)* = Netzhaut um die Eingeweide, Fette; Eingeweidenetz.

omentalis, -e *(l)* = zum großen Netz gehörig. – Adj. zu Omentum.

omoclavicularis, -e *(l)* = von der Schulter zur Clavicula ziehend. – Ômos *(gr):* Schulter; Clavicula: Schlüsselbein.

omohyoideus, -a, -um *(l)* = von der Schulter zum Zungenbein ziehend. – Ômos *(gr):* Schulter.

omphaloentericus, -a, -um *(l)* = zum Dottergang gehörig. – Omphalós *(gr):* Nabel; Énteron *(gr):* Därme, Eingeweide.

oóphorus, -a, -um *(l)* = eitragend. – Ōón *(gr):* Ei; phérein *(gr):* tragen, bringen.

Operculum, -i n *(l)* = Deckel; anat.: die die Insula bedeckenden Gehirnlappenteile. – operire *(l):* bedecken, verhüllen, zudecken.

opercularis, -e *(l):* Adj. zu Operculum.

ophthalmicus, -a, -um *(l)* = zum Auge gehörig. – Ophthalmós *(gr):* Auge.

opponens, -entis *(l)* = gegenüberstehend, gegenüberstellend. – P.p.a. von opponere *(l):* entgegenstellen, entgegensetzen; ob-, op- *(l):* entgegen, gegenüber; ponere *(l):* legen, setzen, stellen.

opticus, -a, -um *(l)* = das Sehen betreffend. – Ópsis *(gr):* Sehen.

Ora, -ae f *(l)* = Rand, Saum, Küste. – Mit Os, oris n *(l):* Mund verwandt.

orbicularis, -e *(l)* = kreisförmig. – Adj. zu Orbiculus, -i m *(l):* kleiner Kreis; Dim. zu Orbis, -is m *(l):* Kreis.

Orbita, -ae f *(l)* = Augenhöhle; eigentl.: Kreisbahn, Wagengleis, Rad, Kreisfurche.

Orificium, -ii n *(l)* = Öffnung, eigentl.: etwas, das das Aussehen des Mundes hat. – Os, oris n *(l):* der Mund; Facies, -ei f *(l):* Gestalt, Aussehen.

Os, oris n *(l)* = Mund, Eingang, Mündung. – ah, asan, ayam *(altind):* Mund, Öffnung.

Os, ossis n *(l)* = Knochen, Bein, Gebein. – Ostéon oder Óstion *(gr):* Bein, Knochen.

Osteologia, -ae f *(l)* = Knochenlehre. – Ostéon *(gr):* Knochen; Lógos *(gr):* Wort, Lehre.

Ostium, -ii n *(l)* = Mündung, Eingang, Tür. – Os, oris n *(l):* der Mund.

oticus, -a, -um *(l)* = zum Ohr gehörend. – Oús, otós *(gr):* Ohr.

ovalis, -e *(l)* = eiförmig, oval. – Adj. zu Ovum.

Ovarium, -ii n *(l)* = Eierstock. – Substant. Adj. zu Ovum.

Ovum, -i n *(l)* = Ei. – Ōón *(gr):* Ei.

Pachymeninx, -ingis f *(l)* = derbe, faserreiche Hirnhaut. – pachýs *(gr):* dick, derb; Mâninx *(gr):* Hirnhaut.

palatinus, -a, -um: *(l)* = zum Gaumen gehörend. – Adj. zu Palatum.

Palato- *(l)* = vom Gaumen entspringend.

Palatum, -i n *(l)* = Gaumen. – Pala *(idg):* Wölbung.

pallidus, -a, -um *(l)* = blass, bleich. – pallére *(l):* blass sein, fahl sein; poliós *(gr):* grau.

Pallium, -ii n *(l)* = Hülle, Mantel; anat.: Hirnmantel. – Palla, -ae f *(l):* das mantelartige Gewand römischer Frauen.

Palma, -ae f *(l)* = Handfläche. – Pálamä *(gr):* flache Hand, Hohlhand.

palmaris, -e *(l)* = zur Handfläche gehörend. – Adj. zu Palma.

palmatus, -a, -um *(l)* = palmenzweigähnlich. – Palma, -ae f *(l):* flache Hand, Palme; Pálamä *(gr):* flache Hand, Hohlhand.

Palpebra, -ae f *(l)* = Augenlid. – palpitare *(l):* zucken (wegen des Lidschlags) oder palpari *(l):* streicheln (das Lid streichelt sanft über den Augapfel).

pampiniformis, -e *(l)* = rankenförmig. – Pampinus, -i m *(l):* die Weinranke; Forma, -ae f *(l):* Gestalt, Form.

Pancreas, -atis f *(l)* = Bauchspeicheldrüse. – pân *(gr):* alles, ganz; Kréas *(gr):* Fleisch, Drüsensubstanz.

Panniculus, -i m *(l)* = Haut, Schicht. – Dim. zu Pannus, -i m *(l):* Kleid, Tuch, Lappen; Pânos *(gr):* Zeug, Tuch.

Papilla, -ae f *(l)* = warzenförmige Erhebung, Papille (der Haut, Niere und Zunge), urspr. nur Brustwarze. – Papula, -ae f *(l):* Blatter, Bläschen.

Paradidymis, -idis f *(l)* = neben dem Hoden liegendes rudimentäres Organ (Urnierenrest), anat.: beiderseits blind endende Kanälchen oberhalb des Nebenhodenkopfs vor dem Samenstrang. – pará *(gr):* neben; Dídymoi *(gr):* Zwillinge, Hoden.

Parametrium, -i n *(l)* = Bereich neben der Gebärmutter. – Mátra *(gr):* Gebärmutter.

parasympathicus, -a, -um *(l)* = der Pars sympathica des autonomen oder vegetativen Nervensystems entgegenwirkend.

Parenchyma, -atis n *(l)* = organspezifisches Gewebe. – Parénchyma *(gr):* das daneben Hineingegossene; chéein *(gr):* gießen.

Paries, -etis m *(l)* = Wand. – Etym. unsicher.

parietalis, -e *(l)* = parietal, seitwärts; anat.: zum Os parietale (Scheitelbein) gehörend. – Adj. zu Paries.

Paroóphoron *(gr)* = medial vom Eierstock liegendes rudimentäres Organ (Urnierenrest).

parotideus, -a, -um *(l)* = zur Ohrspeicheldrüse gehörend. – Adj. zu Parotis.

Parotis, -idis f *(l)* = Anschwellung neben dem Ohr (urspr. Mumps); Glandula parotidea = Ohrspeicheldrüse. – Oús *(gr):* Ohr.

Pars, partis f *(l)* = Teil, Anteil, Stück, Körperteil, Seite. – partiri *(l):* teilen.

parvus, -a, -um *(l)* = klein. – pauros *(gr):* klein, gering, wenig.

Patella, -ae f *(l)* = Schale, Opferschale; anat.: Kniescheibe. – Dim. zu Patera, -ae f *(l):* flache Schale; patere *(l):* offenstehen.

Pecten, pectinis m *(l)* = Kamm, Grat. – pectare *(l)* u. pékein *(gr):* kämmen.

pectinatus, -a, -um u. **pectineus, -a, -um** *(l):* Adj. zu Pecten.

pectoralis, -e = zur Brust gehörig. – Adj. zu Pectus.

Pectus, -oris n *(l)* = Brust, Herz, Sinn. – Paksa *(altind):* Flügel, Achsel.

Pedunculus, -i m u. **Pediculus, -i** m *(l)* = Füßchen, Stiel. – Dim. zu Pes, pedis m *(l):* Fuß.

pellucidus, -a, -um *(l)* = durchsichtig. – perlucere *(l):* hervorschimmern, durchsichtig sein; per- *(l):* völlig, hindurch; lucere *(l):* scheinen, leuchten.

pelvinus, -a, -um *(l):* Adj. zu Pelvis.

Pelvis, ís f *(l)* = Becken, Schüssel. – Pellís *(gr):* Schüssel, Becken; Péllа *(gr)* u. Palavi *(altind):* Geschirr.

Penis, -is m *(l)* = Schwanz, männliches Glied. – Pés *(gr):* männl. Glied.

perforans, -tis *(l)* = durchbohrend. – P.p.a. von perforare *(l):* durchbohren; per- *(l):* durch, hindurch; forare *(l):* bohren, graben.

perforatus, -a, -um *(l)* = durchbohrt. – P.p.p. von perforare *(l):* durchbohren.

Pericardium, -ii n *(l)* = Herzbeutel.

Perilympha, -ae f *(l)* = die das häutige Gehörlabyrinth umgebende Flüssigkeit. – perí- *(gr):* um, herum; Lympha *(l):* Quellwasser.

Perimetrium, -ii n *(l)* = Bauchfellüberzug der Gebärmutter. – Mátra *(gr):* Gebärmutter.

perinealis, -e *(l):* Adj. zu Perinéum.

Perinéum, -i n *(l)* = Damm, Mittelfleisch, Gegend zwischen After und Scheide bzw. Hodensack. – Vielleicht von perinéin *(gr):* anhäufen, aufschichten.

Periodontium, -ii n *(l)* = Wurzelhaut des Zahnes. – Odoús, odóntos *(gr):* Zahn.

Periorbita, -ae f *(l)* = das die Augenhöhle auskleidende Periost.

Periorchium,-ii n *(l)* = parietales Peritonealblatt des Hodens. – Órchis *(gr):* Hoden.

Periosteum, -i n *(l)* = Knochenhaut, Periost. – Os, ossis m *(l):* Knochen.

Peritoneum, -ii n *(l)* = Bauchfell. – Peritonáion *(gr):* die über die Därme gespannte Haut; teínein *(gr):* spannen.

permanens, -entis *(l)* = bleibend, verbleibend. – P.p.a. von permanere *(l):* bleiben, verbleiben, fortdauern.

peroneus,-a,-um u. peronealis,-e *(l)* = zum Wadenbein gehörend, auf der Seite des Wadenbeins gelegen. – Pero,-onis m *(l):* Stiefel aus rohem Leder; Perónä *(gr):* Spange, Stachel.

perpendicularis, -e *(l)* = senkrecht, lotrecht. – Perpendiculum,-i n *(l):* Richtblei, Lot; perpendere *(l):* genau abwägen.

Pes, pedis m *(l)* = Fuß, Bein. – Poús *(gr):* Fuß, Bein.

Petiolus,-i m *(l)* = Stiel, Füßchen. – Dim. zu Pes; statt Pediolus später Petiolus.

petrosus,-a,-um *(l)* = felsig, steinig. – Pétra *(gr):* Fels, Stein.

petrotympanicus,-a,-um *(l)* = vom Felsenbein zur Paukenhöhle ziehend.

Phalanx, -angis f *(l)* = Walze, Stamm, Ballen, Schlachtreihe; anat.: Phalanx, Finger-, Zehenglied. – Phálanx *(gr):* 1. Rundholz, Balken; 2. Finger-, Zehenglied; 3. Schlachtreihe.

pharyngeus, -a, -um *(l)* = zum Rachen gehörend. – Adj. zu Pharynx.

Pharynx, -ngis m u. f *(l)* = Rachen, Schlund. – Phárynx *(gr):* Rachen, Kehle, Schlund.

Philtrum, -i n *(l)* = Nasen-Lippen-Rinne. – Phíltron *(gr):* Liebeszauber, Liebestrunk.

phrenicus, -a, -um *(l)* = zum Zwerchfell gehörend. – Phrenes,-um f *(l):* Zwerchfell; Phrän *(gr):* Zwerchfell, Sitz des Gemüts.

Pigmentum,-i n *(l)* = Farbstoff; Schminke. – pingere *(l):* malen; poíkilos *(gr):* bunt.

Pilus,-i m *(l)* = einzelnes Haar. – Pílos *(gr):* Filz.

pinealis,-e (l) = zum Fichtenzapfen gehörend, fichtenzapfenähnlich. – Pinus,-us f *(l)* und picsmus *(idg):* Fichte.

piriformis,-e *(l)* = birnenförmig. – Pirum,-i n *(l):* Birne; Forma,-ae f *(l):* Form, Gestalt.

pisiformis,-e *(l)* = erbsenförmig. – Pisum,-i n *(l)* u. Píson *(gr):* Erbse; Forma,-ae f *(l):* Form, Gestalt.

pituitarius,-a,-um *(l)* = schleimig. – Pituita,-ae f *(l):* der Schleim. – Glandula pituitaria.

pius,-a,-um *(l)* = fromm, zart. – Pia mater: weiche Hirnhaut.

Placenta,-ae f *(l)* = Mutterkuchen, Nachgeburt, Plazenta. – Plakoûs *(gr):* Kuchen, eigentl.: mit Fläche versehen.

Planta pedis *(l)* = Fußsohle. – Planta,-ae f *(l):* Fußfläche; Pes, pedis m *(l):* Fuß; Plátos *(gr):* Breite; platýs *(gr):* breit, weit.

Planum,-i n *(l)* = Fläche, Ebene. – placére *(l):* ebnen, glätten; planare *(l):* platzieren, planieren.

planus,-a,-um *(l)* = flach, eben, plan.

Platysma, -atis n *(l)* = Platte, ausgebreiteter Körper; anat.: großflächiger Hautmuskel am Hals. – platýs *(gr):* breit, weit.

Pleura,-ae f *(l)* = Seite, Rippe; anat.: Rippenfell, Brustfell. – Pleurá *(gr):* die Seite eines Gegenstands.

Plexus,-us m *(l)* = Geflecht. – plectere *(l)* u. plékein *(gr):* flechten.

Plica,-ae f *(l)* = Falte, alle Faltenbildungen. – plicare *(l):* falten; plékein *(gr):* flechten, schlingen oder ptýssein *(gr):* falten.

Pollex,-icis m *(l)* = Daumen. – pollere *(l):* vermögen, ausrichten.

Pons, pontis m *(l)* = Brücke, Steg. – Paíos *(gr):* Pfad.

pontinus,-a,-um = zur Brücke gehörig. – Adj. zu Pons.

Poples,-itis m *(l)* = Kniekehle, Kniebeuge.

popliteus,-a,-um *(l):* Adj. zu Poples.

Porta,-ae f *(l)* = Pforte, Tür, Eingang. – Póros *(gr):* Durchgang; peírein *(gr):* durchdringen.

Portio,-ionis f *(l)* = Teil, Abschnitt, Anteil, Portion. – Pars *(l)* u. Époron *(gr):* zugemessener Anteil.

Porus,-i m *(l)* = Gang, Kanal, Röhre; anat.: Öffnung eines Gangs. – Póros *(gr):* Öffnung, Weg, Durchgang; peírein *(gr):* durchdringen.

postcentralis,-e *(l)* = anat.: hinter der Zentralfurche des Gehirns liegend.

posterior,-ius *(l)* = hinterer, späterer, folgender. – Komp. zu post *(l):* hinten, hernach.

posterolateralis,-e *(l)* = weiter hinten seitlich.

praecentralis [precentralis],-e *(l)* = vor der Zentralfurche des Gehirns gelegen.

Praeputium [Preputium], -i n *(l)* = Vorhaut. – Pósthion *(gr)* als Dim. zu Pósthä *(gr):* männliches Glied oder prae- *(l):* vorne u. putare *(l):* beschneiden, ins Reine bringen.

Princeps,-ipis m *(l)* = Erster, Wichtigster. – aus primi-ceps: die erste Stelle einnehmend; primus *(l):* Erster; capere (l): nehmen.

principalis,-e *(l)* = ursprünglich, Erster. – Adj. zu Princeps.

procerus,-a,-um *(l)* = hoch, schlank, gestreckt, lang. – crescere *(l):* wachsen, entstehen.

Processus, -us m *(l)* = Fortschritt, Fortgang; anat.: Fortsatz. – procedere *(l):* vorgehen, hervortreten, vorrücken; cedere *(l):* weichen, gehen.

profundus,-a,-um *(l)* = tief, bodenlos. – siehe pro- *(l)* u. Fundus,-i m *(l):* in der Nähe des Bodens, in der Tiefe.

Prominentia, -ae f *(l)* = Vorsprung, Erhebung, Prominenz. – prominere *(l):* hervorspringen, hervorragen; minere *(l):* ragen, drohen.

Promontorium, -i n *(l)* = Vorgebirge, Vorwölbung.

Pronator, -oris m *(l)* = Neiger; anat.: Muskeln, die bei Drehung des Unterarms die Handfläche nach unten bzw. dorsal richten. – pronare *(l):* vornüberneigen.

Pronephros,-i m *(l)* = Vorniere, die zuerst gebildete Niere. – Néphros *(gr):* Niere.

pronus,-a,-um u. **pronatus,-a,-um** = abschüssig, vornüber geneigt. – Adj. zu Pronator.

proprius,-a,-um *(l)* = beständig, dauernd, eigen, wesentlich.

Prosencephalon,-i n *(l)* = Vorderhirn. – Enképhalos *(gr):* Gehirn.

Prostata,-ae f *(l)* = Vorsteherdrüse. – Prostátäs *(gr):* Vordermann, Beschützer, Vorsteher.

prostaticus,-a,-um *(l):* Adj. zu Prostata.

Protuberantia, -ae f *(l)* = Arten von Hervorragungen u. Erhabenheiten, Protuberanz. – protuberare *(l):* hervorragen.

proximalis, -e *(l)* = anat.: näher zum Rumpf gelegen, rumpfwärts, proximal. – proximus,-a,-um *(l):* nächster; Sup. zu prope *(l):* nahe, bei.

Psoas, psoae m *(l)* = Lende. – Psóa *(gr):* Lende, Lendengegend, Lendenfleisch.

pterygoideus,-a,-um *(l)* = flügelförmig. – Pteryx *(gr):* Flügel:-eidés *(gr):* ähnlich in Gestalt, Form.

pudendus, -a, -um *(l)* = zur Scham gehörend, schimpflich, schändlich. – pudére *(l):* sich schämen.

Pulmo, -onis m *(l)* = Lunge. – Pleumon, Pneumon *(gr):* die Lunge.

pulmonalis,-e *(l):* Adj. zu Pulmo.

Pulpa,-ae f *(l)* = Weichheit; anat.: weiche Substanz, Mark, Parenchym.

Pulvinar,-aris n *(l)* = Kissen, Polster.

Pupilla,-ae f *(l)* = Pupille, Augenstern, Sehloch. – Dim. zu Pupa,-ae f *(l):* Mädchen, Puppe; eigentl.: das verkleinerte Spiegelbild, das man im Auge eines anderen sieht.

Putamen,-inis n *(l)* = Schale; anat.: äußerer Teil des Nucleus lentiformis = Linsenkern. – putare *(l):* beschneiden, ins Reine bringen, ordnen.

Pýelos *(gr)* = Trog, Mulde, Wanne; anat.: Nierenbecken.

pyloricus,-a,-um *(l):* Adj. zu Pylorus.

Pylorus, -i m *(l)* = Pförtner, Magenausgang; anat.: Übergang zwischen Magen u. Dünndarm. – Pylōrós *(gr):* Pförtner, Torhüter.

pyramidalis,-e *(l):* Adj. zu Pyramis.

Pyramis,-idis f *(l)* = Pyramide; anat.: pyramidenähnl. Gebilde. – Pyramís *(gr):* Pyramide.

quadrangularis, -e *(l)* = vierwinklig, viereckig. – quattuor *(l):* vier; Angulus,-i m *(l):* Winkel.

quadratus,-a,-um *(l)* = viereckig. – quadrare *(l):* rechteckig machen.

quadriceps,-cipitis *(l)* = vierköpfig.

radialis,-e *(l)* = zur Speiche (Unterarmknochen) gehörig. – Adj. zu Radius.

Radiatio,-onis f *(l)* = Ausstrahlung. – Radius,-ii m *(l):* Strahl, Lichtstrahlung.

radicularis,-e *(l)* = zur Wurzel gehörend. – Adj. zu Radicula,-ae f *(l):* kleine Wurzel.

Radius,-ii m *(l)* = Radspeiche, Halbmesser des Kreises, Sonnenstrahl; anat.: Unterarmknochen: Speiche.

Radix, -icis f *(l)* = Wurzel. – Radix *(gr):* Zweig, Rute, Wurzel.

Ramus,-i m *(l)* = Ast, Zweig.

Raphe,-es f *(l)* = Naht, Hautnaht. – Raphä *(gr):* Naht, Kleidernaht; ráptō *(gr):* zusammennähen.

Recessus,-us m *(l)* = Zurückgehen, Einbiegung, Vertiefung, Winkel, Nische. – recedere *(l):* zurückweichen; re-: zurück; cedere: weichen, gehen.

Rectum,-i n *(l)* = Enddarm, Mastdarm. – rectus *(l):* gerade.

rectus,-a,-um *(l)* = gerade. – regere *(l):* richten, lenken.

recurrens,-entis *(l)* = zurücklaufend, kreisend. – P.p.a. von recurrere *(l):* zurücklaufen, zurückkommen, kreisen.

Regio,-onis f *(l)* = Gegend, Lage, Richtung. – regere *(l):* lenken, richten, regieren; orégō *(gr):* recken, sich recken.

Ren, renis m *(l)* = Niere.

renalis,-e *(l):* Adj. zu Ren.

respiratorius,-a,-um *(l)* = der Atmung dienend. – respirare *(l):* atmen.

Rete, retis n *(l)* = Netz, Fischnetz. – ére *(idg)* u. rarus,-a,-um *(l):* dünn, locker, undicht.

Retina (ergänze tunica) *(l)* = die Netzhaut des Auges. – evtl.: retinere *(l):* zurückhalten; oder: Rete, retis n *(l):* Netz; retinus *(l):* netzartig.

Retinaculum,-i n *(l)* = Halter, Klammer, Seil, das zum Halten dienende Band; anat.: 1. Werkzeug zum Aufheben und Festhalten von Weichteilen; 2. fibröse Gebilde, welche andere festhalten, damit sie nicht aus der Lage abweichen. – retinere *(l):* zurückhalten, festhalten.

retroperitonealis,-e *(l)* = hinter dem Bauchfell gelegen.

Rhinencephalon,-i n *(l)* = Riechhirn. – Rhís *(gr):* Nase; Enképhalos *(gr):* das, was im Kopf ist (Gehirn).

Rhombencephalon,-i n *(l)* = Rautenhirn; nach der Rautengrube benannt. – Rhómbos *(gr):* Raute; Enképhalos *(gr):* das, was im Kopf ist (Gehirn).

rhomboideus, -a, -um *(l)* = rautenähnlich. – Rhómbos *(gr):* kreisförmiger Körper, Kreisel, später: Raute;-eidés *(gr):* ähnlich.

Rima, -ae f *(l)* = Spalte, Riss, Strich, Ritze. – Rícoma *(idg):* Riss; ereíkein *(gr):* aufreißen.

risorius, -a, -um *(l)* = zum Lachen dienend. – ridere *(l):* lachen, grinsen; Risor,-oris m *(l):* Lacher, Spötter.

rostralis,-e *(l)* = zum vorderen Körperende hin gelegen.

Rostrum,-i n *(l)* = Schnabel, Rüssel. – rodere *(l):* nagen, verzehren.

Rotator,-oris m *(l)* = der (Herum-)Dreher; vgl. Rotation. – rotare *(l):* herumdrehen, rotieren; Rota,-ae f *(l):* Rad, Wagenrad.

rotundus,-a,-um *(l)* = rund, kugelrund. – Rota,-ae f *(l):* Rad; siehe Rotator.

ruber,-bra,-brum *(l)* = rot. – erythrós *(gr):* rot; rubére *(l):* rot sein.

Ruga,-ae f *(l)* = Runzel, Hautfalte, Falte. – rúksas *(altind):* rau; rysós *(gr):* runzelig.

Saccus,-i m *(l)* = Sack, Tasche. – Sák(k)os *(gr):* Sack.

sacer, sacra, sacrum *(l)* = heilig. – Sacrum,-i n *(l)*: Heiligtum. – Os sacrum: Kreuzbein.

sacralis, e *(l)* = zum Kreuzbein gehörig. – Adj. zu Sacrum.

sagittalis, -e *(l)* = in Pfeilrichtung, sagittal, von ventral nach dorsal. – Adj. zu Sagitta,-ae f *(l)*: Pfeil.

salivatorius,-a,-um *(l)* = zum Speichel gehörig. – Saliva,-ae f *(l)*: Speichel, Schleim.

Salpinx,-ingis f *(l)* = Trompete; anat.: 1. Eileiter (Tuba uterina [Salpinx]); 2. Ohrtrompete (Tuba auditiva). – Salpinx *(gr)*: Trompete.

saphenus, -a, -um *(l)* = verborgen. – al safin *(arab)*: verborgen, der Verbergende; nicht von saphḗs *(gr)*: deutlich, sichtbar.

sartorius,-a,-um *(l)* = zum Schneidern dienlich. – Sartor,-oris m *(l)*: Schneider; sarcire *(l)*: ausbessern.

Scala,-ae f *(l)* = Treppe, Stufe. – Scalae,-arum *(Pl)*: Treppe, Leiter, Stiege; scand-sla *(idg)*: steigen.

scalenus, -a, -um *(l)* = schief, ungleichseitig, dreieckig. – skalēnós *(gr)*: ungerade, schief.

Scapha,-ae f *(l)* = Nachen; anat.: die zwischen Helix und Anthelix liegende Furche der Ohrmuschel. – Skáphä *(gr)*: ausgehöhlter Körper, Kahn, Boot.

scaphoideus,-a,-um *(l)* = kahnförmig. – Skáphä *(gr)*: ausgehöhltes, muldenartiges Gefäß, Wanne, Boot; skáptō *(gr)*: graben.

Scapula, -ae f *(l)* = Schulterblatt, Schulter, Rücken. – Kápetos *(gr)*: Grube, Graben.

Sclera (ergänze tunica oculi) *(l)* = harte oder feste Augenhaut. – sklērós *(gr)*: hart, derb.

scriptorius,-a,-um *(l)* = zum Schreiben dienend. – scribere *(l)*: schreiben, zeichnen.

scrotalis,-e *(l)*: Adj. zu Scrotum.

Scrotum,-i n *(l)* = Sack, Hodensack. – skrýdda *(altnord)*: geschrumpfte Haut.

secundarius,-a,-um *(l)* = der (die, das) Zweite. – secundus,-a,-um *(l)*: der (die, das) Zweite, Folgende; sequi *(l)*: folgen, nachfolgen, nachsetzen.

segmentalis,-e *(l)*: Adj. zu Segmentum.

Segmentum, -i n *(l)* = Abschnitt, Teilbereich, Segment. – secare *(l)*: schneiden, teilen.

Sella, -ae f *(l)* = Sattel, Stuhl, Sessel. – sedere *(l)*: sitzen, setzen; Hélla *(gr)*: Sitz.

Semicanalis,-is m *(l)* = Halbkanal, Rinne.

semicircularis,-e *(l)* = halbkreisförmig.

semilunaris,-e *(l)* = halbmondförmig. – semi- *(l)*: halb; Luna,-ae f *(l)*: Mond.

semimembranosus,-a,-um *(l)* = halbhäutig.

seminalis,-e *(l)* = zum Samen gehörig. – Adj. zu Semen,-inis n *(l)*: Same, Stamm; se, saen *(idg)* u. serere *(l)*: säen, pflanzen.

semiovalis,-e *(l)* = halbeiförmig.

semispinalis,-e *(l)* = zur Hälfte zum Dorn(fortsatz der Wirbel) gehörend; Bezeichnung für Muskeln, die von den Querfortsätzen der Wirbel zu Dornfortsätzen anderer Wirbel ziehen.

semitendinosus,-a,-um *(l)* = halbsehnig.

septalis,-e *(l)*: Adj. zu Septum.

Septum,-i n *(l)* = Scheidewand, eigentl. Umzäunung, Einfriedung. – saepire *(l)*: umzäunen, umhegen, einfrieden.

serratus,-a,-um *(l)* = gezähnt, gesägt. – P.p.p. von serrare *(l)*: sägen; Serra,-ae f *(l)*: Säge.

sesamoideus, -a, -um *(l)* = sesamkornähnlich. – Sāsamon *(gr)*: Schotenfrucht der aus Ägypten und Arabien stammenden Sesampflanze.

sigmoideus,-a,-um *(l)* = sigmaähnlich. – Sígma *(gr)*: halbmondförmiges Gebilde.

simplex,-icis *(l)* = einfach, unvermischt, einzeln. – sém *(idg)*: eins.

sinister,-tra,-trum *(l)* = links, ungünstig.

sinuatrialis,-e *(l)* = zum Sinus venarum cavarum u. zum Vorhof des Herzens gehörend.

Sinus,-us m *(l)* = Busen, Vertiefung, Bucht, Biegung, Krümmung. – sinuáre *(l)*: krümmen, bogenförmig machen.

soleus,-a,-um *(l)* = seezungenähnlich, schollenähnlich. – Solea,-ae f *(l)*: Seezunge, Scholle; urspr.: Sandale, Sohle.

solitarius,-a,-um *(l)* = alleinstehend, abgesondert, einsam. – solus,-a,-um *(l)*: allein.

Spatium,-ii n *(l)* = Zwischenraum, Raum, Bahn, Rennbahn. – Spádion, Stadion *(gr)*: Rennbahn.

spermaticus,-a,-um *(l)* = zum Samen gehörig. – Adj. zu Spérma *(gr)*: Same, Keim; speírein *(gr)*: aussäen, ausstreuen.

sphenoidalis, -e *(l)* = keilförmig. – Sphḗn *(gr)*: Keil.

Sphincter,-eris m *(l)* = Schnürer, Schnürmuskel. – sphingein *(gr)*: zusammenschnüren, würgen, zusammenziehen; Sphinx: zusammenschnürende Todesdämonin.

Spina,-ae f *(l)* = Dorn, Rückgrat, Wirbelsäule.

spinalis,-e u. **spinosus,-a,-um** *(l)*: Adj. zu Spina.

spinocostalis, -e *(l)* = vom Rückgrat zur Rippe verlaufend.

spiralis,-e *(l)* = gewunden. – Adj. zu Spira,-ae f *(l)*: Windung, Spirale; Speîra *(gr)*: Windung.

splanchnicus,-a,-um *(l)* = zu den Eingeweiden gehörend. – Splánchnon *(gr)*: Eingeweide.

Splanchnologia,-ae f *(l)* = Eingeweidelehre. – Splánchnon *(gr)*: Eingeweide; Lógos *(gr)*: Wort, Sprache, Lehre.

Splen,-enis m *(l)* = Milz. – Splḗn *(gr)*: Milz.

Splenium,-ii n *(l)* = Wulst, Bausch, Schönheitspflästerchen. – Splenion *(gr)*: Wundverband, Pflasterstreifen, Kompresse.

splenius,-ia,-ium *(l)* = pflasterförmig, bauschig.

spongiosus,-a,-um *(l)* = schwammig, porös. – Spongiá *(gr)*: Schwamm.

Squama,-ae f *(l)* = Schuppe (des Fisches, der Schlange). – squaleo *(l)*: schuppig, rau sein.

squamosus,-a,-um *(l)*: Adj. zu Squama.

stapedius,-a,-um *(l)*: Adj. zu Stapes.

Stapes,-edis m *(l)* = Steigbügel, das kleinste der drei Gehörknöchelchen.

stellatus,-a,-um *(l)* = sternförmig. – Stella,-ae f *(l)*: Stern, Gestirn; Astḗr *(gr)*: Stern.

sternalis,-e *(l)*: Adj. zu Sternum.

sternoclavicularis, -e *(l)* = vom Brust- zum Schlüsselbein verlaufend.

sternocleidomastoideus, -a, -um *(l)* = Brustbein und Schlüsselbein mit dem Warzenfortsatz verbindend. – Sternum,-i n *(l)*: Brustbein; Kleís *(gr)*: Riegel, Schlüssel, Schlüsselbein; mastoideus *(l)*: brustwarzenähnlich.

sternocostalis,-e *(l)* = vom Brustbein zur Rippe verlaufend.

sternohyoideus, -a, -um *(l)* = vom Brust- zum Zungenbein verlaufend.

sternothyroideus,-a,-um *(l)* = vom Brustbein zur Schilddrüse ziehend.

Sternum,-i n *(l)* = Brustbein. – sternere *(l)*: ausbreiten, glätten; Stérnon *(gr)*: Brust, Brustbein.

Stratum,-i n *(l)* = Zone, Decke, Ausgebreitetes, Schicht. – sternere *(l)* u. stórnymi *(gr)*: ausbreiten, bedecken.

Stria,-ae f *(l)* = Streifen, Furche.

striatus,-a,-um *(l)* = gestreift. – Adj. zu Stria.

styloglossus, -a, -um *(l)* = vom Griffelfortsatz zur Zunge verlaufend.

stylohyoideus,-a,-um *(l)* = vom Griffelfortsatz zum Zungenbein verlaufend.

styloideus, -a, -um *(l)* = griffelförmig. – Stŷlos *(gr)*: Griffel, Stiel.

stylomastoideus,-a,-um *(l)* = vom Griffel- zum Warzenfortsatz verlaufend.

stylopharyngeus,-a,-um *(l)* = vom Griffelfortsatz zum Rachen verlaufend.

subcutaneus, -a, -um *(l)* = unter der Haut gelegen.

submucosus, -a, -um *(l)* = unter der Schleimhaut gelegen.

Substantia,-ae f *(l)* = Wesen, Beschaffenheit; anat.: Substanz, stoffliche Grundlage. – substare *(l)*: darunter sein, existieren, standhalten.

Sulcus,-i m *(l)* = Furche, Einschnitt. – Holkós *(gr)*: Zug, Zügel, gezogene Furche; hélkō *(gr)*: ziehen.

Supercilium, -ii n *(l)* = Augenbraue, das über dem Augenlid Befindliche.

superficialis,-e *(l)* = an der Oberfläche liegend, oberflächlich. – Facies,-ei f *(l)*: äußere Gestalt.

superior, -ius *(l)* = oberer, höher, weiter oben gelegen. – Komp. zu super.

Supinator, -oris m *(l)* = Aufwärtsdreher. – supinare *(l)*: rücklings beugen, nach oben drehen; durch Drehung des Unterarms wird die Handfläche nach oben bzw. vorne gerichtet; hýptios *(gr)*: zurückgelehnt, rücklings.

supremus,-a,-um *(l)* = der Oberste, Äußerste, Höchste. – Sup. zu super.

suralis,-e *(l)* = zum Wadenbein gehörig. – Adj. zu Sura,-ae f *(l)*: Wade, Unterschenkel.

suspensorius,-a,-um *(l)* = zum Aufhängen dienend. – suspéndere *(l)*: aufhängen, emporheben.

Sustentaculum, -i n *(l)* = Stütze, Hilfe, Unterstützung. – sustenare *(l)*: unterstützen, aufrechthalten, stützen, helfen.

Sutura,-ae f *(l)* = Naht, chirurg. Naht, Nahtverbindung zweier Schädelknochen, Wundnaht.

sympathicus,-a,-um *(l)* = sympathisch; anat.: sympathischer Teil des autonomen oder vegetativen Nervensystems. – Páthōs *(gr)*: Leiden, Empfindung.

Symphysis, -eos u. **-is** f *(l)* = Knochenverbindung durch Faserknorpel, vgl. Junctura cartilaginea. – symphýein *(gr)*: zusammenwachsen, vereinigen.

Synarthrosis,-eos u. **-is** f *(l)* = Knochenfuge. – Árthron *(gr)*: Gelenk.

Synchondrosis, -eos u. **-is** *(l)* = knorpelige Knochenverbindung. – Chóndros *(gr)*: der Knorpel.

Syndesmosis, -eos u. **-is** *(l)* = bindegewebige Knochenverbindung. – Desmós *(gr)*: Band, Verbindung.

Synostosis, -eos u. **-is** *(l)* = knöcherne Verbindung zweier Knochen. – Ostéon *(gr)*: Knochen.

Synovia,-ae f *(l)* = Gelenkschmiere.

Taenia,-ae f *(l)* = Streifen, schmales Band, Binde. – Tainía *(gr)*: Band, Binde; teínein *(gr)*: drehen, spannen, strecken.

talaris,-e *(l)*: Adj. zu Talus.

talocalcaneonavicularis,-e *(l)* = vom Sprung- u. Fersenbein zum Kahnbein verlaufend.

talocruralis,-e *(l)* = vom Sprungbein zum Unterschenkel ziehend.

talonavicularis,-e *(l)* = vom Sprung- zum Kahnbein verlaufend.

Talus,-i m *(l)* = Sprungbein; urspr.: der Würfel.

Tapetum,-i n *(l)* = Teppich, Vorhang. – Tapes,-itis m *(l)* u. Tápäs *(altiran)*: Teppich.

tarseus,-a,-um *(l)*: Adj. zu Tarsus.

tarsometatarsalis, -e *(l)* = von der Fußwurzel zum Mittelfuß verlaufend.

Tarsus, -i m *(l)* = 1. Fußwurzel; 2. Lidplatte. – Tarsós *(gr)*: flach ausgebreiteter Gegenstand.

tectorius,-a,-um *(l)* = dem Bedecken dienend; zum Decken. – Adj. zu Tectum.

Tectum,-i n *(l)* = Dach. – tegere *(l)* u. stégein *(gr)*: decken; Tégos *(gr)*: Dach; Stégä *(gr)*: Haus, Dach; Decchin *(ahd)*: Decke.

Tegmen,-inis n u. **Tegmentum,-i** n *(l)* = Decke, Haube, Dach. – tegere *(l)*: bedecken u. stégein *(gr)*: decken, bedecken, verbergen.

tegmentalis,-e *(l)*: Adj. zu Tegmentum.

Tela, -ae f *(l)* = Gewebe, Gewebeschicht. – téxere *(l)*: weben, flechten; Téxla *(idg)*: Gewebe.

Telencephalon, -i n *(l)* = Endhirn. – Télos *(gr)*: Ende; Enképhalos *(gr)*: das, was im Kopf ist (Gehirn).

temporalis,-e *(l)*: Adj. zu Tempus.

Tempus,-oris n *(l)* = Schläfe; Zeit.

tendineus,-a,-um *(l)*: Adj. zu Tendo.

Tendo,-inis m *(l)* = Sehne. – téndere *(l)* u. teínein *(gr)*: ziehen, spannen, strecken.

Tensor,-oris m *(l)* = Spanner, Strecker. – téndere *(l)* u. teínein *(gr)*: strecken, ziehen, spannen.

Tentorium,-i n *(l)* = Zelt. – téndere *(l)*: spannen, straff anziehen, zelten, lagern.

tenuis,-e *(l)* = dünn, fein. – téndere *(l)*: spannen, auseinanderziehen; tánus *(altind)* u. dúnni *(ahd)*: dünn, ausgedehnt.

teres, -etis *(l)* = rund, gedreht, länglich rund. – terere *(l)*: reiben, zerreiben; teírō u. tríbō *(gr)*: reiben, zerreiben.

terminalis, -e *(l)* = zur Grenze gehörig, die Grenze bzw. das Ende bezeichnend; vgl. Termin. – terminare *(l)*: begrenzen, abgrenzen, bestimmen.

testicularis, -e *(l)*: Adj. zu Testis.

Testis, -is m *(l)* = anat.: Hoden.

thalamicus, -a, -um *(l)*: Adj. zu Thalamus.

Thalamus, -i m *(l)* = anat.: sog. Sehhügel. – Thálamos *(gr)*: Gemach, Höhle, Schlafgemach.

Theca, -ae f *(l)* = Kapsel, Hülle, Kuppel. – Thḗkä *(gr)* = Behälter.

Thenar, -aris n *(l)* = Daumenballen. – Thénar *(gr)*: Handfläche, flache Hand, auch Vertiefung; theínō *(gr)*: schlagen.

thoracicus, -a, -um *(l)*: Adj. zu Thorax.

thoracoacromialis, -e *(l)* = vom Brustkorb zur Schulterhöhe verlaufend.

thoracolumbalis, -e *(l)* = vom Brustkorb zur Lende ziehend.

Thorax, -acis m *(l)* = Brustkorb. – Thṓrax *(gr)*: Brustkorb, Brustharnisch, Rüstung, die Brust und Bauch bedeckt.

thymicus, -a, -um *(l)*: Adj. zu Thymus.

Thymus, -i m *(l)* = Thymusdrüse, Bries. – Thymós *(gr)*: Leben, Lebenskraft, Gemüt, Mut, Herz, Geist, Verstand.

thyroarytenoideus, -a, -um *(l)* = von der Schilddrüse zu den Gießbeckenknorpeln verlaufend.

thyroepiglotticus, -a, -um *(l)* = von der Schilddrüse zum Kehldeckel verlaufend.

thyrohyoideus, -a, -um *(l)* = von der Schilddrüse zum Zungenbein verlaufend.

thyroideus, -a, -um *(l)* = schildförmig. – thyreoídes *(gr)*: schildähnlich; Thyreós *(gr)*: der lange, viereckige türähnliche Schild.

thyropharyngeus, -a, -um *(l)* = von der Schilddrüse zum Pharynx verlaufend.

Tibia, -ae f *(l)* = Pfeife, Flöte; anat.: Schienbein.

tibialis, -e *(l)*: Adj. zu Tibia.

Tonsilla, -ae f *(l)* = Mandel im Halse. – Dim. zu Toles, -ium f *(l)*: Kropf am Halse; tónsles *(idg)*: dehnen, ausdehnen.

Torus, -i m *(l)* = Wulst, Polster; ein Teilstrick, aus deren mehreren das Tau zusammengedreht wird.

Trabecula, -ae f *(l)* = Bälkchen. – Dim. zu Trabs, -is f *(l)*: der Balken.

Trachea, -ae f *(l)* = Luftröhre. – trachýs *(gr)*: rau.

tracheobronchialis, -e *(l)* = zur Luftröhre u. ihren (Haupt-)Ästen gehörig.

Tractus, -us m *(l)* = Verlauf, Strang, Bahn; vgl. Traktor. – trahere *(l)*: ziehen, schleifen, schleppen.

Tragus, -i m *(l)* = anat. die vor der Öffnung des äußeren Gehörgangs liegende Erhebung. – Trágos *(gr)*: Bock, Ziegenbock, vgl. Tragi: Ohrhaare.

transversus, -a, -um *(l)* = querverlaufend, querliegend. – transvertere *(l)*: wenden, sich wenden, hinwenden, von einem zum anderen wenden, hinüberwenden.

trapezius, -a, -um *(l)* = trapezförmig, tischförmig. – Trápeza *(gr)*: Tisch, Speise, Tafel.

triangularis, -e *(l)* = dreieckig. – tres, tri- *(l)*: drei; angularis, -e *(l)*: winkelig, eckig.

Triceps, -itis m *(l)* = dreiköpfig. – tres, tri- *(l)*: drei; Caput, -itis n *(l)*: Kopf.

tricuspidalis, -e *(l)* = mit drei Spitzen oder Zipfeln versehen. – tres, tri- *(l)*: drei; Cuspis, -idis f *(l)*: Spitze, Zipfel; anat.: Klappensegel einer Segelklappe.

trigeminus, -a, -um *(l)* = dreifach; anat.: aus drei Teilen bestehend. – tres, tri- *(l)*: drei; geminus *(l)*: doppelt, Zwilling.

Trigonum, -i n *(l)* = Dreieck. – tres, tri- *(l)*: drei; Gōnía *(gr)*: Winkel, Ecke.

Tripus, -odis m *(l)* = Dreifuß. – tres, tri- *(l)*: drei; Poús *(gr)*: Fuß.

triquetrus, -a, -um *(l)* = dreieckig. – tres, tri- *(l)*: drei; quartus bzw. quadrus *(l)*: eckig, eigentl.: viereckig.

triticeus, -a, -um *(l)* = weizenkornähnlich. – Adj. zu Triticum, -i n *(l)*: Weizen.

Trochanter, -eris m *(l)* = Rollhügel. – Trochus, -i m *(l)*: Rad; Tróchos *(gr)*: Lauf, Umlauf; trochazo *(gr)*: laufen, rennen, sich im Kreise drehen.

Trochlea, -ae f *(l)* = Rolle, Winde. – Trochilía *(gr)*: Rolle, Walze, Winde.

Truncus, -i m *(l)* = Stamm, Stock, Rumpf eines Menschen. – truncáre *(l)*: verstümmeln, der Glieder berauben.

Tuba, -ae f *(l)* = Trompete, Tuba.

tubarius, -a, -um *(l)*: Adj. zu Tuba.

Tuber, -eris n *(l)* = Höcker, Knorren, Beule. – tumére *(l)*: anschwellen.

Tuberculum, -i n *(l)*: Dim. zu Tuber.

Tuberositas, -atis f *(l)* = Vorsprung, Rauigkeit am Knochen.

Tunica, -ae f *(l)* = Hemd, Unterkleid, Tunica, Haut, Hülle; anat.: Gewebeschicht.

turcicus, -a, -um *(neulat)* = türkisch. – Sella turcica: Türkensattel.

tympanicus, -a, -um *(l)* = zum Trommelfell (Membrana tympanica) oder zur Paukenhöhle (Cavitas tympani) gehörend. – Adj. zu Tympanum.

Tympanum, -i n *(l)* = Trommel, Handpauke. – Týmpanon *(gr)*: Handpauke, Tamburin.

Ulna, -ae f *(l)* = Elle, einer der Unterarmknochen. – Ōlénä *(gr)*: ganzer Arm, Elle als Maß, Unterarm.

umbilicalis, -e *(l)*: Adj. zu Umbilicus.

Umbilicus, -i m *(l)* = Nabel, Mittelpunkt. – Omphalós *(gr)*: Nabel, nabelähnliche Erhöhung, Mittelpunkt.

Umbo, -onis m *(l)* = Buckel, Nabel. – Umbalus *(idg)* u. Omphalós *(gr)*: Nabel, Mittelpunkt.

uncinatus, -a, -um *(l)*: Adj. zu Uncus.

Uncus, -i m *(l)* = Haken, Klammer. – Ónkos *(gr)*: Haken, Widerhaken.

unguicularis, -e *(l)*: Adj. zu Unguis (auch unguliformis = hufeisenförmig).

Unguis, -is m *(l)* = Nagel, Kralle. – Onyx *(gr)*: Kralle, Klaue, Fingernagel.

Urachus, -i m *(l)* = Harngang, Verbindung zwischen Blase und Allantois. – Oûron *(gr)*: Harn; chéein *(gr)*: gießen oder échein *(gr)*: enthalten.

Ureter, -eris m *(l)* = Harnleiter. – ouréein *(gr)*: Harn lassen.

Urethra, -ae f *(l)* = Harnröhre. – Ouréthra *(gr)*: Harnröhre.

urethralis, -e *(l)*: Adj. zu Urethra.

urinarius, -a, -um *(l)* = zum Harn gehörend. – Adj. zu Urina, -ae f *(l)*: Harn.

urogenitalis, -e *(l)* = die Harn- und Geschlechtsorgane betreffend. – Oûron *(gr)*: Harn, Urin; genitalis *(l)*: die Geschlechtsorgane betreffend; genere u. gignere *(l)*: zeugen, erzeugen.

uterinus, -a, -um *(l)* = zur Gebärmutter gehörend. – Adj. zu Uterus.

Uterus, -i m *(l)* = Gebärmutter, Unterleib. – Udáram *(altind)*: Bauch.

Utriculus, -i m *(l)* = kleiner Schlauch; anat. z. B. Teil des häutigen Labyrinths. – Dim. zu Uter, utris m *(l)* = Schlauch; Hydría *(gr)*: Wasserkrug.

Uvula, -ae f *(l)* = Zäpfchen. – Dim. zu Uva, -ae f *(l)*: Traube; Ů́ga *(lit)*: Beere.

Vagina, -ae f *(l)* = Scheide des Schwertes, Hülle; anat.: weibl. Scheide.

vagus, -a, -um *(l)* = umherschweifend, ungenau, vage.

vallatus, -a, -um *(l)* = von einem Wall umgeben. – Adj. zu Vallum, -i n *(l)*: Wall; vallare *(l)*: umwallen, verschanzen.

Vallecula, -ae f *(l)* = kleines Tal; anat.: 1. Einsenkung zwischen Zunge u. Kehldeckel, 2. Einsenkungen am Gehirn. – Dim. zu Vallis, -is f *(l)*: das Tal.

Valvula, -ae f *(l)* = kleine Klappe. – Dim. zu Valva, -ae f *(l)*: Klappe, im Plural Türflügel, Doppeltür.

Vas, vasis n *(l)* = Gefäß, Gerät.

vascularis, -e *(l)* = zum Gefäß gehörend. – Adj. zu Vasculum, -i n *(l)*: kleines Gefäß;– Dim. zu Vas.

vastus, -a, -um *(l)* = groß, weit, gewaltig, plump. – vastare *(l)*: verwüsten.

Velum, -i n *(l)* = Segel, Tuch, Hülle. – velare *(l)*: verbergen, verhüllen.

Vena, -ae f *(l)* = Blutader, Vene; Blutgefäß, das Blut zum Herzen hinführt.

Venter, -tris m *(l)* = Bauch, Magen, Leib, Wanst.

ventralis, -e *(l)* = 1. zum Bauch gehörend; 2. bauchwärts liegend, ventral (Gegensatz zu dorsalis). – Adj. zu Venter.

Ventriculus, -i m *(l)* = kleiner Magen; anat.: 1. Magen, 2. Herzkammer, 3. Hirnkammer, 4. als Ventriculus laryngis: seitliche Aussackung des Kehlkopfraumes. – Dim. zu Venter.

vermiformis, -e *(l)* = wurmförmig. – Vermis, -is f *(l)*: Wurm; Forma, -ae f *(l)*: Gestalt, Form.

Vermis, -is f *(l)* = Wurm; anat.: mittlerer Abschnitt des Kleinhirns.

Vertebra, -ae f *(l)* = Wirbel; urspr.: Gelenk. – vertere *(l)*: drehen, wenden, sich im Kreise drehen.

verticalis, -e *(l)* = vertikal, senkrecht, scheitelrecht. – Vertex, -icis f *(l)*: Scheitel, Wirbel, Haarwirbel des Hauptes; vertere *(l)*: drehen, kreisen.

Vesica, -ae *(l)* = Blase. – vesicare *(l)*: Blasen werfen.

vesicalis, -e *(l)*: Adj. zu Vesica.

Vesicula, -ae f *(l)* = Bläschen. – Dim. zu Vesica.

vestibularis, -e *(l)* = zum Vorhof des knöchernen Labyrinths gehörend. – Adj. zu Vestibulum.

vestibulocochlearis, -e *(l)* = zum Gleichgewichts- und Hörorgan gehörend.

Vestibulum, -i n *(l)* = Vorhof, Vorplatz, Vorraum, Eingang.

Vibrissae, -arum *(Pl)* f *(l)* = Schnurrhaare; anat.: Haare im Vestibulum nasi. – vibrare *(l)*: zittern, schnurren.

villosus, -a, -um *(l)* = zottenreich, zottig. – Adj. zu Villus.

Villus, -i m *(l)* = Zotte, zottiges Haar. – Vellus, -eris n *(l)*: Wolle, Vlies; vellere (l): zupfen, rupfen.

Vinculum, -i n *(l)* = Band, Fessel. – vincire *(l)*: binden, fesseln.

visceralis, -e *(l)* = zu den Eingeweiden gehörend. – Adj. zu Viscera: Eingeweide.

Viscus, -eris (meist im Plural: Viscera) n *(l)* = Eingeweide, die edlen Eingeweide, das Innerste.

vitreus, -a, -um *(l)* = gläsern, glasartig. – Adj. zu Vitrum, -i n *(l)*: Glas.

vocalis, -e *(l)* = tönend, zur Stimme gehörend. – Adj. zu Vox, vocis f *(l)*: Stimme, Ton, Laut; Vac *(altind)*: Stimme, Sprache; vocare *(l)*: rufen, nennen.

Vomer, -eris m *(l)* = Pflugscharbein.

vomeronasalis, -e *(l)* = vom Pflugscharbein zur Nase verlaufend.

Vulva, -ae f *(l)* = 1. Hülle, 2. Gebärmutter; anat.: äußeres weibliches Genitale. – Volva, -ae f *(l)*: die Gebärmutter eines zum ersten Mal trächtigen Schweins; vólvere *(l)*: wälzen, rollen; letzteres bezieht sich auf die Eihäute.

xiphoideus, -a, -um *(l)* = schwertförmig. – Xíphos *(gr)*: Schwert.

Zona, -ae f *(l)* = Gürtel, Zone. – Zṓnä *(gr)*: Gürtel, der das Untergewand am Leibe festhält, Zone.

Zonula, -ae *(l)* = kleiner Gürtel. – Dim. zu Zona.

zygomaticus, -a, -um *(l)* = zum Jochbogen gehörig. – Adj. zu Zygón *(gr)*: Joch, Jochbein.

Register

N

O

P

R

S

T

U

V

W

Z